国外社区规划译丛

社区参与：
开发商指南

WORKING WITH THE COMMUNITY:
A DEVELOPER'S GUIDE

[美] 美国城市土地协会　编
马鸿杰　张育南　陈卓奇　译

中国建筑工业出版社

著作权合同登记图字：01-2002-3294号

图书在版编目（CIP）数据

社区参与：开发商指南／（美）美国城市土地协会编，
马鸿杰等译．—北京：中国建筑工业出版社，2004
（国外社区规划译丛）
ISBN 7-112-05553-9

Ⅰ．社… Ⅱ．①美…②马… Ⅲ．社区－城市规划
Ⅳ．TU984.12

中国版本图书馆CIP数据核字（2004）第048793号

Copyright 1985
Translated from the book originally produced by the
ULI-the Urban Land Institute.
All rights reserved
WORKING WITH THE COMMUNITY: A DEVELOPER'S GUIDE/Sponsored by the
Executive Group of the Development Regulations Council of ULI (1985)

本书由美国城市土地协会（ULI）授权翻译出版
本套译丛策划：张惠珍　程素荣　马鸿杰
责任编辑：程素荣
责任设计：彭路路
责任校对：王　莉

国外社区规划译丛
社区参与：开发商指南
［美］美国城市土地协会　编
马鸿杰　张育南　陈卓奇　译
*

中国建筑工业出版社出版、发行（北京西郊百万庄）
新　华　书　店　经　销
北京嘉泰利德公司制作
北京中科印刷有限公司印刷
*

开本：787×1092毫米　1/16　印张：18¾　字数：450千字
2004年12月第一版　2004年12月第一次印刷
定价：**48.00元**
ISBN 7-112-05553-9
TU·4881（11171）

版权所有　翻印必究
如有印装质量问题，可寄本社退换
（邮政编码100037）

本社网址：http://www.china-abp.com.cn
网上书店：http://www.china-building.com.cn

目 录

序 言   vi

第一章　绪论   1
社区建筑———一项公私共同经营的事业   2
合作的利益/冲突的代价   5
公私合作的方法   6
本书的框架结构   7
注意事项   8

第二章　开发过程的运作   9
开发过程中的参与者   10
私人开发过程   20
公共事务的调节方式   25
地方性问题的利益与开发   46
个案研究   52
    适于开发的环境：芝加哥市的伊利诺伊中心   52

第三章　树立一种良好的开发形象   57
为发展和变化的需要而沟通   59
开发商参与社区事务   68
公/私部门的开发组织：他们的特征与职能   72
个案研究   83
    住宅需求：北卡罗来纳州罗利市   83

开发对话：夏洛特－梅克伦堡县的沟通　　88

第四章　获得个别开发项目的支持　　95
利益团体的观点　　95
获得邻里和社区支持开发提案的步骤　　99
协商解决　　113
通过审核的过程　　126
个案研究　　143
　　为新社区辩护：加利福尼亚州的弗雷斯诺　　143
　　为反驳做准备：加利福尼亚州的托兰斯　　146
　　决定社区的态度：华盛顿州温哥华市的温哥华购物中心　　149
　　合作规划：加利福尼亚州的长滩市　　153
　　跨辖区的开发：华盛顿州雷德蒙的埃弗格林广场　　160
　　与邻里的交往之道：弗吉尼亚州阿灵顿的科洛尼尔村　　163
　　开发协议：加利福尼亚州圣莫尼卡的科罗拉多广场　　170
　　在逆境中规划：内华达州的哥伦布鲁克　　174
　　重新划分班巴克房地产：科罗拉多州的丹佛市　　181
　　历史古迹获批准开发的过程：华盛顿特区的迪蒙尼特案例　　186
　　政治与开发的关系：旧金山的歌剧广场　　195
　　与社区董事会共事：纽约市的林肯西区　　199
　　开发商灵活处理的优势：华盛顿州金县的怀尔德尼斯湖　　206
　　哈莫克·达尼斯的开发：佛罗里达州的弗拉格勒县　　212
　　历史古迹保留区的清理过程：路易斯安那州新奥尔良市的卡纳尔广场　　219

第五章　修改体制：规章的改革　　229
为政策改革制定方案　　231
落实改革规定的策略　　241
解决政策问题：发展管理的两个原则　　250
规则的流程　　251
立法以减少诉讼　　262
个案研究　　270
　　开发管理的修订：马里兰州的乔治王子县　　270

公私发展的管理：柯林斯堡的探讨 **277**

开发过程手册：新墨西哥州的阿尔伯克基 **283**

附录 **289**

序　言

自 20 世纪 70 年代中叶以来，城市土地协会开始注意到一个土地开发与经营的新纪元已经诞生。自1920 年起，已有不少社区原本普遍使用的规划、区分和简易的分区管理方法，迅即被复杂的开发经营方式所取代。在此段发展过程中有不少地区对控制开发的品质和步调表示了兴趣，有时甚至不惜完全中止开发的过程。当然，徒有开发的兴致是不够的，开发商愈来愈感到有种压力，他们必须向社区证明他们开发项目的品质和必要性。开发提案常常得谨慎从事，而且要忍受敌对的眼光。

今天的开发商要花大力气来使大众支持他们的开发提案，而花比较少的时间在建筑过程。他们不仅要面对复杂的申请和冗长的程序，而且还要经常对付各种不同的邻居以及特别利益团体，这些常要占去他们大量的精力，而且需要许多的顾问人员。

1979 年城市土地协会低估了公共管理程序日渐增长的重要性，因那时开发管理议会才刚刚成立。那时，该议会是城市土地协会九组成员之一，其主要任务如下：

- 开发管理议会认为房地产开发的成功，主要依赖于社区利益和土地使用开发执行者的通力合作……开发商和建筑商为追求自己的生计利用土地去辟建社区，于是社区建立一套土地使用管理政策和规则，这不仅合理而且非常必要。
- 开发管理议会（DRC）一向坚持的原则是政策和规则必须合理、公平、环保，而且不能侵犯到社区及其居民的经济利益。

本书是开发管理议会过去几年努力的结晶。正文和相关的个案研究反映了开发界新的动向。本书首先描述了开发商和整个社区关系的技巧和程序，其次讨论了开发商如何与和土地使用有关的邻居及特别利益团体的相处之道。最后，指出开发商如何才能改进与开发有关的公共政策和规则。

我们期盼本书不仅有助于开发商及其顾问，而且也有助于公共规划者、行政人员和决策人员。本书虽然主要是为开发商所作，但其内容对社区涉及开发的有关人士也是十分必要的。

罗伊·P·德拉克曼（Roy P. Drachman）
开发管理议会主席（1979～1982年）
尼娜·J·格伦（Nina J. Gruen）
开发管理议会主席（1982～1985年）

第 一 章

绪　　论
INTRODUCTION

　　开发是一门将土地转换为社区的艺术。开发商依赖许多专业人士的协助，才能完成此项工作——其中包括建造者、规划师、工程师、市场营销和财务顾问、建筑师、木工、管道工和水电专家等等，大众一般将这些个体一起看待，并把此类群体看成是"开发商"。

　　开发商不能凭空创建社区，那种在毫无人烟的乡野白手起家的日子已不复存在。如今各处的地方政府监督开发。虽然不少地区是无人居住的，附近居民和地方政府均对开发的性质、手段和期限提出他们的意见。因此，开发商不得不和公共行政人员、政府以及人民团体或特殊利益团体打交道。本书主要探讨开发商如何与大众成功相处，以完成开发工作的方法。

社区建筑——一项公私共同经营的事业
COMMUNITY BUILDING, A PUBLIC/PRIVATE ENTERPRISE

社区的创建和维护是两项不同的工作，但均需公私双方的开发部门共同努力。理论上，私人建造社区，而由公家管理建筑物，并为社区提供公共设施和服务。然而，和许多概念一样，这样太过简单化了。通常，公/私建筑是由开发商和社区居民合力兴建的，正如私人开发业者资助及兴建居民需求日益增加的公共设施一样。进一步来讲，开发的公共管理具有多重的意义。早期对土地使用控制，只要能确保建筑物的安全和稳固，即可满足政府的要求。之后，地方政府得负责保护住宅区土地不受噪声、废气和其他有害因素的影响。这些保护促进土地使用分区条例的制定，例如，将工商业活动远离住宅区，而高密度的住宅区与独立住宅分开。全盘规划随即应运而生，用来指导这些安排，以确保公共设施有系统地规划，以为新开发之用。

自20世纪70年代初期以来，许多社区已采用复杂的全盘性的开发经营制度来管理开发，这些制度详细规定了开发的地点和时间，设计兴建的方式，以及提供公共设施的项目等。

同时，私人开发主要为配合公共政策和规定，在结构上日益复杂。为符合现行规划，开发商必须雇用许多不同的专业人才来做详细的研究、计划和设计。为了管理上细节的协商和周旋，他们必须拢络代理人，甚至公关人才；为了协助他们在联邦、州和地方政府税务上和提供财源的公共项目上获得最大的优势，他们还得雇用律师和会计师。并且为了取得资金，他们必须向抵押方、经纪人和其他专家来申请。

开发项目也日显复杂，愈来愈多的案例涉及数种土地使用功能，各有其设计和地点的规定。新的住户型态不断产生，往往一个案例包含数种户型。开发项目的设计越来越需顾及地点的状况——尤其是自然和人为环境的特性。有许多开发项目还需要特别的景观和娱乐设施，使得开发项目日益复杂。

因此，公私双方的相互关系日益具有挑战性也就不足为奇了。公私间常产生冲突，不仅是因为开发过程变得更难了解，而且因为双方对彼此的目标缺乏充分的认识。通常，政府官员认为基于某种理由——私人开发商必定有些惟利是图。利益应是每位开发商的首要动机，然而也有其他同等重要的目标，例如大部分的开发商会为自己的作品而感到骄傲，且有意去开发有价值、有意义的项目。大部分的开发商希望其社区在同行间保有良好的信誉，而在同一地区居住且工作已久的开发商，更期望见到社区在各方面欣欣向荣。除了这些有利于他人的动机外，开发商展示的热心显然是为了自己项目的成功。整理开发项目有关的计划、设计、财务、市场和大众的认可，以保证项目的实现。

在公众方面，主要目标似乎在保护公众的利益，通常包括人民的健康、安全和福利。显然，其他目标也影响着大部分的开发决定：提高官员的政治前途、加强专家和行政人员的专业地位，以及其他相似目标。然而最大的问题在于对接受服务的公众利益的定义。"哪一些公众？"或"谁是利益者之类的问题"，对需要保护的种类的定义相当重要。是否一个开发项目附近的居民即是"公众"？如果上述是对的，公众的目标很可能就是防止对邻区的不良影响；又或者在辖区内的所有居民即是公众？若是如此的话，则所考虑的问题会扩及到经济利益的最大层面，即避免对公共服务造成影响。

从前有两种"公众"常被忽略：（1）可能因为经济和工作原因搬迁的家庭和个人；（2）从大处来说，地区的公众，因为他们要求的是不同的目标，比如经济发展。一地区居民的利益包括工作和居住的均衡，既减少通车时间亦鼓励合理价位的住房。不难想像的是，这些重大决定具有长远的含义，例如影响地方或地区性工业在世界市场上的竞争力等。

因此，公众对开发提案通常很难做出决定——因为得顾及各方公众及其利益。几乎没有一个开发提案能令所有的人满意。闹市区的开发商轻易就能获得商场上活跃的景象，然而一些城市的居民利益团体却没有那么幸运。毗邻的公众的利益却在过去商业区的开发决定时被忽略掉。重要的是，开发的决定不仅要满足某一社区的人，亦要顾及整个社区的利益。

合作的利益/冲突的代价
BENEFITS OF COOPERATION/COSTS OF CONFLICT

私人开发和公众管理之间的关系不一定总是对立的。合作的收益或冲突的代价的时候远超过因冲突和挣扎得不到公识的次数。有不少公众"获胜"的例子，他们对开发项目有所制止或牵制；也有不少私人开发商暗中搞机会松动原来认可的标准，从而开发一些品质和价值令人质疑的工程。然而这些单方面赢利的例子，常使受影响的对方成为失败者，而在此提醒大家一句耳熟能详的谚语：社区整体发展至为重要，不应只将利益交给开发商，或者交给地方政府。

公私合力开发对双方均有利益，合作并非指公私利益间的暗示性的理解和默认；开发终究是由具有良好品性、动机和专长的人来实行的，他们虽然常对实行的方向表示反对意见，然而合作一方面是指官员和社区居民对社区的开发和改变必须达成共识，另一方面，私人开发商对服务大众利益的责任要有所认识。

借着合作的机会，公私双方得以集中全部的心力在开发的品质上，不必为彼此针锋相对而勾心斗角。这除了能确保更佳的品质外，合作也可降低开发成本。合作降低了拖延和风险，确保井然有序的开发过程，减轻了所需基层架构的及时提供，且可避免诉讼的产生，而转移一些社区开发的资金和注意力。

公私合作的方法
APPROACHES TO A COOPERATIVE PUBLIC/PRIVATE RELATIONSHIP

开发商及其顾问和同事可通过很多方法改善公私关系，以确保一个更有利的开发环境。

首先，他们可以在社区里建立一种具有号召力的开发气氛，开发商可开始公布社区开发和改变的需求。借着参与社区事务的同时，引起社区居民介入他们的开发项目，同时开发商可传达其责任感和具有协助社区意愿的形象。他们尽可能参加各种社区公益计划或兴建开发项目的公、私组织。

其次，开发商可和附近居民与关心开发项目的特别利益团体会面，共同协商社区活动。逐渐地，开发商会发现在可行性研究阶段即告知地方居民和利益团体有关开发项目的内容，是十分必要且有用的。许多可能的反对者会变为支持者。即使不能如此，开发商有时也可澄清一些不实的传言，以及避免听证会上一些私人的恩怨。此外，与这些团体讨论开发提案，还可以发现症结所在，甚至在完成详细计划之前及时做必要的修正。

第三，开发商可逐步改善他们工作范围内的管理内容。他们可积极对公共政策、条例和法规做更新和改进，以符合社区开发目标和市场实际需要。

这三个基本方法是本书的主要内容，另一种合作关系——开发商和地方政府共同赞助的开发项目则在其他"美国城市土地协会"（ULI）的刊物中作详细的探究，譬如城市中心开发手册（Downtown Development Handbook）。本书是通过一系列个案研究，描述一些可供开发商用来改进整体的开发契机，获取特别方案的支持，以及修订政策和规章的要点。

本书的框架结构
ORGANIZATION OF THE BOOK

在本章简短的绪论之后，接下来的四章篇幅较长。第二章讨论开发的过程，探讨公私双方主要的目标和动机，在审核开发提案时公众通常采取的步骤，以及开发商在执行开发方案时所依循的步骤。该章旨在提供对开发过程的基本认识，使得读者有一个概括性的了解。

第三章揭示了数种建立开发正面形象的方法——即如何扮演教育政府官员、社区居民和一般大众的角色。该章探讨了开发商参与社区活动，以及公、私组织的角色。

第四章提供如何取得邻区支持特定开发方案以及许可协商过程所需的技巧，其中还提示了可行的程序，包括与邻区和特别团体的接触，筹设邻区会议，以及和各团体专业人员协商。第五章的内容是筹备和实行管理改革的具体方法，同时亦包括特别改革的思路。

第三、四、五章都提供个案研究，且对所讨论的主题进行了说明。

注意事项
CAUTIONS AND CAVEATS

本书特别为与开发经营的事业有关的开发商、顾问和公私人员而写的。基本概念是，如果开发商期盼自己的开发项目能迅速进行且获利，就必须学会与社区和邻里团体无间的合作。然而，这一概念的基本理论是，社区和邻区团体必须试着和开发商融洽合作，以确保高品质、具体可行的开发项目。因此，本书对许多个体应是有用的。

与开发经营有关的社区，常引起公私的争议。社区的公务官员渴望经济开发或其他各种开发，因此对开发商表示十分欢迎，且加速可行性研究的流程。开发中的社区，尤其是快速开发的社区，由于开发问题常引起强烈的争议，故对公私之间的关系需要格外的谨慎。因此，这些社区的状况即为本书的"背景"——在此背景下对活跃、突出的邻区和特别利益团体作特别的介绍。由于加利福尼亚州许多社区代表经营开发的原型，因此有许多的讨论指的就是该州的情况。本书作者相信，其他各州的地方政府，可以自加利福尼亚州社区的经验学到宝贵的一课。

个案研究的一个警示：开发商自己提供了许多的研究个案，并依据他们自己对过程及其结果的观点做出评论。而事实上，大部分的个案研究都很少进行归纳，亦未试图纪录他人的看法。因此，可能有一些提出开发项目的参与者会怀疑其中所引用的事实和意见的真实，即使如此，个案研究确实对实际事务和技术提供了颇具价值的记述。

最后，再说明编辑的方式。由于英文中代名词指人称时必表示性别，且男性主宰了开发界，至少目前是如此，为方便起见，开发商在此均以阳性的"他"来代表，读者则可假定开发商兼指男性的"他"或女性的"她"。

第二章

开发过程的运作
THE DEVELOPMENT PROCESS：
HOW IT WORKS

  虽然几乎所有的案例均有一些基本的相似点，但实际上土地开发没有固定的程序。有时开发的过程只不过是一项开发商对需要的认定、提案的拟订、获得大众的同意而进行工作——使整个过程无反对的声音。有时，尤其是大宗且复杂的案例，过程就十分富有戏剧性，充满了争议和冲突、同意和妥协，开发商在公众的竞技台上演出，下了很大的财务和情感赌注。

  本章介绍开发过程办理的主要角色，讨论他们不同的角色，摘记他们如何运作，他们所使用的工具，以及彼此之间的观感。文中要辨认三个方面：开发的利益、地区的利益和公众的利益。本章的第一部分简短辨认以上三大项的成员，以及各成员涉及开发过程的理由，剩下的三部分对各项目作更详尽的解说以澄清私人开发的过程、公共管理的过程与民间参与的过程。这一讨论旨在为以下几章奠定基础，以下几章试图找出开发商与社区共同的策略。

开发过程中的参与者
ACTORS IN THE PROCESS

由于开发过程会带来土地外观的改变，所以影响的各方利益很多。这些不同的利益——有经济的、有感情的——常常互相掺杂，但同样也常常相互冲突。要导引一个开发项目突破重重的反对声浪，需要勤勉、善交（手腕）和对政治的高度敏感，本章将辨认开发过程中的主要角色，并探讨他们的动机和角色。

说明此一经济过程的典型方法是，分辨出"公"和"私"的角色和所属的部分。然而，土地开发最大可能性的冲突存在于私人间的利益矛盾，即追求开发后的利益和保持土地原有利益（常由邻区或社区团体所代表）。这一冲突的仲裁，虽然常受到两种利益的影响仍取决于广大公众的利益，这一过程就有如政府官员、国家机关和法院代表的选出和指定。

开发的利益

在土地从一种用途转换成另一种用途，或从某一层次的用途转换成另一层次用途的过程中，开发获利者奉献了金钱、时间和其他资源。然而开发获利者所包括的团体可能被过于简单化，且可能忽略了部分重叠的团体。开发获利者的各单位应包括开发商、土地所有人、出资者、建造商和消费者。

居于这些不同人中心的是开发商。开发商构思开发提案，他们开始开发的过程，运用实现构想所需的种种资源。开发商的工作包括法规、资本、劳动力和材料，他们对工作的变数有影响，却无法完全掌握。因为供给、需求、成本和许多其他变数的存在，开发商无法绝对正确无误地进行预测，所以开发具有一定程度的风险。在今日急剧变迁的情况下，开发商必须做出更多的假定，或必须预测愈大的未来变数，他们所冒的风险就愈大。开发商最可能面临的头号敌人是时机的延误和不确定。经验丰富的开发商，以其雄厚的经济基础，和对自己的产品和产品在市场上的信心，能在面对延误和招架千变万化的情况时，仍然保持优势。开发商能预测风险，他们也因此而获利。利润可来自开发项目的正常营业，或来自开发后价值提高的销售中。利益也可能包括联合企业费用或是税收利益，诸如贬值的扣减。

开发公司除非是大到足以自己聘请专业人员，要不然通常会征询各种不同的顾问，各种专业的人员，例如，代理人、土地规划者、建筑师、工程师、经济学家及其他专业人员。其中一些专业人员，诸如铁路工程师或野生动物生态学家，在开发过程中所扮演的是极为特殊有限的角色，通常只在开发商认为有必要或对开发项目有影响时才聘用。其他的专业人员，尤其是代理人、规划师、建筑师和房地产分析家，则在整个过程中扮演不同的角色。

一个成功的开发项目最基本的要素，除了概念设计之外，当属地段了。这当然也与土地所有者有关，开发商不一定都能得到适合他们开发项目特色的地段。若地段不适，应另觅他处，通常可用采购土地的方式取得适当的利益。如此一来，开发商不但可再润饰一下开发提案，获得财务和开发提案的批准，并能在实际购置土地之前，备妥其他的要求。土地所有者有时会与开发商合作平分开发利益，有时要以收取土地购置金作保障。通常，土地所有者都想从土地得到最大的回收利益，他们可能早已预测地段会有发展的潜力,地价可能增值,或其他可能的利益,积极从事地产的投机,例如保留部分用地或现行使用权的欲望。当一开发提案包括了数块小型土地时,不同的土地所有人就会有不同的动机和目标。

虽然开发商和其他投资人的基金提供了最初开发阶段的基本资金,但大部分的开发成本却是从不同的机构借贷而来的。开发的财务来源虽不断地改变,然而财源的提供可分为两个阶段,这二个阶段是同时安排的。第一步是短程的、风险大的建造用资金,常来自地产项目的本身。开发提案一旦开始进行,则由长期贷款基金提供财源。例如,土地所有者占有的居住开发项目,各购买人的抵押便提供了永久的资金。其他安排则视已完成的开发项目的拥有者的结构而定。渐渐地,大型机构的投资人将资金借贷予以上两种资金,保险公司和养老金代表着两种重要开发资金的来源。

出资者的投资意愿基于可能回收或税务利益的考虑,因为资金得来不易,所以出资人选择开发项目,主要看投资成功的可能性来作决定。开发项目的大小,不仅影响资金的可能性,而且也决定了会有什么样的投资者:小型开发项目的资金来自开发商本身;中型开发项目可能会引起地方银行的兴趣;而大型的开发项目则可能由大的机构来出资。各种资金来源,也各有其风险和可能性。

当新的使用者或新的邻里居民抵达已建成的住宅区时,常会引起开发商和邻里团体的冲突

建造商扮演相当重要的角色。在某些情况下,开发商担任建筑签约

者的角色。在开发过程中，开发项目一经核准和资金筹定后，建造商的重要性便大幅地增加，建造商负责确实依据核准的施工图和进度，且按预订的设计和计划标准来兴建建筑。

然而，至少从长期看，开发过程中最重要的角色是消费者，消费者可能是办公室的承租者、房主、购物者、参与的角色，或是其他各种不同身份的人。他们形成了市场，即开发商首先要见到的"需要"。开发商提供一项产品，同其他产品一样，其成功有赖消费者对此产品的接受力。消费者在土地开发过程中可能随时间而改变，也不易辨认。开发市场之所以不易辨认，往往因为私人或公众的利益对最后的消费者产生了重大的影响，例如加利福尼亚州最近的一项研究，要住房消费者负担总房价的13%~26%，并经政府同意的延期付款[1]。住宅区的密度减低经要求也会导致更高的房价。甚至于，较小的及与此相类似的团体极可能成为最重要的消费者。

地区利益

在开发过程中，地区的利益常由个人所代表，他们会在听证会上站起来讲话或写"给编者的信"，他们的行动不受任何较大组织的影响。然而，渐渐地，越来越多带有各种议程并受到广泛关心的正式组织成为代表者，这些代表者有邻区社团或社区团体。邻区社团的编制较小，主要由单一的邻区地产所有人组成的，邻区社团的主要特色是其所关心的范围仅涵盖直接影响其邻居成员的行动。社区团体却关心一些较小且较特殊的问题，可能影响整个社区或至少社区的一部分。邻区社团可以掌握在其势力范围内或附近开发项目的各个层面，而公众、民众/社区团体——例如历史学者，可能只关心开发提案中的一或两个层面，例如某些结构的保留等。

邻区社团

通常，邻区社团因土地问题而紧密结合在一起。不少的邻区社团是在19世纪70年代联邦政府干预都市开发时而组成的大规模团体，当时邻区正受到公路和都市更新计划的威胁。[2]由于这些计划的结果，使得邻区社团博得地方上决策者和权威人士的重视。社区参与已成为许多联邦和州计划必要的一部分。邻区社团虽未正式和联邦或州一起参与工

---

[1] 加利福尼亚州住宅协会，"住宅的隐藏成本"（Sacramento: Californians for Housing, 1985），第10页。

[2] 见Neil S.Mayer，"邻区组织和社区开发"（Washington, D.C.: Urban Institute Press, 1984）。

作，但在开发游戏中却扮演着重要的角色。他们的动机深远，常反映出维护地产价值或"生活方式"的渴望。在某些地区，这些主要的动机可能附带有对安全、交通或就业机会的关注。代表这些有组织的邻区所选出的官员，认识到反对他们将付出的政治代价，这些官员的立场可能和整个社区的立场相反。

邻区商业团体也在商业区内进行工作，他们有时会反对新的开发提案，视之为潜在的竞争对手，虽然他们可能欢迎作使用上的改变来取代有异议的活动，例如成人娱乐区。

社区或民间团体

在另一方面，社区、民间组织常从较大的地理区域去吸收成员，有些组织譬如"贤明政府"学会、纳税人组织和学校团体等，对开发问题并不做特别的强调。其他组织，譬如商业部或环境团体，却操纵着开发过程，尤其是商业发达和环境保护方面有关的问题。这些组织自夸比邻区社团更受人瞩目且组织健全，比较精于世故，且拥有较多的专业人才。他们对某些开发项目具有表示赞成或反对的影响力，尤其是当他们具有利用可以表达他们立场的大众传播工具时。

特别团体

第三类团体比较难以归类，它是以特别的基础筹组而成的，对某一个问题采取特定的立场——通常是为反对某一开发提案而组成。这些团体从其他团体广收成员，因为他们的议论特殊，他们在土地使用的问题上，比其他团体难妥协。然而，除非特别团体的论点能合理地反映地方和他们的利益，否则他们不太可能赢得所选出代表的同情。

媒体　　在开发过程调查中，发现一个常被人忽略的主要角色是大众传播媒体。地方性的媒体乃是新闻的提供者，对公众意见具有重大的影响力。除了受影响的人外，只有甚少的人会出席听证会，但大部分的人会阅读地方性的报纸。同样，开发问题占用立法者不少的时间，而这些问题十分突显且具有敏感性，很容易引起媒体人员的注意。不幸地是，报纸和电视报导者，常缺乏房地产或土地使用问题方面的专业知识，所做开发项目的报导，只是像标题般的肤浅，通常将有争议的问题突显出来，比实质报导问题更重要。

就职游行

1881年加菲尔德总统就职游行时，自一木制胜利拱门所看到的位于北华盛顿十五街和F街的罗德斯客栈

罗德斯客栈都见证了
从1805年的杰弗逊到1981年的里根就职
它还会再看到下一位吗？
不！公平的生活和奥立佛·卡尔不允许它这样

特别团体常透过侵略性、根本性的公共关系运作，来表达他们强烈的立场。虽然另一党派可能会做出一个争议性的决定，但有关的开发商容易成为这些运动的目标。在华盛顿特区罗德斯客栈的争议中，开发商奥立佛·卡尔（Oliver T. Carr）和市政府达成一个协议，将保留两个历史性的外观，作为夷平客栈的交换条件。此时，许多团体发起一系列的抗议，控告该项协议，最后法院支持该协议。虽然市政府在协商时是主要的角色，开发商却在面对反对协议的运动中成为首要角色。

公众利益

开发过程中广大的公众利益，由一合法设立的行政机构所代表，这些行政单位和机构依法律许可的权限来工作。他们充当政策法规的拥护者，也管制开发项目中许多方面的力量。虽然实际上特别的角色因地而异，但20世纪美国的开发规则归纳出一套共同的要素。美国政府的三个基本部门反映了宪法权力的分立：选出的立法部门、行政部门和法院。

立法部门 选出的代表为立法做决定，他们监督土地开发的过程、批准计划、修订区域划分条例，以及通过法规和准则。他们也任命规划评议委员，行使像规划主任行政职位的任命同意权。他们决定公共机关的预算。有时，他们可授予社区团体正式的地位，有时他们也可以改变开发过程。

当然，在行使这些广泛的权力时，选出的代表要对选民负责且受法律的制约。地方政府，尤其是发展中的社区，更需投入相当的精力和时间在开发过程中。土地使用问题由于目标显著，吸引了选民和媒体的注意。在仲裁土地使用和开发问题的政治性过程中，选出的代表需具有整体的社区观点，并对开发时利益冲突和可能的影响有所了解。代表的角色常涉及到长期和短期导向的冲突：开发要做长期的改进，就需要具备长远的眼光，但现实的议员们却以下一届的选票作为当时土地使用决定的指针。

在地方政府阶层，许多问题均涉及土地使用的涵义

第二次世界大战后，选出的代表大多支持逐步改进和开发。在此期间，即使在反改进情绪高涨的人民和政府面前，选出的代表常被开发商视为"实际的"（realistic），因此改进和开发可被采纳。然而，今天在许多社区开发的立场却必须付出相当大的政治代价。

选出的代表通常会保护自己在开发过程中的权力，例如，区域划分对地产价值具有重大的意义。重新区域划分的决定可能为土地拥有者带来财富，反之也可能带来投资上的负担。这项权力颇具政治意义，因此不会轻易授予。

行政部门　　在行政体系浓厚的政府，市长、县长或是由民众选的官员，一旦成为该行政区的主要行政官员时，就将造成现有行政和立法部门间的冲突。一项区域划分的更改，由某一党派的议会所赞同，却可能被另一党派的行政人员所否决，原因可能并非与开发项目的价值有关，而在于譬如最近预算的纷争或选举的争议。在其他地区，政府单位之间，例如，市和县之间，也可能产生箭拔弩张的形势。

在行政部门内，大部分土地开发过程的决定权力，由评议会和董事会主持，通常是由一个规划评议会和一个区域划分请愿董事会支持。这些可有各种不同的名称，诸如"区域划分调整委员会"、"区域划分审核委员会"等。这些组织由民间小组议会选举组成，这些人是兼职性质，有低微的报酬，有各种层次的专业人员，具有规划、开发或房地产等经验。规划评议会扮演给立法部门提供建议的角色，尽管有些司法机关规划评议会有更大的裁决权力。区域划分请愿会掌握区域划分条例的差异、例外与特准。任何情况下，行政部门的决定是可以向立法部门或直接向法院申诉的。

在一些管辖区内，举办公证会及核发开发许可证等基本的司法功能，本来是由任命的董事会担任的，也将由听证会的检察员来主持。这些检察员，实际上可能是代理人，由行政部门任命，由立法部门同意。公证会检察员的决定和董事会的决定，仍可再上诉。[①]

行政部门视自身为相当独立的代表，代表公众的利益，而不像被选的官员要受政治的压力。正因如此，他们就形成一种社区内各派

---

① 见 Frank Schnidman, Stanley D. Abrams, 和 John J. Delancy, "掌握土地使用案例"（Bostom: Liffle, Brown and Company, 1984）, P.12。

系——无组织和有组织的,多言的和沉默的——与立法、决策部门的抗衡。

规划评议会和请愿董事会通常由专业人士所支持,是一个由任命的主任主持的规划局。规划委员联络开发的审核过程,确定开发申请提案是否符合规定的标准,以及社区的目标和政策。在不少情况下,若立法部门无人员时,他们即予以支援。此外,规划局拥有大众管理的主要工具:全面性规划和区域划分条例。

规划和区域划分委员可能来自不同的背景,且具有不同层次的人才

传统上,政府官员的决定仅限于技术性的审核,自由裁决权十分有限。实际决定权力由评议会或请愿董事会所掌握。越来越复杂的开发规则和越来越繁重的工作量,也使得越来越多的决定权力转移到政府官员身上。涉及开发过程的个人或公司应认识到这一行政上的考虑,审核所需的时间,这也往往成为开发过程中十分重要且难以预测的阶段。

专业规划者的角色是困难重重的。如韦佛(Weaver)和班比考克(Babcock)所指出的,规划者乃是"专业人员在政治环境中运作"。[1]他们的分析是客观的,却必须要回答主观性的问题。例如"缓慢发展的情况在何地发生"的问题,规划者的答案,理所当然的,是"视情况而定"。然而,如此的答复经常导致含糊笼统、太过理论化的偏见和远离了逐步成长和开发的实际环境。

---

[1] Clifford Weaver and Richard Babcock,"城市区域划分:过去和未来的领域"(Chicago: American Planning Assoaation, 1979), P.169。

其他涉及开发有关的行政机关包括许可部门，这一部门在开发申请一经批准后，即发行各种许可证，供建筑、钻探、坡度测量和其他作业使用，例如，水利和市政排水设施部门通常是在开发过程之初审核开发提案——水利、市政排水设施和其他相关问题。

有些开发项目需几个州或联邦机构的批准。20世纪70年代的趋势是州政府开发申请的评审范围扩大，尤其是具有突出影响或位于某些地区的开发项目。[1] 例如，加利福尼亚州海岸评委会（California Coastal Commission）是一个执行此种扩大审查的机关；其管辖范围实际上涵盖了加州海岸区域的所有开发项目。此外，联邦机关可能参与审查工作：例如，陆军工程团就负责核发沼泽地挖填的开发方案许可证。

司法部门　　比起其他公众利益团体，法院在土地开发上所扮演的角色相当有限，但法院的长期影响却相当大。法院有解释宪法对公共规划限制的权力，他们平衡私有地产所有人的权益和公众利益，支持或抑制政府机关行使权力。司法部门对地方立法行动做审慎的考察。法院在接受挑战时，即认定区域划分条文的修订或全面性的区域再度划分，此类"纯立法的"行动相当有效。然而，当立法行动具有基本的司法效果时，或仅适用于某一特例时，某一块地作区域划分改变，法院就变得更积极了。[2]

他们所关心的是保障个体地产所有人在宪法上的和迫切的实质过程的权益。除了依据实际的法规，法院也参考个案法，以求得可应用于个案的标准和规则。某一案例在被解释为法律先例时，可能对土地开发过程产生重大的影响。在土地使用法上，大部分法律行动发生在州立法庭，而各法院主动的程度和地方官员管理的范围差异极大。

各种不同角色的名单——开发利益团体、地方性问题利益团体和大众利益团体，使得开发过程复杂。各团体对于社区开发和改变的适当方法，有其强烈的动机和浓厚的信念。下一部分说明如何辨别和分类不同的利益团体，更理想的是，使这些不同的利益团体经由一系列的公私行动而达到均衡。

---

[1] 见 Frank J. Popper，"土地使用改革的策略"（Madison：University of Wisconsin Press，1981）。
[2] 见 Schnidman，Abrams，和 Delaney，P.100。

第二章　开发过程的运作

私人开发过程
THE PRIVATE DEVELOPMENT PROCESS

一个私人开发项目包括许多复杂的阶段,从定义原始的想法到经营和销售完成的产品。明显地,各开发项目的过程是独立的,以下讨论将简要介绍大部分开发项目的主要阶段。

概念性的计划和全盘构想

私人开发的第一步是对开发项目作市场机会的发现或开发商理念的执行。其他地区类似的开发项目、历史上的先例,以及公共预算均可提供原始的概念。

虽然开发计划并非是终结的,而只是整个持续开发过程的一部分,原始计划是开发项目的基础要求,决定了开发的对象、时间、地点、方法,以及由谁来开发。如果在最初不能找到这些问题简单而直接的答案,整个开发项目就站不住脚了。

当开发项目进行时,必须回答资金方面的问题:什么是长期的、剩余的或升值的目标?是否财务的目标是基于未来更多开发项目的开发之上?计划对开发利润是否重要?可接受的利润回收率是多少?地产升值是不是主要的考虑因素?等等。

开发商必须考虑所付出时间、金钱和其他资源是否适当。作为计划准备的一部分,他必须对开发行政实施者的能力、其他开发项目的需求以及个人领导地位的要求条件做详细记录。此时土地外观规划的问题也可列入计划中。详细的规划可在稍后阶段完成,然而即使在这个概念性的阶段,任何足以影响开发项目的实质上的机会或限制均需注意。交通状况、土地状况和公共设施的配套,均需做评估。有经验的开发商在早期即能拟出判断工地外观问题的架构,并确定最后影响的大小。不少土地开发失败,可归因疏忽于简单的思考,例如搬运泥土的要求、自州际公路的能见度或平原防洪的限制等。

最后经营结构的作业计划也在构思阶段形成。其方式可以是合伙开发、预售给长期的投资者、借由总经销商以及其他许多方法。早期的运作决定十分重要,因为最后经营者的参与在此构思阶段十分有用。此时，也可有新成员加入开发的行列，最好的概念性的规划常由土地所有人、经营者和最后使用者一起制定完成。

通常在计划阶段，开发商就通过与主要官员或社区成员作非正式的接触，开始评估公众对开发项目的反应。他可能商讨基本计划文件或土地使用规则。例如，都市所采用的主要改善计划可能对所申请的开发项目有重大的影响，尤其是开发商必须估计经历正式的公众管理过程所需要的时间。

最后，概念性计划阶段惟一最重要的是决议必须成型：预估可能的财务分析的草案、预估平衡表、现金进出说明表和利润分析表，初步显示出开发项目的财务可行性。[1]若初步显示说明了交易无法获利，开发商按以往其他开发项目的经验，通常会放弃或修改开发项目。在此刻放款者、投资银行家以及长期的投资人成了最有价值的忠告者，即使是经验丰富的开发商也必须依赖他们的先见之明。许多细节，如开发项目的形式和成本，以及搬运的取费等，在此时仍不能确知，因此根据清楚记录的假设而做成的预算就成为十分重要的工具。

在这一阶段，开发小组包括建筑师、工程师、签约者、规划者、代理人、政府关系顾问、公共财政顾问、市场分析师、经营顾问、放款者、抵押银行家、评估人、会计师，以及税务顾问。

在构思末期，开发商必须建立一套开发目标，列成一个原始的概念，并辨别开发项目的机会和限制，尤其是和公共规则有关的项目。开发商也必须召集一个小组来完成该提案，制定一个工作进度的总时间表，并为下一步制订出一个可行性分析，即特殊的时间表。

可行性分析

决定开发项目的可行性，需要开发商在两方面做努力，一是正规的，二是非正规的。通常正规的活动包括一项由一个独立的市场公司所做的报告，用来预估开发项目成功的客观可能性。非正规方面由开发商的小组所做类似的分析，依他们构思计划的发现和经验而定。上述二者必须配合，连同现金进出明细表，以形成一个最新的财务预算草稿。开

---

[1] 有关预估报告书，见 W. Paul O'mara 等著的"住宅开发手册"（Washington, D.C.: ULI-the Urban Land Institute, 1978）。

发商在各阶段均有风险，而在开发项目逐步进行时，冒险的程度随时间、费用、成本和其他债务的累积而增大。冒险的程度因开发项目的种类和大小而不同，因开发过程的速度而不同，因市场最后的认同程度而不同。对主要的土地开发做自由决定买卖是极大的冒险。争议的地段会对开发商的现金流量造成重大的损失。此外，风险问题常是小组成员敏感的焦点所在；所有的其他小组成员除了开发商外，只期盼有获利的结果，而不是分担风险。

地段、社会和政治问题必须先解决，然后才能进行市场研究。大致上，这些变数决定了市场分析的结果。这一资料在开发项目稍后的进展中，会显示出价值来，而对开发项目的成员和支持的团体方面的讯息，也有很大的价值。例如，区域划分听证会的过程需要额外的支持资料，此项支持资料可由预先建立的资料为基础加以修补或重新整理。一个有技巧的资料搜集过程能产生十分有说服力的重新区域划分或其他管理挑战的证据。开发项目关于市场的最后努力是得到一些数月前搜集到的信息。

在明确研究的参数、市场支持范围和资料基础后，开发商即试着预测实际的市场反应。依赖他人搜集的资料（以前的市场研究、社区规划部门、经济发展机构）是比较直截了当的方式。一个现场访问的过程，对未来的最后使用者亲自作访问，是比较困难费时的方法，却也比较值得。这两种截然不同的方法，主要任务是决定市场需求的来源，市场需求深度、频率或间歇以及调适的潜力。控制变数，即试着测出某开发提案对现行市场状况的影响。如能正确描绘出未来开发的外观性质，就能更直接地评估市场反应。因此，整个建筑和规划的资料连同市场研究同时进行，有时是有帮助的。理想中这两项资料——外观计划和市场调查是相互形成的。

应特别注意开发项目的附带影响。明晰的概念不仅可导致成功，也可产生其他的市场需求。能附加到最初构想之上的市场部分，可以为大多数开发商提供重要的机会，尤其是在现金的流通方面。因此，市场研究必须试着记下这些次要的影响因子。

市场研究的结果因开发项目的类别而异。例如，一项土地开发市场研究的结论，可依据每年每英亩土地的吸收利润率而定，而商业发展的研究，则依每年每平方英尺的预定收入额而定。此外，市场研究必须明确以下问题的实质：即面积大小、市场倾向或主题；建筑或出租推出的时机；娱乐设施或改善的建议；可替代的经营技术及其优劣点；以及重要的外在力量，如会议中心对旅馆的可能影响或公共停车结构对办公大楼的影响等。

正式市场研究的重心在于预期的估计，估计本身不是单一的文件，而是各种变数均可纳入的系统。这一过程，通称为"假定"的过程，让开发商注意到开发项目的限制和远景。

委 托

在完成可行性调查和市场研究之后，开发小组开始一段密集的协商期。最重要在于获得开发项目所需的建造和长期的贷款。这一过程是复杂且专业化的，涉及代理人、银行、抵押出借人和平衡基金的专家等。一些开发项目具有特定的公共目标，私人出资者视之为风险过高。在这些例子中，资金来自私人和社区开发分区补助［Community Development Block Grant（CDBG）］、都市开发行动补助［Urban Development Action Grant（UDAG）］和经济开发行动等款项。低利率的工业发行债券［Industrial Development bond（IDB）］的资金在许多社区均可获得，而在一些例子中，地方上也有发行一般债券的资金，来资助兴建公共设施。实际上，今日任何一个中心城市开发项目的开发，都要仔细考虑到公共基金的来源。显然，这些对建立税收和就业基础感兴趣的社区，是最积极的部门。

开发也正式向地方、州和联邦机关寻求委托和批准。"项目委托书"可以视为是最后社区批准的占有许可证；然而，和区域划分、地区开发计划以及一般状况和同意的偶发事件等有关的大问题，均得在此时解决（公共管理过程将于本章稍后作详细讨论。）

设计和建造

开发小组在获得委托后，即可着手完成最后建筑和工程规划的主要工作。特殊的工作通常包括建筑师、设计师的设计展开和完成、建造，以及建造后的运作。

在开发方案兴建期间，可能多种延误、偶发的情况均须列入开发方案时间表的考虑：例如气候状况、罢工、市政府同意以及材料短缺，均为其中的一些变数，可能影响施工的实际时间；而建筑和工程设计过程有关的开发文件，也常出问题。第一批贷款所生利息和申请费均可能在此期间到期。在大部分情况下，设计需进行润饰，才能作最后完稿，而实际建造才能进行。即使是基本的计划，也可能要作改变。在见借贷者和作最后的贷款与区域划分委托后，各有关单位可能有新的看法、反映、计划和目标。这些单位必须综合这些新构想，形成定稿的设计开发文件——这件事相当费时。

设计开发工作完成后，建造文件即可定稿，此时几项重大问题将获得解决。建筑必须符合前述批准的区域划分条件和其他地方法规和规则。而设计须获得开发项目出借人和保险公司的同意。

建造文件完成后，开发项目即可付诸招标。总承包商和分包商的投标常伴有投标债券和履行完成债券。此项保护对大规模的开发项目是必要的，即使债券成本交给开发商或所有人。招标债券保护开发商和所有人。即使主承包人或主要的次承包人和提供者均宣告破产仍能履行债券确保开发项目的完成。

总承包商和业主签约后，即可着手动工。对于大型或复杂的开发项目，所有人可以保持一位建造经理或一位专任的开发项目代表，以补助经验不足的开发商的技术，或协助开发商。建造经理或开发项目代表在和管理者签约之后，代表开发商、所有人处理每天的建造事务，向开发

商、所有人报告工程进度，下达工程变更通知，处理契约和纠纷，以及获得用地许可。逐渐地，经理或代表也提供完工后的服务，以"调整"新的结构，这些服务包括监督抽检、获得土地使用许可证开发和完成签收项目等。

管理与运作

理想的状况是，最后的开发项目经理人能从头到尾均参与开发项目。开发项目的操作者主要在帮助避免引起重大的维护修理或员工需求，或避免消耗过量的精力。

在完工后的经营和操作阶段，经理人的任务是完成一个销售或租借的计划，征召并训练员工，并分析开发项目更进一步的需求。

公共事务的调节方式
THE PUBLIC REGULATORY PROCESS

历史与演变

应用在土地开发过程中，最为人所熟知的公共管理工具，大部分在20世纪诞生。区域划分是最常见的，也不过60年之久。然而，土地使用管理的基础则必须追溯到美国18世纪末期。[①]

当然创建者并非凭空创造的，他们引用开始于13世纪的大宪章，一部已达数世纪之久的地产法。这一英国皇家的宣言，建立了拥有私人财产的权利，除非是所有人受法律的制裁，而剥夺了这一权利。此项海洋法的基本原则，反映在五百年后的人权宣言中，该宣言禁止以非法程序剥夺人民拥有私人财产，并禁止非法占用私人财产而不作合理的赔偿。1791年，这些熟悉的词语出现在美国宪法修正案的第五条中，而在1868年修正案第十四条，就应用到了各州的行动中。

政策法规是土地使用管理的法律核心，源自修正案第十条，政策法规的工作由州统治其自身的权力和地方政府保护大众利益的责任双方面所构成。此项权利和义务，由州政府授命予地方政府，并正在逐年扩

---

① 见 Peter B. Wolf, "美国土地：使用、价值和控制"（New York: Pantheon, 1981）。

大，现今还负责管理私人财产的赔偿，以保障公众利益。在过去一百年来，政策法规的法定管理范围扩大了不少。

区域功能划分是行使政策与法规应用最常见的例子。第一个有关管理土地使用以及建筑特色比较完整的例子发生在1916年的纽约市，纽约条例被全美各地视为流行的范例，而1922年的"标准州区域划分授权法"（Standard State Zoning Enabling Act）大抵根据此法。①这个范例提供了授权予地方政府做土地使用管理的基础。"标准城市规划授权法"（Standard City Planning Enabling Act）于1928年产生，鼓励地方政府搜集资料和制订计划，为区域划分奠定合理的基础。

区域划分的合宪性由美国高等法院在1926年的尤克立德与安布勒房地产公司（Euclid V. Ambler Realty Company）的特例中得到验证。依法庭的说法，区域划分法规的条款（以及其他开发规则）只要是武断的或不合理的，或与大众健康、安全、道德、福利等相违背者，均为违宪。稍后的另一案例，尼克陶·V·剑桥（Nectow V. Cambridge），判定区域划分或某块土地的划分，在法律上可做改变，却不影响全部条例。

在数千个土地使用的案例中，基本的法律问题是，政策法规合理行使的极限是什么。当公共管理太严时，可给予私人适当的赔偿后，"取得"私人地产。合法的管理引导和"取得"二者相互交替使用。当然这种交替使用常反映大层面的社会和经济趋势，例如战后人口的大幅度增长导致美国郊区化的速度加快。这一居住形态的改变，连同经济的兴盛和社会态度的改变，一起产生了20世纪60年代的民权运动，与20世纪70年代环境运动的堀起。市郊开发规则因既不能排斥外来的影响力又不能保护环境资源而受到抨击。

20世纪70年代，不少市区制订了增长经营计划，试图对新形式的影响力进行更全面性的说明。尤其在环境问题敏感的地区，州和区域性政府参与土地使用规则的订立，这一趋势可由1976年"美国法律中心"发行的一份新的"标准土地开发法规"得到强化。②这所谓土地使用控制的"平静的改革"（quiet revolution）和地方组织与邻区社团的兴起不无关联，它们在今天的开发规则上仍扮演着重要的角色。事实上，这个

---

① 美国法律中心，"一个土地开发的典型法规"（Washington, D.C.：American Law Institute, 1976）。
② 见 Richard Babcock，"区域划分"一文，在 Frank So 所编"地方政府规划的实践"（Washington, D.C.：International City Management Association, 1979），P.416。

角色的重要性正与日俱增。虽然此类民间参与常被视为得到联邦政府在公共计划和开发项目的支持，不过不少社区却要求独立的权力。

最近，发现区域划分会失去灵活性和其他一些优势，导致开发规则在本质上和行政管理上的改变。改变项目包括：有计划的单位开发、特别许可证、外围区域和许多其他技术。随着此项革新的发展而来的是行政管理更为谨慎，公私利益趋向妥协以及开发规则可预测性的大幅降低。同时，依据执行标准而不是依赖设计细节的规则应运而生。制定规则的人期望借革新为设计和规划带来更大的灵活性，而这些规则已融入上述的计划中了。最近，社区对评估转向费用和对新开发项目提出更高的要求。

开发管理的基本规划

规划

公共管理的基本指导性文件即总体规划，有时也称为总规、总体规划或开发方案①。概念上，这项文件表达了市政府对其未来都市外观发展的整体预测和政策。理论上，该文件为其他开发管制工具提供了实质基础：如区域划分条例、细分规则和主要改善计划等。实际上，整个计划的适时性、准确性和实用性是多变的。在某些地区，计划本身可能在政治上受到欢迎，且定期更新，并常由开发商、规划者和公众共同商讨。然而，计划常是过时的，在政治上不为人接受，而大都和增长与开发的实际过程不相关连。

全面规划的两项基本特色是其范围和时间。这一规划处理整个管辖的范围，不论城市、乡村甚至有些时候包含整个地区。在一些市区，邻区或其他次级单位的特别计划也是规划过程的主要产品（通常有些计划由总体规划所指导，虽然这些计划在用来对付为争取联邦或州政府支助的特别要求时，往往会有不相连贯之嫌）。这些比较特殊的计划可能属于比较短期的性质，例如，5~10年，而总体规划却可能延伸至未来的25年或更久的时间。

这些计划的详细要素因各种特殊情况而异。有些要素，例如居住，常为州或联邦政府所要求。然而，一个典型的计划首先要通过提供人口、财务、环境和其他信息，并对一个地区的现况做一记录。它是整体开发和开发策略记事的依据，通常也包括大的目标和小规模的目标。其

---

① 见 Frank Beal 和 Elizabeth Hollander，"城市开发计划"，在"地方政府规划的实践"。

次，计划也包括各项公共服务和支项结构要素的条款。这部分通常包括居住、交通、设备、社会服务、经济开发、自然信息和娱乐等。这类计划的最佳例子都应附以实施情况的有关说明，或如何在近期内通过公共费用、开发规则或其他方法来达成目标的结论。

通常州政府在整个规划中起至为重要的作用，在不少的情况下，州立法不仅促使而且要求，并提供金钱给地方作规划费用。这些州立法常有附带的条件和规定，其中的一个条件是对市民灌输规划过程、计划，这也可能单独由地方政府所发起，尤其在面临过期或不具成效的开发规则的开发地区地方政府。此外，私人团体也可发起这样的过程。

大部分的规划是由一个规划局的专业人员所拟订的，这个规划局常获得私人顾问或其他政府机关人员的协助。民间参与这一过程的重要性渐增，然而重大的政治支持常来自立法，或经由规划的正式采用及公共政策或市长的批准。

虽然这些规划在传统上纯属咨询性质，不具任何正式的法律地位，然而最近的趋势可能导致更突出的规划影响力。在1975年，佛罗里达州通过立法要求总体规划和相关的开发规则相符合，不少的州也步其后尘。这一做法出自规则的灵活性要求和随之而起的行政审查。佛罗里达州的法律和步其后尘的法律，代表了最近对区域划分和其他开发规则的理性基础的一项保证。如果这一趋势继续下去的话，在开发过程中公众的行动和规则可能变得更易预测、更具理性，而审查拟定用来支持地方全盘计划的开发提案的成功机率也会大为提高。

区域划分　　实际上在所有的城镇里，最重要的地方管理权力表现为区域划分。区域划分一时成为最受欢迎，也最令人争议的策略之一。

传统上，区域划分基地是将一个大区域划分成几个小的区域。而在各区域内，只准营建某些功能的建筑。此外，区域划分条例明确规定土地应如何划分大小、限制建筑物的大小、庭院的大小、停车的要求以及其他特色。传统的区域划分将土地使用做金字塔形的层次，独户住宅居金字塔的顶端，而重工业的使用则在底部。区域划分的基本目的在于分辨不相容的使用功能——实际上这一目的通常被解释为分立各种房屋的保值。[①]

区域划分的权力透过特别授予的立法或宪法条款由州政府授予地方

---

① 见 Richard Babcock，"区域划分的策略"（Madison：University of Washington Press, 1966）。

政府。如此一来，各州的特权差异很大。此外，由于区域划分的权力来自州政府，有关区域划分诉讼的司法解释均由州法庭主持，而各州的解释有极大的差异。如前所述，根据20世纪20年代的授予立法范例，区域划分的理论或实质的基础是整体的规划。然而，实际上，大部分的区域划分条例直到最近才制订出来。近来，以往规定的区域划分必须根据计划而来的强制命令重新受到重视，有些州法律再度肯定此项原则。

区域划分法是独一无二的，它由二部分形成。一是，条例明文规定各小区域的土地使用和开发的性质与数量的限制，并辨别区域划分过程在程序上的要求。二是，区域划分图，标示出市区的各个小分区。一个整体的区域划分条例规定市区内小区域的分类。受此条例影响的业主和开发商必须查询此区域划分条例和区域划分规则，以便决定这一地点的使用规定。

通常区域划分的小区域在条例中有附带的许可使用条目。一般条例包括在住宅、商业和工业用地等大项目下的几种类别的小区域。区域划分史上的趋势是进一步对各种次级分类进行细化，例如，"邻里商业区"和"汽车导向商业区"的细分，因此现今的区域划分条例充满了各种不同的小区域类别。本来区域划分的较小区域是共同组成的，"较次级的"区域有时被准予作为"较高级的"用途。然而，这些小区域已变成独立的区域。单一的、愈来愈专业化的区域显得毫无灵活性，导致最近在混合使用区域、特别许可和有计划的单位开发等的变革。这些以及其他的革新手段，目的在于鼓励传统区域观念下，对土地使用力求更多变化和更高品质。

当然各小区域划分规则也明确了院落的大小、高度和用地极限、标志、家庭占地（住宅区）、美感和其他的问题。一些条例，尤其是包括有计划单位开发的规则，需要做地段规划的评审，其功用与传统的细分规则相似。

区域划分常引发诉讼案件，不是因其实质的要求，而是因为行政的缘故。根据理查得·班比考克（Richard Babcock）的说法，"区域划分是为个人提供……寻求全面性区域划分的改变"。或者，换句话说，"要求一套全新的规则"。[①]诚然，开发过程中寻求区域划分常被视为理所当然之事。通常开发商购买地产的利益，不在乎整块地的分区情

---

① 见 Babcock，"区域划分的策略"，P.154。

形，而是关心土地能否符合其他的标准。事实上，开发商必须注意到，有些社区故意"简单划分"以强迫大部分的开发商申请再详细的区域划分。有见识的民间组织都知道现行的分类并不能保证未来有合作无间的开发。整个过程的不确定，更由于许多卷入区域划分过程的机构缺乏一致的、批准区域改变的申请标准而更为复杂。

在一般制度下，地方立法机关制订一项全面性的区域划分条例，大多数州的立法部门也可通过条例以外的修正案。立法者可修正：（1）法律条文，例如批准一特定地区的额外用途；（2）区域划分图，改变一块特定地的区域名称。上述任一例均须由规划评议会或另一团体举办一次听证会，然后再向立法部门建议。但被选上的官员不一定会采纳评议会的建议。

休斯敦——美国惟一未作区域划分的主要城市——通过私人管理的行为限制系统，来控制土地使用和场地规划

地方请愿会或协调会则对异议做审核——对一些不符标准要求的地产所有人进行处理。因差异的处理标准不一，这一过程被寻求区域划分宽松规则的人们认为是"阻力最少的方法"，[①]通常在发证机构或区域划分行政员根据区域划分法的特别解释拒发证照时，请愿会才处理行政方

---

① Weaver 和 Babcock，P.161。

面的请愿。由于请愿会是将法律应用到一些特别的事实上，做的是近乎司法的决定，他们须依法制定程序行事，他们决定后可再向立法部门或直接向法院诉诸立法。

最近的行政改革已引进了专业的听证会检察官来主持地图的修订、特殊的例外以及其他原来由于规划评议会所裁决的听证会。改革者以为听证会的检察官更能保护申请人在法律程序上的权益，而减轻规划评议会的负担，也可提高整个过程的效率。检察官通常向立法部门提出建议，而建议可能被上诉，即向规划评议会申请。

2–1　圣克拉拉地区工作区和住宅区潜力

城　　市		地方区域划分所增加的工作数量	地方区域划分所增加的住宅单位数量
Palo Alto	帕鲁阿尔托	3,000	1,300
Moutain View	芒特维尔	18,620	3,600
Suunyvale	桑尼维尔	12,350	1,680
Santa Clara	圣克拉拉	23,940	2,826
Cupertino	库柏蒂诺	5,120	4,890
Los Altos	洛杉矶	0	238
Los Altos Hills	洛杉矶山	0	322
Milpitas	马尔塔斯	29,700	3,648
San Jose	圣乔治	123,475	45,786
Campbell	康贝尔	500	200
Los Gatos	洛斯	350	395
Saratoga	沙托贡	270	2,271
Monte Sereno	芒特西诺	0	35
Morgan Hill	慕兰希尔	21,700	6,475
Gilroy	纪洛尔	7,000	4,875
总　　计		246,005	78,541

资料来源：圣克拉拉营造团体，"圣克拉拉县的空地：20世纪80年代工作区开发和住宅涵义"（1980年2月）。

许多社区希望吸引新的工业，却不能划分出足够的土地来符合随之而来的住宅要求。这一工作区开发潜力和住宅开发潜力失衡的状态，在加州的硅谷特别显著。

其他的革新包括将区域划分的行政权集中于一专业人员，他负责协调申请、证照批准、听证会和其他事宜。将区域划分的责权集中到邻里的层次。试验结果显示,大多的情况是邻里团体的报告仅列为参考用,最后权力仍落在民选官员的身上。①

区域划分透过外围区域、特别证书,有计划单位开发的条款和执行标准等,继续对分区概念做新的灵活性发展。某些区域的独特性,正借着特别区域的使用法,而渐渐得到认同,这些情况在闹市区尤为明显。②同时,继续对认定某些用法已是不相容的行为系统进行试验。新的计划愈来愈不依靠传统的地图,而比较依靠地段的规划和开发项目数量评估有关的设计准则。这些新规划允许更大的灵活性,更广泛的行政裁决,以及开发商、邻里和社区官员更多协商的余地。

细分规则　　当一块地分为二块或更多块以作开发之用时,就应用到细分规则。有时,详细规划后的土地虽未被开发或保持原用途,但使用权却已转移给新的土地拥有者了。大众对土地细分的兴趣,可分三方面来看:首先,社区必须依细分规则取得必要的公共设施以作为开发资本,例如地上的街道、设施的疏散和空地等。以地方上的街道为例,几乎都被细分者或开发商所兴建,而属市政府所有,并由市政府维护。其次,社区的管理细分区,在确保设计和规划,以及相关的公共改善后,应符合安全和实施的标准。管理规则通常包括街道和各块地的大小和形状、大小的标准以及街道、人行道和公共设施的兴建等规定。细分规则也对特殊地区加以分辨,例如冲积平原或坡地等的开发限制。第三,这些规则是记录这一社区土地交易和主权转移的正式凭据。

至于区域划分,州政府将管理细分的权限授予地方政府。细分区的审查和批准的行政责任通常在于规划评议会,该委员会接受规划局事业人员的技术支援。然而,公共设施的认可却在于立法部门的议案。

理论上,细分区域的规则应直接和全面的规划和区域划分条例相关。实际上,二者的关系可能十分微妙。区域划分和细分区域在程序上可能获得协调,也可能不易获得协调。尤其是在有计划的单位开发和其他需要规划局审核的开发项目上,细分规则和区域划分条例之间并无清楚的界限。细分规则通常要包括一份审查程序的说明和提供公共改善基本要求的列表。

---

① Weaver 和 Babcock,P.161。
② 见 Richard Babcock,"区域划分之外貌"一文,刊载在《城市土地》,1984 年 11 月,P.34。

土地详细规划过程通常由三个基本的阶段所组成：申请前、初步计划的交缴和最后细分区域记录图的交缴。申请前的阶段，通常包括一系列非正式的会议，使员工熟悉开发项目，同时开发商可以决定过程中的特别要求。开发商常会交缴一份规划草稿作为起点。想以缴纳税款或水费代替公共设施的事情常有发生，这些最后以代表了不同的意见的结果调和。学校预留空地、公园预留空地、干道街道的拓宽或十字路口的改进等结果，都是常见的例子。以前开发者常以债券方式资助公共改善的社区，相信新的开发本身足以支付自己，而现在则是该采用收费和纳税，以避免开发有关的地下工程过多的花费来处理。在许多情况下，地方财产税的限制常导致这种情况的发生。

依照初步讨论所得到的结论，开发商现在交出一份更详尽的初步计划，供规划局审查和规划评议会批准。初步计划可能要受其他地方机关的审核，例如，消防局、警察局、工务局、民营公共设施公司和州政府相关机关。然后最终的记录图才得到正式的批准和记录，时间通常是在由规则评议会所举行的另一次听证会上。

2-2　　　　　　集合式住宅方案要点

密度红利

密度红利（Density Bonuses）使用开发商能够在一特定地上，建造比原定的区域划分所允许的更多的住宅单位。自发形成的院落式住宅规划，以密度红利作为中低收入家庭建筑的动机。强制性的规划，对开发商因提供低于市场价的房屋，而蒙受损失或减低收入而加以赔偿，这一做法提高了规划的政策可接受性，而且避免因"征收"私人财产用地作为公共用途，却未予合理赔偿的违法之嫌。

给开发商作为赔偿的红利是否充足，仍值得争议。这些红利可能带来土地膨胀，而不是降低土地价格。如果土地所有者知道开发商将得到增加密度时，土地所有者也会因此调整整块地的价格，而开发商就无法节省任何成本。

密度红利亦不足作偿还之用，因开发商不能充分掌握有利的情况，开发商可能不愿意将太多的住宅单位移入一个地点，惟恐过度兴建的结果会造成销售价的下跌。此外，因为用地随住宅的兴建而日减，开发商可能已达到土地的最大容纳密度。

其他的经济诱因

另一诱因是申请开发许可的"迅捷"过程。此过程的加快有助于降低开发商土地保有和财产上的负担。

集合式的住宅规划也可放宽开发和建筑的标准，以减少开发商的生产成本。放宽的项目包括：最小的室内面积、房间大小、占地大小、梯形后退线、建筑高度、空地保留、停车空位和其他各种娱乐设施。

另一帮助开发商在一地区建筑集合式的住宅的方式是：土地转让的计划。地点可用公款取得，再以低于市价的价格转给参与集合式规划的开发商。

购买集合式单位的成本可能和决定经济适用房价格同等重要，因此，有些集合式的计划提供一种可支付的金钱来源。方法之一是将市政府的债券发行额，以低于市场利率的方式，借给中低收入的买主。债券销售额可用来作为开发商低利率的建造贷款。

重复销售的控制

重复出售的控制目标在保持由集合式住宅计划，以产生的中低收入家庭的股份。主张控制者认为，若不加控制，第一手买主将会以市价卖出房屋，获得一笔利润，并将房屋的单位价格提高。然而过严的重复销售控制，可能会减低买者的需求，减少房屋的投资吸引力。

通常管制再售的方法是对转让行为的限制。限制也可能出现在抵押或写于土地出让纪录上的建造商和地方政府之间的协议。有些计划也可能在卖者将房屋公诸于众之前，从产地控制的价格购买房屋。

住宅信用贷款的转让

一项激发开发商财务的重要诱因，是建造比规定还多的集合式房屋单位，以便有机会获得信用贷款。开发商即可将信用贷款转变为另一开发项目的用途，或将之卖给其他的开发商。

信用贷款的转移给予开发商集合式要求的弹性，开发商可能盖出太多的集合式住宅，而不想要低成本的房屋，此时就可用信用贷款去满足其他部分的配额，例如，在地价高或低成本的房屋会影响原有的销售情形。

为达到各个新的开发社会经济并存为目标的社区，可能不提倡经济适用房信用贷款的转让。一些社区保有不准转让的权利。

地点：群居或混居？

现行的集合式住宅计划，并未详细制订低成本的住宅，应散置于市价的住宅中，或群集于特定的地点。有些规划比较偏向散置法，却也不反对集中式，主张此说法的人认为散置法可鼓励开发商建造近乎市价房屋品质的中低成本住宅，使市价房屋的销售情形不受影响。反对者认为低收入家庭可能付不起像他们高收入邻居相同的维护费用。

经济效益是聚集中低收入房屋的一大主因。聚居使得价值较低的地点，可作为经济适用房来用。将经济适用房单位集中于一个开发项目之中，也可减少负面的价格和对传统住宅单位的市场效应。

购买者审查计划

集合式住宅的设计使用购买者审查，来确保经济适用房，系由原本买不起房屋的中低收入的家庭所承购。审查的目的在于避免投机分子和"暂时贫困家庭"或具有改善经济能力的人，例如，大学刚毕业的学生们的混杂。

一些集合式计划的买者审查工作，由开发商来承担，其他则不交由开发商，而交由地方或私人的组织来负责。

资料来源：G.Bauman，A.Kahn，和 S.Williams，"集合式住宅计划之实行"一文，刊载在《城市土地》上，1983 年 11 月，PP.14ff.

开发商在详细分区申请过程的目标是保持开发项目外部和经济上的完整性、避免不恰当的拖延。市政府的目的则在于环境的健全，以充分提供各种公共设施来提高开发的品质。

开发经营计划　　为了解决因高速增长和无灵活性且过时的开发管制而引起的问题，许多社区于 20 世纪 70 年代开始做开发经营的规划。这些管理的系统试图发起和管制社区开发过程，而不仅在对私人的行为引起反应。区域划分和细分规则常和其他行政过程相关联，例如资本预算，以便对计时、地点和开发的种类做更直接的管理。①

有些系统建立了一个良性发展范围，以限制可开发土地的供给超出此范围就不提供诸如"给排水的公共设施"，以抵制昂贵的"大跃进式"的开发。在纽约州拉马波（Ramapo）的一个著名的系统，增长是依18年为期的资金改善计划作分配的（虽然后来该计划因拉马波政府无法控制公共工务而告失败和作罢）。加利福尼亚州佩塔卢马（Petaluma）和其他城市限制每年批准的新住宅单位的数目，而应用采分点法，依据开发项目在某些标准上的表现而定。其他社区则将新的开发和充分的自然资源相结合，例如水源供应，或者和社会因素相结合，例如地区就业率。

在开发经营体系下，全面计划的条款、区域划分条例和详细划分规则等，通常是透过特殊的立法和市政府的其他功能而相结合。例如资金改善计划。举例说明，一项条例可能规定，开发商要在开发项目中显示该区将有充分的公共设施来配合开发。

特别规则　　大众对土地开发的兴趣已大幅提高，各级政府的立法、政策和计划项目就应运而生，以用来管理开发的特殊层面，这些层面包括了环境保护、历史文物保留和农用耕地、空地的保留。各广泛的公共目标下交织着的联邦政府、州、地区和地方的规定网络，影响着开发项目。通常，开发商必须具有预留的开发项目文件，以符合州咨询委员会、地区权威人士和有关的公共局审查和许可程序的要求。在地方上，最近许多较新的要求均并入传统的区域划分和细分规则中。

比较复杂的是特殊利益团体殷切期盼这些规则的执行，且准备干预审查和批准的过程，在他们认为开发条款有疏漏时。这些利益团体的行动可能延误开发项目且影响其设计。

环境和自然资源　　主要的联邦环境立法早已包括全国环境政策法案、净水法案、净气法案和海岸区域经营法。全国环境政策法推行环境影响评估，作为改进开发所带来可能的不良影响的方法。任何足以影响环境品质的联邦行动均需要做影响评估。此外，影响评估的要求已成了不少州和地方法律的一个主要部分，左右着私人的开发方案。这些法律与地方政

---

① 见 Frank Schnidman, Jane Silverman 和 Rufus Young, Jr. 等合编的"开发的经营与控制：应用技术"（Washington, D.C..ULI-the Urban Land Institute, 1978）。

府提供了决定是否批准开发方案的基本决策依据。

政府计划常常是多重的，有时为了冲突的目标。例如联邦资助的海岸区域划分经营计划，目的在于保护敏感的海岸资源和支持适当的海岸开发

其他联邦法律制定关于敏感区域或实质上影响主要资源的开发项目的审查和证照许可的要求。例如，净水法的第四十四条规定，挖土机和填土作业必须由陆军工程兵团批准。而联邦政府的批准通常依早先州和地方政府的批准情形而定。净水法亦规定应取谛直接排放污染物至水面的开发项目的要求。同样的，住房与城市发展部和联邦紧急事务处理局限制冲积平原的开发，拒发洪水保险计划。海岸区域划分经营法案和其他法律对州和地区性审查机关及审查程序加以牵制。

州政府也独立辨别重要的地区，并设立地区性的监督开发审核机构。上述机关的显著例子，如塔霍（Tahoe）地区规划当局和马里兰的切萨皮克（Chesapeake）海湾特区委员会。一些州要求在特别区域的地方政府交缴规划和建筑方案让州政府审查。

在地方上，环境法规常关注敏感的自然资源，例如，湿地、陡坡地、腐蚀地或林地，也包括农用耕地和空地的保存。其他比较简单的技术，诸如大块地区或公用空地，也应满足这些需求。在大部分区域的例子中，审核过程的责任仍落在规划评议委员会之手。

历史文物保存　　另一同样不可忽视的问题是历史文物保护。在联邦政府方面，全国文物保护法案创立了"全国历史文物位置记录"，以协助建立和支持州政府的计划。联邦政府税务奖励投资有助于州和地方在历史文物保护法范围内的开发项目。在各级政府中，法律规定：（1）地产具历史性或建筑上的重要指标，（2）建立历史性的小区域，包围一个较大地区，且包括较新和较老的建筑。开发项目涉及拆除或改变现有的指标或在具有历史性的区域建筑新的结构，其命运依地方指标委员会的许可，通常会在一次听证会之后定夺。

可转让开发权和其他问题　　为弥补土地所有者被征收土地的损失，一些社区创立了可转让开发的权利。可转移权利的方法是某一地区的土地因开发受限，而将开发权转移至另一块土地上。通常开发权的移转可促进所接收土地的开发潜力，且能予土地所有人一些经济上的补偿（当然这一程序也为开发过程添加更多的复杂性）。

其他各种的地方性法规直接影响到开发过程。一些城市，包括波士顿和旧金山，要求市区办公大楼的开发商提供住宅，或提供住宅的经费，以作为开发批准的一项条件。[①] 同样的，一些城市要求邻区开发作为商业区开发许可的交换。而有一些其他的地方法律，包括房租管制和少数民族签约的数额，显示出复杂的社会问题。这一情形无疑影响了开发的经济状况。

管理过程的步骤和阶段

规划是一个持续的过程，规划评议委员会及其专业人员，进行规划的审核和批准时，通常以全面性规划和区域划分条例为基本依据。此外，他们可能进行特别的研究或咨询立法部门，包括从学校规模到野生动植物的数目的控制。通常规划者有助于资金改善计划的准备，或调动民间团体参与联邦区许可计划。重要的是，规划者提供资料和数量分析给立法部门或其他机关。这些不同工作的结论是，规划评议委员会的管理意

---

① 见 Gruent + Gruen Associates，"旧金山住宅产品计划办公厅"一文，选自"开发评论与展望 1984～1985 年"（Washington, D.C.: ULI-the Urban Land Institute, 1984），P.404。

2-3　申请前会议资料的要求

格雷舍姆市土地开发部门

综观

在提出开发许可正式申请之前，申请者必须要求召开申请前的会议，讨论申请开发的要求事项。本表所列的资料交缴后，必须于二十日内举行会议，且于申请前的周三举行。以下所列资料，于预定的周三申请前会议至少五个工作日之前交缴。

资料要求

A. 土地划分（分配和细分）

1. 两份简单叙述性说明书，大纲式列出开发提案，姓名，住址和上午八时至下午五时的联络电话号码。土地所有者和申请人的住址不同时，其姓名和住址应分别列出。
2. 两份地形地图，表示以下的资料：
   a. 地产的法律说明；
   b. 所有土地的区位图地点；
   c. 所提议街区的大约地点；
   d. 街道斜度，差斜度超过15%；
   e. 其他：所提议的公共设施的计划景观（排水沟、水、暴风雨水）

B. 地点设计的审核（附属住宅、地区附带开发、商业和工业申请）

1. 两份简单叙述性说明书，大纲式列出开发提案，姓名、住址和上午八时至下午五时的联络电话号码。土地所有人和申请人的住址不同时，其姓名和住址应分别列出。
2. 两份地点地图，示出以下资料：
   a. 地产的法律说明；
   b. 土地的范围大小；
   c. 现行和提议的区位地点；
   d. 停车和装载区域；
   e. 主要的树木位置；
   f. 公共街道的交通情形；
   g. 附近工地的使用情形。

C. 暂时使用和问题解决方案

1. 两份简单叙述性说明书，大纲式列出开发提案，姓名、住址和上午八时至下午五时的联络电话号码。土地所有人和申请人的住址不同时，其姓名和住址应分别列出。
2. 两份地点地图，示出以下资料：
   a. 地产的法律说明；
   b. 土地的范围之大小；
   c. 现行和提议的布局或企图使用的地点；以及
   d. 停车和装载的区域；

D. 其他土地使用状况

1. 两份简单叙述性说明书，大纲式列出开发提案，姓名、住址和上午八时至下午五时的联络电话号码。土地所有人和申请人的住址不同时，其姓名和住址也应列出。
2. 其他：两份地点地图，以助开发方案的审核。

资料来源：俄勒冈大学、政府研究服务局，"俄勒冈的土地使用程序和实际状况"（1985年1月），P.27.

见，是在几个小的正在进行的过程所决定的。如果将这显而易见的结果——规划的审查和批准的过程视为输出,那么输入的过程常是复杂模糊的。输入的范围包括从重大计划的听证会到当选市长候选人的竞选诺言。以上各种输入有助于形成土地使用规则的地方性特色。

开发项目审查和批准过程可分为三个基本阶段,申请前阶段;申请和审查阶段;听证会阶段,到听证会阶段时,开发项目呈现在各委员会、民选官员和公众眼前,才可做出正式的决定。

申请前阶段　　在开发提案正式申请前,开发商和公共机关开始对提案的相关优点及其可能遇到的限制做出评估。近年来,这一阶段逐渐程式化,以应付日趋复杂的规则要求、费用和税捐的使用,以及开发商为评估开发提案所付出的昂贵顾问费。

开发商通常在开始申请预备阶段时,也同时试着获取资金和购置地产。这一阶段常以非正式的公共参与过程为开始,开发商开始和邻里或民间团体会谈,试图排除可能的反对势力。

在申请筹备阶段,开发商的目标在于决定提案适用的规则和程序、审核过程所需的时间、各种必须采取的步骤和必须交缴的文件。前述这些问题的答案,常可由开发商和主要市政人员的会议中获得解答——或以原始会议的方式,或以原始会议后市政人员和开发商一系列的接触方式。有些市区发行开发审查的指南,以加速完成这一阶段。

开发商当然一直有撤除开发提案的权利。有时,开发商在稍加判断反对的力量后,会退而等候,准备一份修订过的提案,或另谋新的开发机会,或另寻更能接受提案的公众。

申请阶段　　在申请阶段,开发商常向规划局申请开发的批准,向规划评议委员会、区域划分董事会或立法部门做开发行动的申请。依开发项目的情形而定,会有许多的相关行政程序。规划局通常负责协调批准的过程,将申请人的纪录集中,虽然在一些情况下可能会有重叠过程,纪录和文件由不同的机关保存和收缴。一些开发项目要求一系列的决定,而各个决定与前一环节的认同有关。例如,开发商可能先申请一次计划修订,然后一次区域划分的改变,然后一次差异或特别使用的许可,然后一次细分的同意,地点计划的审查,而最后申请建筑和其他许可证。一般的申请有以下目的:[1]

---

[1]　Schnidman, Abrams and Delaney, P.101。

- **区域划分修正**：当一块地具有区域划分的标示，而提议案的用途被排除时，即可在条例上增列修正。一般是向规划评议会提出申请，该会征求相关人员的意见，并举行一场听证会，再向立法机关提出建议。
- **特殊例外情形/有条件使用许可证/差异情形**：向区域划分请愿董事会申请，该会依相关人员和公众的意见，作为建议的依据，而规划评议会或立法部门听取请愿。

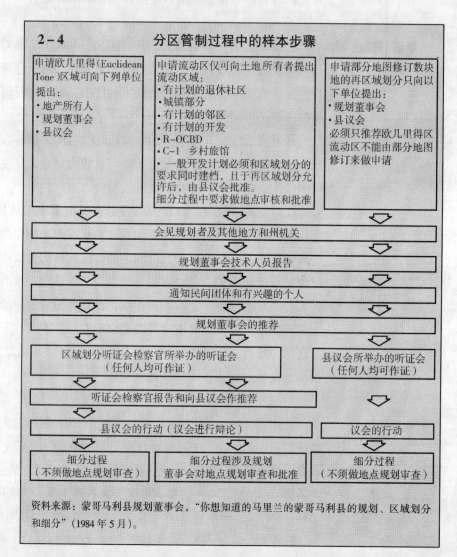

- **详细分划如何被同意/地点预案怎样被审核**：在相关人员的协助下，规划评议会审查详细分划同意的申请案件，也审查混用和有计划的单位开发的地点预案。在许多情况下，政府人员会不经听证会而批准小的详细分案。

- **许可证的批准**：公共机关发行各种不同的许可证，许可证常依先前的开发许可情形而定。有关斜度、拆除、兴建和其他兴建阶段，通常需要详细的技术文件，由于这一需要，公共机关常在管理过程结束时发行这些许可证。

政府官员的审查和意见

下一步是审查和评论的阶段，在这一阶段，规划者和其他市政府官员依照可应用的法律、规则和政策，审查申请案和相关的文件。规划者通常以书面报告方式发表评论给相关单位，通常此单位是规划评议会或请愿董事会。当开发提案和规则更加复杂时，这一阶段需要政府官员和开发商更密切的协商。政府官员审查的期限，通常在条例的程序要求上有明确说明。某些案例，例如较小差异的申请，就需要政府官员做最后的决定，否则申请则需交给听证会。

听证会

政府官员一旦审核过申请，且征询听证会做公开讨论时，开发即进入政策讨论的范畴，接受各方的审查，这一审查常是比较不理性，比较情绪化的，往往也比稍早的评论更不易预测。听证会是传统上公民参与的场所，虽然今日有不少情况下公众可提早参与。公众的提早参与开发过程，直接和开发商交换对开发提案的意见，使得听证会的作用更加模糊不清。"……当公民参与增加时，规划委员就面临既要代表人民面对开发商，又要代表政府面对人民的困扰。"①

开发提案的听证会常由规划评议委员会和请愿董事会，以及立法部门和为各种特别目的而设的董事会所举行。这些特殊目的的团体可能包括设计审查委员会、历史文物保留委员会与环境管理委员会等，以上三者分别试着透过听证会深入审查提议案的某一特别层面。最后由立法部门衡量各部门的建议，做最后的决定，通常立法部门也要在举行完了听证会后，才能做出决定。

听证会的格式及其记录的条款，因事而异。通常，先由提案的赞助者作报告，接着再由专门的见证人或提案的支持者作证言，继续再由董事会或提案的反对者做反驳或相互辩论。听证会的纪录常由地方上的书记或纪录来做。记录在请愿或诉讼时十分重要，因为请愿通常只限接纳

---

① 见 Albert Solnit，"方案批准：地方政府成功审核的开发商指南"（Belmont, California: Wadsworth Publishing Company, 1983），P.10。

原始听证会的证据，正确的记录是必要的。由专业的听证会检察官主持听证会时，记录和程序比较井然有序而且完整。

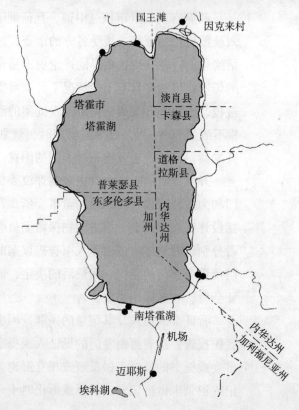

派恩兰委员会（The Pinelands Commision）影响了新泽西州这一大片未开发的地方土地开发政策。相应地，下图塔霍湖的主要资源，几乎没有考虑到行政上的分界。因此经常引起地方委员会和其他协助土地使用管理的地方性组织发生冲突

开发商必须符合一些条件，才能顺利完成申请程序，然后开始进行开发提案。委员会或董事会所做不利于开发商的决定时，常导致向立法部门的上诉，在另一方面，立法部门所做出的决定，常不再往上请愿，

而常在法院作了结。

地区和地方差异

公众对开发地点、种类和时间的决定，是一个十分政治化的过程。有许多竞争的利益必须加以妥协：长期住户、新住户、未来可能的几代住户、经济发展利益团体、自然资源的保护等。此外，地方的利益也必须和地区、州和全国的需要相调和。这一调和的过程规定在法律议程中，但各州的差异很大；因此，地方上土地开发管理形态的弹性相当大。各地方政府，除了上述基本管理结构外，也处理自己特有的环境问题。通常，地方政府对联邦、州和区域政府的要求各有各的解释。广义而言，开发项目所参与的团体越多，则审查越详细，所需申请同意的时间也越长。

州和地区开发规定的差异，原因在于自然环境的性质不同。主要的自然资源——湖泊、河川、森林、分水岭、岩石水域等等。有时很难和政治的边界相一致，例如塔霍盆地，是加利福尼亚州和内华达州的分界，像州自然资源的开发规则，就得征求各方参与，通常是州或区域委员会或局（像塔霍地区规划局），各有其具体的要求和审核的过程。而纽约州的艾迪荣达克（Adirondack）公园、新泽西州的松地（Pinelands）和旧金山的海湾，则是一州内的特区或特殊资源的例子。以上三例各有其特殊的区域管理部门，有对地方政府在开发实际做法上的管辖权。由于这些委员会和有关当局的成员是全州各地所选出的，通常由州长任命，这些部门具有浓厚的政治色彩。

稀有或敏感的资源常由区域划分来解决。例如，管理部门自成立以来管理加利福尼亚州海岸线、亚利桑那州和得克萨斯州地下水资源的开发。国家土地管理局和美国森林服务处，在其管辖权限内成立了土地经营计划——这一过程常与地方政府所认定的利益相冲突。在比较孤立的地区，例如在新罕布什尔州北部的怀特芒廷（White Mountains），全国环境的目标和地方经济发展需要的冲突就十分明显。在西部，联邦政府拥有大部分的土地，尽管各州对强有力的地方政府和私人财产权持有保守的传统作风，但各州就明显受到中央的开发审查。

除土地特色之外，法院也可能产生各州土地管理的差异。如稍早提到的，因为各州将政策法规立法权授权予地方政府，于是绝大部分的土地使用诉讼发生在各州法院。案例法的结果就立下了一地方开发规则的法律环境，虽然州的差异很大。诺曼·威廉斯（Norman Wiliams）[①]曾于

1974年对大部分的土地使用案例法做了一次调查,指出加利福尼亚、新泽西、马里兰和马萨诸塞各州,对地方政府的法院所做土地管理持肯定的态度。在另一方面,伊利诺伊和罗德岛两州,在法庭上却较偏向开发商这一边。甚至有不少州包括纽约、佛罗里达、宾夕法尼亚、密歇根和俄亥俄等,对开发持不一致且不可预测的态度。其他各州,以得克萨斯和康涅狄格两州较为显著,则在开发和地方管理之间持一均势,然而在法庭上并非完全均势。各州在土地使用管制上的差异,反映了各州居民不同的价值和态度,以及相对的经济立场。

在一些地理区域,州差异可能十分明显,例如,在华盛顿特区繁盛的郊区,弗吉尼亚和马里兰的开发市场特色十分接近,然而二者的土地使用规则的管辖和社会态度却极不相同。因此,马里兰州郊区的规则,比邻州弗吉尼亚较倾向于严谨,有待于提高创造性和弹性。

通常地方政府在规则上的差异,强烈反映出一地人口的组成成分和特性。规划的程度越细,开发管理的规则越严,通常表示一地人民的教育程度和收入较高,且具有雄厚的经济开发和具体压力,希望和广大受教育的民众来控制开发和改变,常能转化为规划上的一种政治力量;接着,在这些地区就会出现更大的预算,更多的员工和更成熟的规则。

一个主要都市区的不同经济模式团体,通常会支持市郊区域,开创就业机会,以引来住家和其他开发上的需求。一个采用严格开发控制策略的典型社区,其位置可能居于一主要城市的通车距离内;拥有一些地方上重要的自然资源,足以吸引大量受过良好教育的人;近期内有一段快速的开发时期;而且不断面对开发的新压力。

政府官员、公共官员和管理人员对私人开发过程的态度

开发商和公共机关对私人开发过程持有许多不同的看法,所持不同看法的一些理由——金钱对于开发商是直接的动机,而对于公共机关而言是间接的动机;或者说对公共机关直接动机是广大的人民利益,而开发商却只是狭义的市场——这是不言自明的。然而,最大的区别可能在于双方对时间重要性的看法不同。

---

① Norman Williams, Jr. "美国土地规划法则"(Chicago: Callaghan and Company, 1974)。

　　对于公共机关的官员而言,时间的弹性很大,在不受期限或明显的程序要求下,一个公共机关常常可以在充裕准备的情况下,才对开发提案下决定。即使有期限的约定,拖延也是常见的事,当然从公共机关的立场来看,耽搁的理由是名正言顺的,因为仔细地审查提案,许可的协调和听证会等都需要时间,然而,除了这些理由之外,拖延也可使公共机关观察政治界对开发提案的反应再做决定,同时,规划者也必须准备对政治性的问题提出客观的、专业性的答案。因此,公共机关必须保有相当的时间弹性,以及相当的选择余地。过早地决定,即便是正确的,常会引来政治性的批评,于是公共机关官员倾向于拖延和不做快速的决定。

　　当然对私人开发商而言,时间是十分可贵的,而拖延是件痛苦的事。因为开发商必须对各种变数——利率、工资、市场的变动和地价做一个全盘考虑。而这些变数又是变化多端的,于是,即便运气好的时候,拖延可使一个开发提案变得比较难预测,且更具风险,而运气不佳时,可能使整个开发提案终止。

　　公共利益间的许多冲突是来自于公共作出决定所需的时间,克尔克·韦克山姆(Kirk Wickersham)指出,开发规则本身可能是严格的,甚或是不公允的,可是开发商以为,严格的控制若伴随着可预期的程序和迅速的决定,规则再严也可接受。①

---

① Kirk Wickersham, Jr. "许可制度:改善社区开发规则指南"(Boulder, Colorado: Indian Peaks, 1981)。

第二章　开发过程的运作

地方性问题的利益与开发
LOCAL ISSUE INTERESTS AND DEVELOPMENT

传统上，开发过程的广泛公众利益已由上述公共管理过程所充分代表。而比较特殊的公众利益——即较少数直接受开发项目影响的人民，则有机会在听证会上争取自己的权益。然而，传统的过程中，等到公务官员举行听证会时，开发项目已完全定型。附近居民的关心往往不能介入开发项目，一般人民只能在开发项目已修订到一个相当成熟的程度，足以使开发商正式申请区域划分的改变或其他开发的同意时，才对规划作评估。没有灵活性的开发规则，使开发商和公共机关人员或社区间很少有协商的余地。在政府官员鼓励开发的社区，公民常有被排除在开发过程之外的感觉。他们有时确实以为，开发项目是预先准备好的结论，是开发商和政府官员私下协商的结果。在开发缓慢的社区，开发商不愿投入时间和金钱来修改开发提案，因为他们发现常会因此被邻里反对而排除在正轨之外。

今日的开发过程中谈判和妥协是主要的成分，地方问题的利益团体——邻里团体、公民、社区团体和特别的利益团体——越来越多地提前或经常参与，也越来越能显现其代表性。这一广泛参与的原因之一是，开发规则赋予新的灵活性鼓励措施取代其他的方法或协定。另一原因是，现在开发商的赌注过高，使其不得不借助地方利益团体的努力；一次性提案的花费昂贵。此外，政府官员现在对邻里的关心比较敏感，对无限制的开发和发展不太热衷。

社区董事会

如此一来，地方性问题的利益团体的目标、法律地位和资源也常有不同，而他们的实权经常不明确。最有效的邻里团体常获得政府官员的正式认可和命名，政府官员有时也会承认这些团体的法律地位，视之为正式的邻里代表。在 1975 年，纽约市命名了代表人口在五千到三十万居民的邻里为社区董事会，所有区域划分地图的修订和变异的申请，都要交由适当的社区董事会核准，再由该会向区域划分请愿董事会做推荐。社区董事会也可将区域划分董事会的决定向纽约市评估董事会请愿，该评估会包含有对纽约区域划分过程，通常一方面需要一些公共经费给予邻里团体，而另一方面需要有才干和尽责的社区董事会。大些的城市，由于许多服务范围是行政的地方分权，最常拥有上述二项要求。虽然邻里团体在过程中的参与是法律上要求的，其意见却只供参考。决定者对邻里意见采纳的程度，依据人民参与开发过程的历史形态而定，而不是依据邻里团体的法律地位而定的。

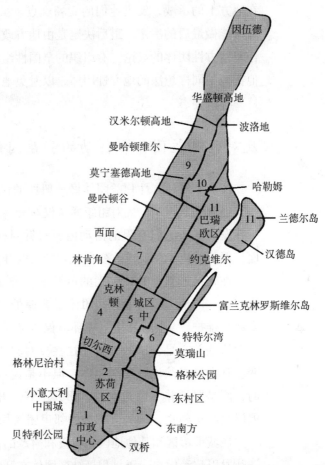

纽约市的59个社区董事会，根据市府拟定认可的合法程序，审核所有区域变更及特殊使用许可的申请

与地方性利益团体融洽

在某些情况下，邻里团体即使不具法定地位，却具有政治上的影响力。明显地，这些对开发方案的结果敏感的代表，最能赢得决策者的真

第二章 开发过程的运作 47

正信赖。鉴于此，开发商会尽力争取主要邻里团体的支持或尽力排除他们的反对。

当然依开发项目的性质而定，开发过程必然涉及不少的团体。一些代表经济开发和开发利益的团体，例如商业部，自然要和开发商共同合作。然而，更常见的是民间、社区团体和类似的团体，至少在最初会反对开发项目。一些开发的问题甚至会引起全国性利益团体的注意，例如住房组织或环境评议委员会。这些全国性的团体常以全国性问题，通过在地方上的示威，发表他们的立场观点。虽然他们的知识健全且充实，却未能做最后的决定。最后决定是由地方政府官员来做的，他们并不信任非地方性团体的议论。有组织的全国性组织有时会借着提供金钱或其他资源给同样想法的地方性团体，以避免地方政府的猜疑，而自己却保持一种低姿态。

反对的利益团体和行动的利益团体

任何欲对地方性利益团体做一般性的讨论时，均应分辨"反对的"和"倡议的"组织。反对组织通常仅对某一种威胁做反抗，例如，针对一开发提案。他们有限的活动内容只针对外在动机做反应。在另一方面，倡议的组织却要求改变现状和社区的开发。

在郊区或其他有比较大的可开发的或重大的开发压力——或二者均有——的地方。一般民间团体最普遍的想法是求得高度的财产价值安定和维护。"生活品质"和环境保护常是他们反对开发提案的借口。通常这些关心是合法的，然而往往反对只是为了改变，不管是何种改变。开发商必须说服反对团体，但不是说这一既定开发提案必然是好的，而是要说并不像其他提案那么不好。开发商对这些反对组织比对倡议组织更熟悉，因为大部分的邻里团体均在反对之列。

在城市市区和其他地区，投资和财产的价值不高，就业机会少，经济开发以政治优先，于是积极社区团体在开发过程中扮演着十分重要的角色。这些邻里开发团体常常是联邦计划案的主要靠山，例如，住房与城市发展部的模范都市计划，或是20世纪60年代末期的"经济机会办公室"的特别影响力计划。这些计划案的重点在于创造就业和整体规划外观的改善，常导致不同组织的产生，许多现在接受州和地方政府或私人基金会的资助。在20世纪70年代，倡仪的组织，由仅是邻区的支持者和提倡者，进一步成为开发提案的设计者。今日有不少的地方政府和组织之外的私人开发商，也卷入开发项目中，这些开发项目的目的在于服务现在邻里住户的需要。这些活动者的范围包括住宅的修复和兴建，能源的保存以及商业和经济的发展。[1]

邻里的开发组织，常常更注重于能源的保护和房屋的修复

由于这些团体具有这一特色，他们力求改变和开发，虽然他们往往只注意现在的地方住户的利益，他们有时也能促动邻里间的公众的参与，尤其是他们认为有利于外人的开发提案。

协商：公众参与的要点

如前所述，地方性利益团体早期的参与开发过程，是在开发项目已完全定案，最初的计划已草拟，而且在开发商也已申请通过之后。对于开发商而言，这个一度适用的方式，如今变得更具风险了。邻里团体在听证会上否定花了不少金钱和时间准备的开发提案。而公务人员在与私人利益团体合伙重提开发计划时，也发现自己处于类似的立场。地方居民通常对最完善的再开发计划也会加以反驳，理由是这些开发项目在规划初期并未作商议。

听证会和区域划分请愿董事会的诉讼程序，依然是民间参与开发项

---

[1] Mayer, P.3。

目的重点。可是，现今是邻里团体比较普遍参与整个开发的过程，操纵了各个层面，包括从规划的形式到进行中的开发项目。马尔克姆·里夫金（Malcolm Rivkin）[①]举出民间参与开发项目协商的三个场所。第一是在最传统的背景下，开发商和地方团体会面，开发商的目的在使开发项目获得支持——至少不表示反对——当开发提案在批准之时，这意谓着规划形成时的讨价还价过程，开发商对原始的开发提案做一些让步，以换取地方上的支持。渐渐地，此类的协议正式列入开发商和居民所签的合约中。

在第二种背景下，民间组织和地方政府协商，不是达成开发协议，诸如垃圾处理厂之类的公共设施的议案，就是争取地方来支持私人开发提案。在第三种且比较复杂的情况下，三方——开发商、政府官员和地方居民——在规划的早期会谈协商。这三方的共同目的在于解决冲突，且常要决定公私双方利益的成本分担比率。

当然公众的参与不限于个人开发提案，此外，民间组织常在现行的都市规划和社区开发过程中扮演主动角色；例如，他们可以协助准备主要的计划或其他影响开发决定的指南。

维斯塔是由一个带有营利性质的邻里组织开发、由社区再开发单位赞助的中低收入的住宅案例，靠近洛杉矶市中心商业区

[①] Malcolm Rivkin，"和邻居协商"一文在 John J. Kirlin 和 Rachelle L. Levitt 所编之"通过公/私协商经营开发"（Washington, D.C.：ULI-the Urban Land Institute, 1985）。

依情况而定，民间团体可能视其他的利益团体、公务人员、政府官员及私人开发商为友或为敌。邻里居民团体常从选出的官员身上找寻他们自身利益的主要代表。代表一区居民所选出的市议员，可能提出一个明确的选择。有效的、有知识的民间团体也征求主要政府官员或机关人员的支持，以确保他们的立场得到确切的反映。

的确，大部分的邻里居民团体对开发商可能会持怀疑态度。开发商终究是改变的先驱者，而邻里居民团体存在的真正原因是抵制改变。邻里居民团体也对其所未知的事件表示恐惧。如果未来的开发形态均可预测，那么，居民就不会反对开发提案；然而开发提案的形态很难预测。而协商的开发和更弹性的规则的倾向，自然也增加了社区开发所不可预测的特性。令开发商感到高兴的一点是，居民对邻里的现况不满。在这些地区，许多邻里居民团体承认是由于开发商建立开发项目，才使得政府的计划得以推行。这种承认可能作为一条"共同道路"——即社区团体和开发商今后协商的基础。

个案研究
CASE STUDY

适于开发的环境：芝加哥市的伊利诺伊中心
ADAPTING TO THE DEVELOPMENT ENVIRONMENT: ILLINOIS CENTER IN CHICAGO

伊利诺伊中心的历史，在公众同意的成功策略运用上，有不少故事。该中心位于芝加哥市中心，是一项有 83 英亩（约 33.6 公顷）的混合开发项目，介于洛普（Loop）和北密歇根大道之间，该中心是由大都会结构公司和艾西企业公司联合开发的，后者是拥有伊利诺伊中央铁道的公司，即原地产所有者。伊利诺伊中心现已有 40% 完成，有超过 700 万平方英尺（约 64.4 万平方米）的办公室空间；2000 个旅馆房间；2500 个住宅单元；30 万平方英尺（约 2.76 万平方米）的零售商店空地；以及相关停车位。

这个过程实际上始于 19 世纪 50 年代，当时伊利诺伊中央铁道欲从南边河流进入芝加哥市中心，南区乃商业密集之地。当市议会不允许时，该铁道公司遂出了一个计策来对付，提醒市议会的成员游说市长，说他在南密歇根街道上的房子，常常受夏季暴风雨的泛滥的影响。

该铁路公司建议由高架桥越过湖泊，同时要以防洪堤来保护高架物。不出所料，市议会立即同意该建议，高架物和防洪堤均兴建了，而市长的房子就此不再受泛滥之苦了。

20 世纪上半叶

丹尼尔·伯纳姆（Daniel Burnham）在 1909 年的芝加哥城的计划，包括公园和湖畔的船艇设备。不幸的是，伊利诺伊中心在湖畔的调车场被视为眼中钉，于是铁道公司就被施加压力要空出场地来。随后，铁道公司需要一张最后的王牌，这一次该公司建议采用空间权（air rights）的新观念。调车场保持不变，而在其上覆盖一升降地板，而其上的空位仍可进行房屋的开发和兴建。

此举获得成功：在1919年该市通过一项条例，给予伊利诺伊中心铁道公司空中权利。该条例要求铁路公司以电动火车驶入市区，以减少烟气，而市政府也作了一些改善，例如高架街道，以协助此方案的进行。

不幸的是，双方为了谁应支付新的火车站费用而闹僵了，于是就此搁置了十年之久。正当困难解决，且开发要进行时，股市却又大跌，于是工作又陷入了停顿状态，一直到二次世界大战之后，才又有一些公共改善的努力迹象。那时，保德信（Prudential）保险公司在伊利诺伊中心车站的空中权利地点建造了中西部的办公中心，开发商认为有机会做开发了，而后有三个团体欲买下空间权。

20世纪20年代密西根湖旁的芝加哥河

20世纪中叶：越加复杂

截至20世纪60年代，铁路公司拥有所有的土地，但有三家公司控制了空间的开发权益。芝加哥的一个私人团体的居民控告铁路公司无权从空中开发，他们的论点是，对伊利诺伊人民而言，铁路土地是以不明确的信托方式取得的。美国高等法院最后判决铁路公司胜诉，地产权终算澄清而准备开发了。

然而此时，铁路公司已改组，而伊利诺伊中心不再需要停车场地了。当印第安纳标准石油公司欲于原地兴建世界总部时，这一提议即成为未来开发的媒介。

然而开发之路尚未完全畅通无阻。铁路公司要求市政府修订原有的条例,准许标准石油大楼兴建,却收到原土地由三家公司所控制、而不属铁路公司的答复。市政府拒绝分别和三方作协商,而要求做全面性的开发。此提案的反应如何呢?三家公司很明智地联合成一体,向市政府要求修订条例。

两项新条例

因为开发至少需要30年,联合开发商注意到开发项目不受一项严格的主要规划方案影响,于是他们和市政府协商两项新的条例。其中之一是规划条例,对整体开发限制取代严格的主要规划的规定:最大的容积率是14;各种用途的停车设施;建筑范围的极限;梯形后退的原则;以及使用的详细规定:990万平方英尺(约92万平方米)的办公室空间,14000套公寓,4500间旅馆客房和130万平方英尺(约12万平方米)的零售空间。基本上,第二条条文规定开发商以试验性的时间表和特定的成本分摊的公式,来兴建公共的改善措施。

根据新的开发条例,如果开发商减少居住单元的数目,伊利诺伊中心的办公室空间容量,就能高达1680万平方英尺

成本分摊公式是十分重要的,尤其是当公共改进设施成本高达1.06亿美元时,此高成本是因为开发项目的三层街道系统,即原来空间权概

念的结果。虽然铁路公司空出地来，市政府却将街道兴建到开发项目的边界上，期盼空间权的开发。因此，高架式的街道成为必然（市街的网路被分散开来，最底层是运送和服务性车辆，中间一层是干道交通，最上一层是地方的交通）。协议的结果是，公众负担干道路线的费用，开发商负责地方街道和服务道路；私人股份是 4300 万美元。然而，由于通货膨胀，这一私人股份即由 4300 万美元升到 1.06 亿美元。幸运的是，房地产的价值也随附近区域的改善而提高了。

近期策略

　　由于市场显示出为办公室和商业用途远大于居住的用途，于是开发商觉得有必要订下一个策略来调整规划方案。这次的策略是对规划条例的修订再行交涉，包括证明该地点作为办公室、商业和旅馆开发的成功之处，并说明其作为住宅的弊端。基本上，对规划条例的修订再行协商，给予开发商代用的权利。在某一空间或地区范围之内，开发商可以将住宅区用途用办公室或旅馆的用途来取代，以减低一些居住密度。

　　如果开发商确实使用取代的全部权利，他们现在可盖 1680 万平方英尺，而不是 950 万平方英尺的办公室用地；5500 间而不是 4500 个旅馆客房；7700 个而不是 14000 个住宅单元。（而零售空间则保持不变）。条例在其他方面也作了若干调整，反映了开发商的经验。例如，停车场的比率改变了，因早先盖建的车库不能容纳至满额——大抵由于芝加哥城优良的大众交通系统。

　　历经了 125 年，伊利诺伊中心的所有人，对环境、市场和公私的需要，有一套经常改变且十分有技巧的反应。如此大的开发项目需要开发商时常做调整；毕竟他们仍无法预测 20 年或 25 年以后的未来。

本案例作者：
哈洛德·杰森是芝加哥大都会结构公司的主要合伙人，本文第一次在"城市土地"(**Urban Land**) 中刊出。

第三章

树立一种良好的开发形象
ESTABLISHING A POSITIVE IMAGE FOR DEVELOPMENT

　　一位开发商在社区中的形象的建立，与个人形象的建立十分相似，即由先天与后天的情况和特点形成。通常在某一开发商即到达现场之前，开发商即继承了一个由其他执行者所长期塑造的开发环境。反对开发的声浪可能源自过去开发的经验，即开发商在有疑问的情况下销售土地，或是他的开发方案设计欠佳，也或者由于建筑水平低劣，亦或因为开发商可能是健谈的促销者，企图快速致富，然后尽快离开社区，也有开发商自然而然会与对保留空地、自然资源或历史性建筑和区域感兴趣的人们为敌。许多人认为社区开发和改变正如生命循环一样无可避免，是一种不易认同的事实。

　　反之，一些开发商以创造性的企业家姿态受到肯定，他们的开发方案在社区上获得良好的反映，他们也将金钱和时间投资在地方的事务上。同样地，许多社区中的人认为开发方案增加了地方的价值和活动。这两方面的看法均有利于开发环境。

然而，一位开发商的形象亦来自其本身的做法——他在社区的记录——包括他的能力、品格、财力、开发方案的品质，以及个人和地方价值与利益相容的情形。

为协助建立一个鼓励而不是打击开发商工作的环境，他们和其他对高品质社区开发有兴趣的人一起，必须试着对自己的工作建立一个正面

的态度，以及一个认清问题利弊得失的气氛。为此，开发商可能要教育当地的人们关于开发和改变的需要，参与民间报刊和区域内的事务，并组织公/私组织来协助他们做社区开发。

为发展和变化的需要而沟通
COMMUNICATING THE NEED FOR GROWTH AND CHANGE

开发方案是否会引起邻里居住团体的冲突？重大的区域再划分方案是否已将社区分裂成互相攻击的派系？解决的办法就是沟通。的确，沟通常带来特效，用来化解开发商、选出的领导者和大众间的冲突。然而深谙此道者，深知此途径并非那么直截了当。基本上沟通的效用是不言而喻的，不过付诸实行的有效方法却不容易，尤其是当一个特别的计划、政策或规划陷入困境时。

任何社区的居民很可能都同意适度的开发是必要的，甚至是需要的。然而一讨论到开发数量、种类和地点时，意见就不一致了。如今——当社区改变常和安定与隐私权的丧失发生联系，而不是和机会作联系时——对于成长好处和地产所有人权利的传统信仰已日趋动摇。

泛泛地谈论开发对开发是否有效呢？谈论对某些类型的开发当然有价值。海湾区域议会是一个商业赞助的团体，旨在研究和提倡旧金山海湾区域公共政策问题的机构，在 1979 年开始谈及住宅问题时，得出了如上的结论。

问题的真实化

海湾区域议会在其公司成员开始报导成本不断增加的住宅难以出售和更换员工时，即着手进行住宅研究。不久，该议会发现，虽然住宅生产和成本资料相对容易得到，却无人能以大众醒目的方式来汇集和解释这些区域性的资料。

议会未采用游说的活动，决定先记录和分析地方住宅的趋势。由商界人士、地方政府官员、开发商、非营利住户组织和土地使用团顾问等组成的特别委员会，花了一年的时间进行分析，设想未来的可能，并探究新发现的住宅短缺的主要原因。来自不同团体的参与，使得议会的工作令人信赖,尤其是议会所得出的地方公共政策和态度是问题关键的结论颇具信服力。

地区住宅短缺和是否是经济适用房的问题日趋明显时,特别委员会决定采取的第一步是对问题做广泛的披露。他们努力的成果不是一项技术性的文件,而是一本日志式的24页小手册,采用图表、引言和图片,并且讨论是否经济适用住宅短缺对整个海湾区居民的影响。

议会将手册发给该地区的相关组织后不久,手册就成为主要的公众论坛的基础,以及各利益团体聚会和议会人员演说等的基础。最重要的是,该手册还吸引了媒体的注意力,此时,日益恶化的住宅危机足以构成"新闻"。因此,传播媒体有助于为新开发的正面的公共目标作准备。

然而从达到地区开发气候改变的观点来说,住宅需求仍非常有限。对住宅政策具有直接影响力的个人,必须作出实际的反应,并有特别的动机、决心和交易。同时,不欢迎邻区作新开发项目的社区居民,不为一般性的议论所动摇。

今日,议会常传达住宅需要的各种讯息。该议会将问题交给社区领导者之后,即开始一项社区特别需要再区域划分的提案、住宅方案、缓和策略等的计划案。真实生活与每日议论,是开发项目和公众沟通的最大挑战——也是最有可能的效果。

了解大众

开发问题几乎总要牵涉到具有各种开明程度、责任、利益和经验的利益团体。同一问题的观众可能包括从小邻里团体商业组织、文物保护学会、地方建筑协会和民间团体。开发和改变需要沟通,对各类观众而言是一套新目标、讯息和工具的运作,这一有价值的观念常被忽视。开发方案的倡导者通常只重视自己切身利益,而忽略他们要说服的团体所关心的因素。对大部分群体而言、开发问题是共同的目的所形成的,而不是由企业或所有者个人的问题所形成的。

开发商必须记住,强调开发项目的正面并不意味着忽略了其消极面。认识开发项目的难题和不良影响,不仅能加强提倡的信用度,也能提供机会探讨缓和或抵销这些困难的方法。

说服决策者

公共官员自成一个团体,其看法和特权不得而知。决策者,尤其是被选出的团体成员扮演着双重的角色，一方面要衡量技术、会计、法律和政治等因素，另一方面要代表大众直接的利益。

提供相关的新事实或现存事实的新看法给政府官员和决策者，是促成开发的最可信、最有效的方法，尤其是当开发商能提供信息以帮助扩大一个问题的范围和完整性时，公共组织通常强调社会和环境分析；开发商可充分考虑可能忽略的问题，在达到他们自己的目标同时满足大众的利益。

同时，也不应该低估带有情绪性的议论的重要性。无论一种开发理论多么合理，也不能保证它会经得起任何不可预测因素的考验，这些因素是居民和选出的代表认为必要的。开发商经常面临情绪上的反弹，而开发项目的支持者不能忽略这一反弹。

掌握社区

要说服公共官员是件复杂的事，而要应付社区里的工作则更为艰巨。然而毫无疑问，教育大众是沟通开发和改变唯一重要的办法。开发项目的决策者虽赢得政府的支持和赞同，却遭到社区抵制的例子屡见不鲜。

有效的大众教育策略不但使开发项目内有兴趣者知道开发的利益所在，对反对者的意见作出反应，而且鼓励不同团体和个人的提案。通常的教育计划将大量资源用于说教。这种做法是常见的错误，因为传统的开发支持者，将是最易接受提案的大众。

建立支持的基础需要超越熟悉的渠道，深入不同部分重叠议程的团体和个人，所需考虑的是可以沟通的渠道和方式，以及对所接触听众的多寡和性质做的机会评估，即：寻求具有适宜观点但却仍反对开发的人加入。

与各方会谈不仅是建立支持的手段，也是考验、修正和增强计划及提案的方式。

教育个人部分

由于与为就业而发起的活动、住宅需要、交通需求和会计考虑要素等相关联，私人公司和组织在土地使用决心方面扮演了自然的积极角色，而公共官员亦愈来愈注意这一角色。费用和财源受到限制，必须由私人或联合方式解决公共需要，必须依赖税收才能资助公共项目，这时，私人投资部分的功能就变得更加明显。

实际上，地方商业社区对开发的正面形象有着自己的贡献，在寻求扩大经济和税收的地区，主要的雇主对开发计划和政策具有相当的影响力。因为公司营运和地区整体经济福利及生活品质息息相关，商业也有大众所未涉及的层面。

然而这种可能的影响常被忽略。商业社区并不以土地使用为利益的出发点。主要的雇主倾向于专注国内和国际市场的竞争实力，或是对公司作业有直接影响的公共政策问题；小雇主可能缺乏资源而无法参与，许多公司也不太愿意主动参与具有争议性的公共问题。

为克服这一障碍，开发商必须认定和表明私人部分对这一问题的自我利益，他们可以强调公司对说明社区问题责任的看法。

议会视公司行动为传播住房需求讯息的基础，该议会也承认公司团体对这类参与并无先例或范例可循，因而必须设计一个计划来教育公司的成员，以及其他公司和组织，关于住宅的难题和商业团体自己的自我利益。

在议会行动时，一些公司发现有必要对新招人员或自海湾区外转来的员工的住宅费用进行补助。对这些公司而言，问题来源于薪金、额外

征召人员的表现、员工改组等评价方式。其他公司得知住房需求未被满足时，可能破坏长远的经济开发，且导致对就业开发有所控制。

议会努力的重点是1983年1月的文件，此文件可谓一个创举——"公司住宅行动指南"，一本"教给人们如何做"的手册，说明公司如何受未能满足房屋需求的影响，讨论他们如何帮助缓和员工和社区住房的高昂费用，并例举公司的先例给予说明。[1]

"直到目前为止"该"指南"指出，"大部分公司试图以减少他们员工的干预和影响力来解决住房的难题。然而，这一方法终究不是最具经济效益的，解决的成本可能变得非常高昂。"[2]

"指南"引导公司以按步就班的方法，来考虑他们和矛盾的关系，并评估23种不同的行动方法，这23种方法包括从比较"灵活性"的活动，如员工信息项目，到颇具用心的活动，如减低员工住房费用的策略。该手册强调提供新的可行性意见，例如，手册中提到公司和非谋利的住房开发商联合合作的想法。

除了作为教育工具之用外，住房指南也集中力量告诉大众，商业团体同样关心住房，且乐意谋求改进之道。一个公司主管组成该小组，在和主要的新闻编辑聚会讨论住房问题之后，说明他们所受到的影响；为报纸总编辑董事会、地方商业和民间组织出简报；聚集三次区域的雇主团体，比较他们所居地方的需要、问题和行动计划。在散发这类指南的同时，也表达公司对靠近他们主要设施的主要住房做协调的兴趣，并且鼓励他们对新住房明显或幕后的支持。

形成社区基础的过程

一项开发政策、计划或提案的正面形象，不是"凭空产生的"，一个成功的广告活动不一定能创造出使我们去买一项新产品的意愿。正面的形象来自于对这一开发项目的首肯，即认同这一开发是符合社区的需要、规模和性质的。虽然没有达成同意的确实可信的公式，但几个基本的要素却也代表了同意的内涵：与有兴趣的团体对话，与受影响的人的交流的渠道，以及达成妥协的机会。同意的目标可由不同的发展和技术

---

[1] 海湾区议会公司，"公司住房行动指南"（旧金山：海湾区议会公司，1983年）。
[2] 海湾区议会公司，"公司住房行动指南"（旧金山：海湾区议会公司，1983年），"摘要"，P.2。

来最终达成。

开发问题在一社区形成的争执焦点越大,其支持一方就越难避免冲突的形成,都市领导者觉得决策过程变得不具成果;新的开发问题会引来同样的纷争。开发商会因为重要的障碍和感觉到毫无规则可言而裹足不前。人们则会对所变化的失控而感到沮丧。

试图形成整个社区对广大开发问题的同意,是一种野心,然而能使为此方法付诸实行的人将获得回报。辩论通常采取鼓励解决问题,而不是激起无终止冲突的形式。若能对社区的需要和政策达成协议,则将对日后的决定铺下一条坦途。

不仅这一结果有价值,得到这一结果的过程也同样有价值:涉及到一个允许不同参与者对决定做平等且合法反映的过程。

这一过程的一个范例刊载在北卡罗莱纳州的夏洛特—梅克伦堡(Charlotte-Mecklenburg)县的年报中,该县有一个在中大西洋地区开发最快速的城镇。开发问题的辩论愈演愈烈,直到1979年末达到一个高潮,尽管缺乏对问题和可行方法的分析,夏洛特市政府官员仍被迫对赞成开发或不开发做出决策。市政府领导者以一项新的方法作回应对开发问题举行一次公众会议。

该会议名为都市讨论会,对特别的问题和难题做公开讨论,然后再组织提出特别的解决之道。所讨论的范围不只包括土地使用和开发,也包括交通、卫生、人类服务、经济开发以及市政府决定必须强加给土地所有者、开发商、商业人士和其他个人的成长的范围。

都市座谈会由数层结构所形成,包括民间研究组、民间咨询委员会,以及具有广大参与者的公共论坛。都市座谈会系统地探讨问题,撷取各种不同的看法,并为公共官员协商和行动作建议。同样重要的是,该座谈会给予受开发影响的每个人参与决定的机会。

过程的结果是市政府采纳协商的政策,一方面要做密切的开发经营,另一方面要鼓励持续的开发。1981年市政府领导人最后同意的都市政策报告,一直作为都市各种行动的依据,包括开发规则的修改、区域划分条件的修订和新的土地使用计划的准备,尤其令人欣喜的是市政府成功地以合作替代冲突,为未来的规划程序树立了良好的典范[①]。

---

① 每当有星标出现时,就表示该章内附有相关案例分析。

建立联盟

将讨论付诸行动，需要更集中、更有系统的努力，才能创造出整个社区的联合。建立和维持合作需下相当大的功夫，但其收益也大；不同的是，以社区为基础的支持，毕竟是最为有力的。试图建立合作的实行者，可能面对超越传统的开发联盟的挑战，才能获得社区其他人们的兴趣和参与。

依其性质，开发问题包括各种层面，反映许多不同组成成分的利益。新的就业或居住机会、更多经济适用房、新税收、运输效率，其他公共服务、社区的活力和复杂性——以上种种问题表示不同开发和不同联合的可能性。

同时，读者必须记得联合是脆弱不稳定且流动的。一个典型的例子是邻里间联合。邻里联合的兴起，在开发提案提出时，似乎并无迹象，一直到新的问题产生时才出现。

另一建立联盟的基本原则是：没有十全十美的联合。有不同理念的党派可能有重叠的追求，却很少有相同的目标和利益。强调共有的、有限的目的，而摒弃其他问题的异议，可能对所有的团体均有实际的利益。

因此，与其野心勃勃去对付一个大的议题，不如只处理一项问题，而且从富有弹性的方法同时又比较严谨的架构着手为佳。否则，本来可以用来讨论互利的目标和策略的精力，将只用来争议组织的草案和声明，此外，对一件以上的问题应做广泛且不同的议案，时日一久，恐怕不易维系统一。

例如，在北卡罗莱纳州的罗利（Raleigh）市，市长任命一私人团体留意在一个正出现的难题：即中低收入团体的住房问题。罗利市有非常浓厚的人民和商业参与民间事务的传统。人民咨询团体早在1974年即对住房问题表示关心。直到近年，由于联邦公共住房补助的大幅减少，才有了比较密集的公/私方面的努力，试图建立起全面性的住房策略。在1983年春天，罗利市的住房特别委员会和一个新的罗利市私人住房委员会，着手形成一个综合的计划，以刺激住房的开发。这一分解法需要私人团体来决定特别的解决办法，也需要有广大基础的团体来参与公共政策。

经过四个月来的参考各城市部门和私人团体的密集研究之后，一个私人团体委员会提出一份建议，强调降低资助土地购买的方法，其中包括修订各区住房生产目标的步骤；集合再区分和整理土地作为开发之用；修改建筑法规；以及发行免税公债作为低息的建造资金。数周内，市议会就开始着手进行这项建议。

同时，代表各种不同地方利益的住房特别委员会，也注意到改进开发的政策和程序。例如，小组会议中建造者提出他们在开发填入式的住房时所遇到的困难，小组会议的结果就产生了区域划分法和修订与建法规的建议。另一项讨论使低成本资金结构的与建者知道普通收入的住宅提案。

这一集中问题的做法，使湾区议会得以在旧金山创立了一个组织，即一个组织松弛的非正式的住宅行动联盟，其成员来自旧金山的商业部、地方的房地产董事会、山区俱乐部、空地人民组织、民间组织以及低收入住房提倡团体。

虽然团体的成员代表对开发控制问题有着极为不同的立场，他们却有一个共同的希望——扩大都市经济适用房的机会——而且也支持达成该目标的政策。这个组织所关心的住宅目标是只允许商业走廊作高密度的开发，为住宅开发找出新的地点，以及鼓励低价住宅开发等。

即使有些成员对这些问题的所有层面有不同的看法，网状组织仍为感兴趣的团体提供信息，为能共事者的合作关系搭建桥梁，并为所有成员共有的原则作代言人。不同的利益团体合力产生更多买得起的住宅的事实，对此问题所做的说明，不亚于联盟所发行的声明。

广泛的沟通和行动联盟不仅发出一个强有力的讯息给决策者和社区领导者，同时也将其影响扩大到原来无法知情的群众。当区议会宣布制作一项住宅高密度问题的视听报告联合案时，一个有公司赞助的团体支持增加住宅开发，此团体和空地人民团体都喜爱旧金山区都市化部分的永久绿色地带——这令其他组织惊讶不已。

虽然这两个组织在一些基本的开发问题上意见不合，他们却一致赞成现存市区对高密度住宅的需要。要形成一份双方都同意的文件，需要冗长的过程，且双方均要表明修订的自我立场，结果就形成了一个专业性的、八分钟的报告，它借着提示吸引人的、有计划的设计，对高密度住宅的负面形象加以反驳；对密度和可保证关系加以说明；并讨论社区反对的问题。

这两个团体不仅将它们呈现于规划评议会、选出的领导者和社区团体面前,而且对选区内的团体作报告。因此,住宅密度的正面讯息,得到环境团体的流传和信用。各选区可以看到自己与其他选区的密切关联。

当然,欲融和不同派系的观点诚非易事,却是件值得的事,多听合理但不同的意见,可以完善决策之前的开发计划和开发提案。即使各方最后只表明不同意,至少他们的尝试值得赞许。

与传媒共事

虽然开发的问题在最近引起相当大的兴趣,却不一定时常受到充分的报导,通常,传播媒体只报导与开发有关问题的情况和相关结果,而忽略了开发的原因或可能的解决之道。编辑和记者常缺乏宝贵的时间来分析复杂的问题,他们只能通过描述现象对问题做表面的解释。

毫无疑问,不实、不完全或不正确的报导只会扩大对开发的负面态度。然而大众传播媒体也有同等的权力来教育公众,对所报导的问题谨慎处理,能实质影响社区的意见和意见的形成。

与大众传播媒体相处之道,在于主动地提供给记者有价值的信息和见地,并继续维持关系。记者一旦知道某一个人或团体为可靠消息来源时,他们很可能在下次同样问题发生时,主动和这个人或团体接洽。

事先以电话或新闻忠告方式提醒记者注意重大事件,增加了报导和澄清开发前立场的机会。发言人可以简洁、直接、易懂的形式,提供背景信息、证据或立场声明,以提高报导的品质,也可借亲自和记者谈话,提供进一步的信息或面谈。

大众媒体的报导也是有效的工具,尤其是当他们处理复杂问题和进入司法程序时。报导可能是十分复杂的传播媒体会议或一位或更多位记者参加的不正式的餐叙或咖啡时间。记者可能对知名人士出席或有机会做一来一往对话的采访比较感兴趣。轻松、不正式的气氛有助于缓和紧张的情绪,使参与者感到轻松,并可鼓励正面性的对话。

编辑董事会的简报也十分有价值。能够赢得编辑者支持一个赞成开发的立场,或对反对开发的立场者提出一个合理的反论,都是十分值得重视的。在和记者相处时,应该邀请著名、信誉佳且赞成开发论点的人物参与,以增加报导的影响力。

在遇到片面或不实的报导,或是编者的意见不实时,要求和编者约会讨论事实,比愤怒的信函或电话要来得有效得多——虽然也可以书面反应给媒体,例如"致编者函",同样可帮助解决问题。

最后,要将开发立场公诸于众的人,也应试着直接说出自己的意见:地方性报纸的编者意见栏,广播电台的"自由谈话"的言论,或社区事务有关的谈话节目,都是直接表达的好渠道。

专业顾问或新闻媒体的参谋人员,都能帮助发表意见,然而一个主要的发言人是十分必要的,不管是选出的官员、开发公司的总裁还是协会的主席。受委任和有影响力的个人则凭个人的心力来使开发提案奏效。

开发商参与社区事务
DEVELOPER INVOLVEMENT IN COMMUNITY AFFAIRS

大抵上,开发计划或政策的正面意义的传达,有赖于提供信息的个人或团体的信用。信用并非一夜之间形成的。经常参与地方事务,增进对问题的有效看法,建立在整个社区的声誉,以及处理好与上层决策者间的关系都是形成信用度的因素。

当有争议性的问题产生时,开发商或企业代表若能经常在社区出现,比外界的利益团体更有效,尤其是事关开发商直接利益以外的问题时。

开发商的有利地位是通过形成一个好邻里和认定他将工作社区的利

益而得来的。规划的多面性和长期计划要求参与一个社区或一个地区的一连串规划案的开发投资商应和社区保持良好的关系和接受正面的公众意见等因素，这直接影响商业的成败。这种关系需要密切注意，而不可视为理所当然。更确切地说，开发商可由改善生活和工作环境、与商业和政治领导者接触及强化他们的专业关系而获益。

参与的种类

开发商通过自己的时间、能力和资金投入，改进其所在社区的社会和经济的活力，既可达到服务社区的目标，也可收到服务商业和个人的利益。例如凭借参与经济开发项目或市中心改革计划，协助稳定或扩大地方上的经济，从而使不少人受益。而帮助社区团体各方面的利益——健康、福利、青少年娱乐与犯罪或文化项目，以提高社区内人的工作和生活品质。这只是三个这类源自开发商因公共参与而受益的项目之一。

第一类中的许多例子之一是德克萨斯州休士顿的弗伦兹伍德（Friendswood）开发公司的董事长约翰·特纳（John.B.Turme-Jr.）所做的努力。在他支持两年多的休士顿商业交通委员部时，需协助协调休士顿地区机动计划的发展，这项关系到许多机关的工作，为的是解决交通的问题。他花费许多时间来推行这一重大的计划方案，显示出他对休士顿开发的关心。另一例子是一位开发商表现了社区精神，那就是奥立佛·卡尔（Oliver T.Carr）所做的贡献，卡尔是华盛顿特区的主要混合开发项目的开发商，他把一块即将拆除的旧旅馆空地于1983年到1984年冬天寒流时捐作游民居住之用。

一些开发组织则以社区参与为公司的政策，罗斯（Rouse）公司是一个位于费城的公司，不断努力支持地方事务。有一次，该公司捐款帮助重建1985年于警察事件中毁损的费城社区。在警察事件中有数条街道的房子被意外烧毁以将一群嫌疑的激进份子从其中一间屋子赶出。在另一次，罗斯公司协助被大火所烧毁后重建的卡朋·沃尔芙中心，此中心位于弗吉尼亚州的表演艺术亭，在马里兰的乔治王子县，罗斯公司的地方工作人员"接收"了一个小学，并捐献风景画、玩具和冬衣；在同一县内，该公司也捐献了一地方性的社区改善组织，且在圣诞节帮助一家疗养院。[①]

---

① Lew Sichelman，"开发商居游戏之首"，《蒙哥马利期刊》（1985年6月3日）。

这类开发商参与且耗费不少宝贵的时间在解决一些和开发方案本身并不直接有关的问题上。但如此却让社区的人们知道，开发商关心的并不只是自己的商业利益，而且还关心社区的福利。

第二类利益，是开发商的商业利益，当然是经由社区参与而产生的。扩大商业和政治的接触，大可以改进未来开发提案和社区团体的其他工作，提供了接触日后可能成为同事、支持者或签约者的商界人士的机会，也可因此和政界领导者接触——在现在和未来——他们将会影响开发的态度。好的开发商知道个人关系的力量，会尽可能寻求增加新的合作关系。

第三，社区参与加强开发商所属人员和在顾问办公室或市办公大楼的同伴的专业关系。这类关系有助于提升地方专业水准，而且可表现出开发商的组织能力。

透过组织机构工作

开发商及其重要的顾问成员，能从几个层次参与社区事务：

- 地方性邻里组织，诸如家长、教师协会、童子军、少年棒球队、社区守望队和社区协会；
- 职业性组织诸如房地产董事会、建设协会、规划和区域划分组织以及专业的公共团体，例如规划评议会、证照董事会和审查委员会；
- 广义的社区组织诸如商业部、经济发展议会、银行和医院董事会、社交俱乐部、友好企业以及博物馆和艺术委员会；以及特别的自愿者协会，例如社区基金募款、特别计划委员会和特殊问题的特别委员会。

在上述这些参与的形式中，开发商及其人员均对改进社会具有浓厚兴趣，另一方面也贡献他们的才能，使这些组织得以运作，同时将与可能以商业或公共的身份审查开发提案的人进行沟通。如本书第五章所示，参与草拟或重订影响开发规则的委员会，可能对社区内开发过程的直接利益有最大影响。

筹组开发协会

开发协会在对开发问题发表强力的、一致的意见上扮演重要角色。一些参与的方式——掌握问题、政策分析、研究、信息工具的准备，以及广泛散播信息，需要极大的资源和努力。在充分的领导和支持下，协会能对问题采取主动，且能和其他利益团体保持密切联系，他们也可为协会成员提供训练"代言人技巧"的机会。

可能的话，在缺少有效的开发协会的地方，个别的土地所有者和开发商应考虑创立、重建或改革一下现有的组织。虽然有时必须从头开始，但由于既然已经成为团体的认可要素、支持基础和现存的社区联结兴建协会等办法，也不失为可行之道。

后一方法最近曾为加州的康特拉科斯塔县（Contra Costa）一群商业领导者、开发商和地主所使用，这群商业人士在经过数十年的辉煌开发后，成为旧金山湾区各公司活动的领导开发中心。有几年之久，康特拉科斯塔县开发协会负有协助提高地方经济开发的职能，然至1983年止，此职能消退后，取而代之的是吸收随后兴起的就业开发的影响力。

两位康特拉科斯塔县的商业人物——亚历山大·梅兰（Alexander Mehran）是落日开发公司（Sunset Development Compang）的总经理，（落日开发公司是在开发该县主教农场公园的公司，）和狄恩·里森（Dean Lesher）——一个地方连锁报的发行人——都认为有机会赋予现在的开发协会新的发言权和新的目标，以作为解决问题的听证会。

梅兰和里森二人既作金钱的赞助和个人的支持（以时间和精力），和团体中其他人共同形成特别委员会，负责县内最迫切的需要、更多付得起的住宅、更大的交通容量以及改良的水源，也召集其他关心开发问题的商业领导者，并征求他们的参与和资金支持——后者相当于一年密集活动的价值。

今日，该组织已进入运作的状态，拥有雇主、开发商和技术顾问的广大参与，该协会在交通方面有着长足的进步，例如，该协会协助游说通过680号州际公路和24号公路交接处的重大调整，对插入沿着680号州际走廊的一条新路线做可行性研究，以及一个和全国性交通咨询委员会共同进行的为交通改善筹募基金的策略。

同样的方法可用来形成在商业部、商业协会和专业贸易团体内的集体或问题解答小组。所使用的组织架构并不重要，重要的是领导者对商业和开发的付出及个人参与。

社区委员会

社区参与比较特殊的类型是大型住宅项目的开发商，这个项目需要形成良好的社区和住房者委员会。此外，开发商希望对开发提案保持长久的控制,而筹组新的委员会有朝一日会对开发提案的维护和经营产生相当大的影响,而且可能对兴建的最后阶段有所影响。

委员会的规则法令不管如何被有技巧地制订,也无法避免协会做出必要的反应,这常使开发商不安。许多开发商想改变开发提案的挑战时须面对新成立的社区组织,因此,开发商有必要和社区的不同协会保持良好的关系,以期能避免产生意料之外的结局。开发商解决问题的方法是筹组协会来强调娱乐活动的经营,以引导成员的精力朝向正面的利益。每个组织总会有一些不满的分子,发出最响亮的声音,写出最锋利的文字。虽然开发商无法完全避免这些不满分子,却可通过稳定的、积极的协会运作来削减他们的影响力。

社区参与开发项目

与社区建立正面关系的方法之一是在开发初期就让不同的团体和个人加入,当然,开发商可能被迫接受他们的参与,以便获得大众的赞同和批准,然而房地产的业主认为主动邀请大众参与开发过程是明智之举。为了扩大这一邀请,一些开发商采用大众媒体和会议:在重大决定时刻发布新闻、新闻稿、动工、座谈会、研究讲习会、社区事件、开放家庭和公共发表等。通常,公私开发方案由特别的委员会主动组成,在开发过程的重要时刻和开发商相互影响(开发商会见这些团体的技巧,将在本书第四章中特别讨论。)

公/私部门的开发组织:他们的特征与职能
PUBLIC/PRIVATE DEVELOPMENT ORGANIZATIONS: THEIR NATURES AND FUNCTIONS

许多地区因为有两种截然不同的公私组织来处理开发事务而获利。其中一种,可称为"整体社区伞状组织",大部分社区的活动均包含在内,当然开发也不例外。这种组织目的在激励而不是执行开发。如果"委员会"、"议会"、"联盟"或"协会"真正要着手进行开发,他们会成立一个合法的合伙关系并组织公司。第二种类型的公私开发组织,就是法律的、公司组成的合作行为。

社区"伞状"组织

建立一个更积极的开发环境方法之一是公私合营,来致力于解决重大的社区问题,而开发只是问题之一。这些组织的兴起是由于开发商和其他商业领导者对改进他们社区的关怀。许多公私组织将焦点放在商业区的改建或都市的再开发,然而其他的组织则注重社区和经济等比较大的问题。这些组织提供了公共集会的机会,允许很多城市中的商业人士和公共官员合力解决问题。

例如,圣迭戈公司和哈特福德(Hartford)闹市区议会等组织,聚集了对闹市区重建有兴趣的主要银行、商店和其他公司的主管人员。其他组织,像大巴尔的摩委员会、旧金山湾区会议、匹兹堡的阿里亨尼(Allegheny)会议和华盛顿特区的联邦市议会等,则集中商业领导人在他们城市内选择开发项目,尤其是那些和社区开发问题有关的开发方案。

由于这一组织形式的存在能将商业人士的专业才能、经验和公司的资源用于公共利益上。有时一个地方的商业部也进行此项工作,然而,社区的高层私人领导者认为聚集一个能做决策和迅速行动的小组是十分有用的。根据詹姆斯·拉什(James Lash)的一项研究,由一个社区的私人领导者形成的有效组织具有以下的特色:[1]

- 由地方商业人士所做的决策,有组织地努力去帮助完成社区的任务。
- 包含会员主动领导和其他商业领导者的参与;保留具有专业训练和有经验的都市开发专门人才,来帮助商业人士达到他们的目标。
- 比较广大的自我利益,成为其他商业团体及整个社区在时间上和关系上的延伸。
- 地方商业团体的主管在金钱、个人时间和责任上要比平常做更大的付出。
- 和地方政府的亲善关系,以及促进州和联邦政府对都市改善意识的增加。

帮助应付社区开发挑战感兴趣的开发商,发现这类组织十分有用,因为这一方法,如以下所述的其他方法一样,使他们和公私两部分的领导者保持联系。

---

[1] James E. Lash,"实业家都市改善组织"(纽约:公共行政中心,1973年),PP. ii 和 iii。

公私开发合作的意义

其他和开发商有关的主要组织是为了支持和实行开发的私人合作,例如,在圣保罗的商业中心区开发公司,在华盛顿特区的宾夕法尼亚大道开发公司,丹佛的丹佛合伙公司和巴尔的摩的查里斯·港口经营公司。在此,"公私合作"一词指的是地方政府和商业团体长期的交互作用,以规划和执行开发方案。合作组织开发时获得私人的支持,创立了一个传递系统来实现目标,其他种类的开发组织从公私开发合作学得不少的经验。

这些合作可和社区类型一样有许多不同的形式;然而,他们比较可能出现在都市中心,因在这些地区,私人开发的过程最需要积极的公共行动,以和管理活动相对。在这些城市中心内,合作通常集中在市中心,因为市区是社区经济和政府制度的神经中枢。

查理斯中心

私人参与者

　　私人合伙的领导者通常来自商业社区，理由之一——同时也是主要的理由——是商业对社区规划和开发问题的结果非常实际及可测估的利害关系容易辨认，因此，商业可使公私组织的高层行政主管在时间和薪水的费用上正常化。

　　除了能使费用正常化之外，商业团体与对地方需要作技术上的支持；它们可以记录需要和目标，将需要和目标与全社区的人们沟通，形成筹募基金的结构，而继之以实行的议程表。

　　因此，比较成功的社区公私开发合伙关系，需要地方商业人物的积极参与也需要公司的主管行政人员及地方商界人士的参与；通常，一位主管行政人员可当机立断下决定，而将公司的资源投入到一个有收益的项目计划中。

　　最后，明智的团体领导者也会注意到公私合作的商业部分将赢得其他商业组织的支持，同时注意到他们自己的团体须做出一致的选择，来代表地方政府讨论开发和再开发问题。通常，要达成一致同意，需另立一个"百人委员会"，因为在采取争议性问题的立场时，地方房地产业很可能被视为利益狭窄，而地方商业部则在其作为服务机关的功能上有所限制。

公共参与者

　　公立合伙人的动机比私人合伙人的动机更为简单。自 1949 年房屋法将都市再开发的责任加到"地方公家机关"身上后，州和联邦政府的关系被忽视了，地方政府（市或县政府）在此阶段是主要的角色，直接处理与联邦做经费交易。和私人的合伙人一样，地方政府很可能对结果感兴趣，因为对他们而言，结果关系着选举的成败。

　　当 1974 年的住宅和再开发法案取代了 1949 年的第一条款改为社区开发区补助计划时，地方政府开始依年度而不是依开发提案的方式接受联邦的资助。这一改变引起许多地方政府的行为更接近于私人商业团体的做法，故能在时间和预算方面产生结果。

　　公私参与者最后一个相似点是，私人部分由主要行政官员所引导，而公共部分通常由地区的主管行政人员（市长或县行政首长）主事。

工作关系

计划阶段

许多记录显示出，许多商业团体和地方政府的公私合作关系一旦成立，即成为一段颇具成果的历史。双方的高级官员的参与有助于：(1) 确保优秀的技术顾问；(2) 确保技术行政人员和传统政府机关高层行政官员分享他们的发现和见地；(3) 在技术规划者的建议成立前，使这些机关输入规划过程。这项工作关系具有双重功能，一是使成果更具体化，二是预防外地的专家和地方专门人才间的妒嫉，后者为了使都市体系维持正常运作，每日忙得不可开交。

除了认定主要的行政官员需有领导技巧外，其他两个对参与订立社区目标的公私合作行为有重要价值的要素是对可行的开发方案目标的认定，和指定都市社区开发的每个人去执行任务。这些要素的重要性在稍早的巴尔的摩的经验中可以看到。当时，巴尔的摩委员会的计划议会被指定准备一个闹市区开发的主要计划任务。当资料搜集来为计划作证时，出现了一个比较实际的机会；闹市区的一小部分，33英亩大小，可以立即使用。计划议会决定暂停主要规划的工作，而集中精力在一个项目上，这个项目大到足以使闹市区有所改变，小到足以使商业行政人员和地方政府官员在一定时限内完工，结果成为一项生动具体且罕见的开发方案，即查尔斯中心。该开发方案代表的是具体可行的形象，并花费了十年的时间。在此案之前，主要计划只是提供一个美好的乌托邦式的目标，却未提到该如何达到目标。相对地，这一开发方案在参与人员的注意内不仅具有"可实现的"形象，而且也提供了直接的活动。早在此计划宣布之前，便已开始实地运作了。

最后，这些合作在规划阶段成功的重要因素是对合作者做实际评估并加以融合。这在私人部分一方面意味着对市场做客观的评估，另一方面也是对兴建和资金的可能成本做客观的评估，毕竟私人合伙者需要获得保证，保证资金来源不至延期——就传统的或自我的利益而言。

在公共方面，不可或缺的成功力量形式多样：各地方的司法情形不一，依照政府的形式、信用程度、累积的房地产资产、州政府对家庭规则权力的代理程度等而定。必要的政府权力类别可归纳如下：(1) 土地征收权或以经济开发为目的的管理权；(2) 具有充当包工业主角色的权力；(3) 构成前两种权力基础的人民权力，"人民"必须给地方政府领导者使用其他两种权力的要求。

社区公关阶段

在规划向前推进之前，还需要经过另一个步骤：即得到社区和形成地方政府行动权的选票基础的大众的了解和支持。这一步骤需要另一项专业知识，即公共关系，这一项常是公私合作公司所忽略的。

在规划顾问的技术方面，只需要征求最高品质的促销和公关意见。最好能得到的是图表资料和描述性的文字，用作支持的文件应用直接且外行人看得懂的文辞来说服大众；大众媒体应在向大众宣布之前得到完整的信息；而社区中受敬仰的专业人士也应发表支持性的意见。

在开始给大众提供信息教育时，公私合作公司的成员应准备分散至社区各地，并向邻区解说开发方案。发言可能是抵达所有邻区最有效的方法，说话者本身要先接受简报且有公听辅助。只要合乎游说管制法，直接邮寄和其他的广告方式均可执行。

最后，有的指令是重要的，这可由对债券问题的选择、公民投票或将规划目标作为问题的市长竞选产生。选举一旦通过，这一基础考验将提供对困难的决定以及在未来执行阶段艰巨行动的权威。事实上，如果不经这一考验，合作公司稍后可能会发现其实际地位受到不负责任的贬抑，更甚者，还可能会发现投票者并不关心，且易受特别利益团体试图使计划缩水或受损害的影响。

执行阶段　　理论的可行性需要在"实际运行的效果"这一阶段得到验证。目前私人开发商必须挺身而出，处理规划阶段的结果。在充分考虑、仔细记载和接受普选考验后的规划和经济目标后，开发商可以更正确地预测社区要他达成的事物；他可以预测社区支持和参与的程度，以及开发方案可能进行的速度。[1]

要描述执行阶段的方法和组织结构的一般通则，不是件容易的事。本章讨论至此，特举两个公私合作公司执行开发方案的主要例子。第一个例子，合作的公共方居主导地位，第二个例子则以私人为主要角色。

---

[1] 此点由巴尔的摩市的内港规划说明。该规划在投票人 1964 年同意债券发行作为计划之开始时而获得同意；自彼时以后，他们已同意了十个其他的公债发行，以遂行规划之要素。虽然尚无官方成立的规划，此一规划仍是所有必的政府行动之基本的权威，因其正如上述十一个公债发行之公民投票所示的。具有明确持续的大众之要求。

因此，读者可认识二者的价值和义务，而能在实际情况下介乎二者之间作考量。

公家为基础进行组织：巴尔的摩的例子

公立为主的组织结构可以巴尔的摩市为缩影，该市是一个由强有力的市长所形成的市政府。事实上，行政部门权力大得简直无异于私人的联合公司。巴尔的摩市的市议会政策系由一联合的董事会所制定，市长则负责执行政策，指挥所有市政府行政人事和费用，而费用是经过行政委员会所决定的，五票中市长就掌握了三票。

在此情形下，市议会采取以都市更新的方式作为再开发规划，行使土地征用权。这些规划在地方公私合作公司（即市政府加上商业团体，由大巴尔的摩市委员会的"百人委员会"所领导）的赞助下完成了准备，大众都认为实行过程是由公私合作公司来做的。

原来行政部在市政府之外另立一经营机构；由私人当主管，经费由市政府预支。后来由于经营机构的责任扩大，便由私人的非谋利公司取而代之。

这项安排具有产生股干力量的优点，正如市更新委员会主席所说的，这些人员睁开眼睛，一心只想到市区规划的成功。股干机构只维持少数工作人员；他们扮演联络或催化的角色，而非重复市政机关的功能。人事来自公私双方，由技术和一般人员所组成。

这一私人公司的结构使得巴尔的摩市具有私人商业团体的灵活性和果断性功能。因为经费全来自公家，且由市长经评估董事会所控制，巴尔的摩市并不担忧失去掌握责任的权力，以行使公共权力，如规划充公或土地让与。同时，由于私人商业团体的参与和准公立公司被普遍认为是公私合作公司，于是公司本身免受政治压力，这一现象在六个不同政治党派的市长赞助下继续存在。

准政府公司所具有的功能，基本上与巴尔的摩市其他重新规划机关的功能一致，重新规划机关也负责公司和市政府的签约。简言之，公司的功能有：

- 在闹区开发方案中，使商业团体和市政府保持密切关系；
- 对传统市政机关所执行的一切规划案功能，做时间的协调和优先顺序的建议；
- 保留和监督顾问，顾问根据官方的重新规划而准备评细开发计划；
- 引起开发商对闹市区地点的开发兴趣，主持具竞争性挑选开发商的过程；

- 对市政府和开发商在土地让与（销售或承租）的合同上作协商；
- 代表市政府作为公共改善规划者的委托人，并负责协调他们的兴建和私人开发；
- 解说规划案，并透过媒体、大众利益组织、政府听证会和其他工具，向大众报告进度。

在巴尔的摩市中心的开发经多年之后日趋成熟，且显示出成功和成就的记录，公立部分渐渐从私人商业团体取代领导的主动地位中退出。当然，在其他的都市经验均不顺利时，所有市长均乐见此案能成功。

20年来，已见到新的都市开发专职人员一代代的产生，这些专业人才可在公私团体之间进退自如。同时，政治地位显赫的高层行政人员，在多年的接触开发下对开发事务上也有新的经验。巴尔的摩由此共同的开发获利很多。

私人为基础进行组织：丹佛个案

建筑编辑保罗·戈德伯格（Paul Goldberger）在《纽约时报》（New York Times）写着，"丹佛市太小，不足以让有心人士有所作为，而此即为丹佛市合伙公司的企图，该公司是一个积极主动的团体，追求更好的'都市计划'。"[①]

丹佛市合作公司的组织和结构，恰与其他城市的公私团体形成对比，丹佛市合伙公司一开始即是私人性质，本身是一公司，拥有两个营业公司——丹佛闹市区公司和丹佛民间企业公司。丹佛闹市区公司提供政府支持和市区经营技术，而丹佛民间企业公司则是一家以慈善为目的的公司，具有都市设计、规划和包办开发的能力。两个营业公司各有30人的董事会，由高级行政官员和其他民间领导者组成。这两个董事会和其他有名的个人商业和民间成员形成了主要的丹佛合作公司。因此，母公司的大董事会作为市中心领导地位的网状组织，他们的这两个营业董事会引导每天的政策和行动。由25人组成的政府官员支持所有的三个公司。

三个公司中丹佛闹市区公司首先成立，它在1975年作为闹市区贸易协会而开始运作，是以商业为目的的传统会员组织，集中提倡闹市区，偶尔参与都市计划。1981年初，一个特别委员会建议成立一个新的

---

① 《纽约时报》，1982年4月26日。

公私合作公司来主动参与市区计划、开发和经营。丹佛合作公司和丹佛民间企业公司即是基于这点而出现的，二者加入丹佛市闹市区公司，开始为丹佛市作活跃全日的环境整合。

两个非谋业营业组织的经费来自会费、公司支付、基金补助和来自民间的投资和特别利润的征收等。各个组织虽各有其重点，但二者的工作目的如下：

- 鼓励在丹佛核心区的零售、商业和居民的开发；
- 改善城市中心的经营，特别注意和私人开发方案有关的公共预定地的维护和管理；
- 打造市中心高品质建筑和都市设计的"成品冠军"；
- 使公众认为丹佛闹市区是一个集工作、游玩、购物和生活的集中场所。

丹佛市市区公司为非谋利的会员组织，不仅是核心城市的倡导者，实际上也经营许多的机构，使得丹佛市中心广受瞩目。例如，丹佛市闹市区公司代表由市政府设立而由丹佛市闹区公司管理70平方米的私营公用事业的特别区域，管理和维护7000万美元的第十六街购物中心。这一安排是出于近年来丹佛市闹市区公司为市政府所做的一些契约工作而做出的。

对丹佛市的第十六街购物中心而言，闹市区之商业每年可经由特别课征而获得150万美元税收。这个安排必须确定购物中心的经营和运作类似于市郊那样有成片的购物中心的经营与运作

在1982年，丹佛市闹市区公司和市政府创立了闹市区征税区，和丹佛市闹市区公司签约经营中央商业区。一个仍然有效的公式可将全部费用依所估计距第十六街购物中心的远近，而分配给地产所有人。丹佛市闹市区公司用特别税务征收所得的税收，加上公司会员费，来监督和协调一切维护、安全和征收区的规划。例如，为达此目的，丹佛市闹市区公司的服务员保持区域整洁，并作亲善的指挥和信息服务，因而有助于闹市区行人有宾至如归的感觉；显而易见的服务有助于改进购物中心的安全。为使该区更安全，徒步、骑单车和骑马的警察巡罗队也在值勤。丹佛闹市区公司定期主办特别活动，诸如为购物中心开音乐会和庆祝会，筹组工艺品和产品市场，将地方租予贩卖者等等。

丹佛市闹市区公司是一个真正具传统风格的经营公司，正如一位郊区的地区性购物中心经理一样，丹佛市闹市区公司要负责市场、租户分配、停车管理以及保养、安全和事件的规划。的确，有许多反映丹佛市民生活中的重大庆祝活动的特别节目，均由丹佛市闹市区公司所制作。

第十六街"企业式经营"的成功促使丹佛市和运输区，与丹佛市闹市区公司有"民间经营"的关系，以监视许多其他闹市区的公用地——包括一个有三个区之长的天空线公园、表演走廊以及两个购物中心交通的终点站。

丹佛民间企业公司是丹佛市闹市区公司在丹佛市合作公司的合伙者，是一个免税的以慈善为目的的公共组织，在确保丹佛市透过大胆的民营规划、有经验的都市设计和强调经济开发的情况下，而持续保有活力。全国联合的都市专栏作家尼·比尔斯（Neal P.Pierce）形容丹佛市民间企业公司是"一个非传统的闹市区开发……来自始料未及的区域——居全市资金和企业之首。丹佛民间企业公司不是典型的炒作主义，而是强调都市设计的品质、历史古迹保存、闹市区和邻里住宅。"丹佛民间企业公司代表商业和慈善社区的市中心的观点，寻求一个共同分享的丹佛市，将私人资源和精力用在实现和分享这一构想上。

丹佛民间企业公司利用民间设计和开发小组的建筑和规划专业人才，予以私人开发商和公共机关每日的技术顾问和咨商。例如，该公司已经为下个闹市区完成了新的区域划分设计大纲，且已沿第十六街购物中心走廊做了一次完整的调查。大体上，丹佛民间企业公司补充丹佛市闹市区公司的经营企业方法，在都市设计和开发冲突中作为中间调节者。

除了上述例行活动外，丹佛民间企业公司所致力的目标如下：

- 提倡丹佛市地下工程继续开发时特别强调：建设一个扩大的会议中心和一个新的飞机场大楼，并确实开发主要的帕拉特（Platte）山谷。
- 开创一个地区和全国性的市场计划，以刺激地方和全国对丹佛市闹市区商业气候和娱乐场所的热衷。
- 进行一主要标示和街道的规划，以改进中心市区的外观和交通状况。
- 继续协调零售商店、餐馆和游乐建筑，以进一步使闹市区成为夜间和周末的地区性活动中心。
- 完成闹市区区域计划，协助丹佛市正式采纳此计划，同时也协助丹佛市商业、民间和邻里领导者的非正式承认，开始执行计划，并执行相关的民间开发策略。
- 扩大停车和交通容量，以鼓励区域居民涌入市中心。

简言之，丹佛合伙公司试着兴建一个引导的架构，借着私人公司为大众利益所提供的管理和企业技术，使之符合都市的需要。

有许多联合公私力量以鼓励开发的例子，基本的目标仍在使双方贡献其投资，并对新产生的价值依各自的贡献作合理的分配。只要大众视任何安排为公众利益，公私合伙公司联合的安排可说没有一定的限制。在巴尔的摩的例子中，准大众公司仍然使一私人公司扮演大众角色。在丹佛市，公司的设置是公立的性质扮演私人的角色。两个例子的安排均行得通。

个案研究
CASE STUDIES

住宅需求：北卡罗来纳州罗利市
HOUSING NEEDS ADDRESSED: RALEIGH, NORTH CAROLINA

1983年在罗利市有两个情况，其一：8月末，在北卡罗来纳州罗利（Raleigh）市的一个普通的市议会；一个例行枯燥的报告和形式上的投票。议会中，有一项私人住宅委员会作的报告。詹姆士·米姆斯（James E. Mims）是该委员会的主席，也是罗利市北卡国家银行的副总裁，走到麦克风前，对其委员会的建议作摘要报告说：议会必须：

- 在预定地区设定一个每年房屋建造的目标；
- 提供市政府召集的领导权和市场开发地点；
- 创立新的公私立资金结构，补助底款和贷款利息的期限；
- 将税收和销售税基金分配一些给低收入家庭作房屋补助；
- 修改法规和条例以使闹市区建筑物得以作住宅开发。

米姆斯解释说，这一具有企图心的行动列表，说明了对闹市区和东南部房屋生产需要的认知，两个截然不同的房屋市场均需要都市的刺激，才能向前推进。

其二：11月，大约100人在罗利市会议中心的会议室。在连续三个小组座谈会中，参加研讨会的人员，讨论到开发商在罗利市所面临的填入式住宅、闹市区住宅和低中收入住宅等方面的困境和机会的严肃问题。该研讨会是由罗利市的住宅特别委员会和都市地机关所赞助，开始试验特别的方式，以鼓励罗利市开发更多买得起的房屋。

毫无疑问地，上述两种情形，在全国各地许多城市都曾发生过，当联邦政府给低收入者房屋兴建经费实际上已取消，而经济适用房受到乡间一般民众的支持。在罗利市，经济适用房已成为一个重要的课题，吸引各行业人士的支持，课题的性质鼓励公私双方合作，这一合作在市政事务上是少见的，由私人住宅委员会和房屋特别委员会的活动可以做为例子。

委员会的报告和房屋研习会不过是反映罗利市房屋和开发需要长期劳力是近来的事。罗利市是北卡罗来纳州的首府，是一个白领阶层兴起的社区。现有的 16 万居民，可望在未来十年内再增加 5 万人。该市的经济主要靠政府单位的专业和服务工作，以及商业和市内的 7 所大学和学院。现渐有电子产业和其他高科技产业兴起，不少此类的产业集中在著名的"研究三角公园"，位于该市西边数英里外，经济开发刺激了房屋的营建，尤其在市内旧区老街部分的住宅改善。

罗利市的住宅状况绝不像许多其他社区那么糟，58985 个占用的住宅单位，仅有 7% 被列为低于标准。但是根据地方的估计，如果家庭收入（平均为 21769 元）和房价相比（平均屋价为 66430 元），所有的住家中大约有 24% 需要住房补助。房屋的需要量可由 7200 户等候公立房屋的申请和 3855 户等候第 8 项的证明的事实看出一般。（罗利市目前共有 3588 个公费补助的房屋单位。）

早在 1974 年，一个研究罗利市目标的民间委员会提供了一个房屋行动计划议会，这一计划需要成立一个永久的房屋特别委员会来协调各个房屋团体的工作，给议会做规划案的建议和与大众沟通房屋需要的问题。大约有 20 至 25 位会员依次被任命担任此特别委员会的委员，这一特别委员会已赞助过许多次会议和扮演罗利市房屋问题的信息交易所。

其他团体也关心房屋问题，例如罗利市人民咨询议会、罗利市韦克县妇女选民联盟、房屋权威以及闹市区改善公司，更不必提还有社区开发部了。通常一个团体的成品也可能属于其他团体。规划主任乔治·查普曼（George Chapman）说，罗利一直以"委员会的城镇"出名，而过去 20 年来，高级教育的专业人才涌入科研三角地区增强了这一趋势。商业参与民间事务是习以为常的事。虽有人抱怨在此情况下做决定费时甚长，这一做法却允许房屋问题在各种不同的利益团体作仔细的考虑。

尤令人关心的是罗利市的东南区，传统上该区大部分住着黑人，以及改建计划尚未造成新宅区开发的闹市区。在此二区存在不少可供新居民投资的机会，即在广大的罗利市东南区空地上，或是在闹市区未属利用之商业和工业建筑。

在过去一两年,不少的团体将注意力集中在这些地区上,以及考虑在公费资助日趋减少的情况下如何吸引私人进入罗利市东南区和闹市区,进行更多的房屋投资。顾问报告研究房屋的各种财务问题,举行一次闹市区房屋的研习会,整个市议会用一天的会议考虑房屋的问题。相继地,私人房屋委员会在1983年3月成立,由当时的市长斯梅迪斯·约克(Smedes York)主持,"来寻求提高私人参与提高中低收入家庭房屋的问题,同时也探讨针对中高收入家庭在闹市区住宅的机会活力。"有九个人被选入委员会,代表主要的地方财务机关,闹市区和邻里的团体建筑者组织和房屋权威。该委员会的政府官员则来自该市的区域开发部,罗利闹市区开发公司和闹市区房屋改善公司。

随着罗利市、北卡罗来纳州之首府和三个著名大学的区域中心的快速开发,居民对经济适用房和对闹市区住宅项目的支持的关心日增

该委员会(及其财务和公共奖励二个附属委员会),四个月内每周举行一次会议,设计一个策略和行动计划,以期能达到快速的结果。该委员会决定"罗利市东南区和闹市区的开发可为该市获取不少利益,不仅是由于开发所带来的税收的增加。"该委员会建议一系列的公私行动,借着减少财务和土地的成本,来刺激私人开发商,兴建更低价的房屋。该委员会特别做了以下的建议:

- 市议会必须设定一个每年在罗利市闹市区和东南区兴建房屋数量的目标——例如,在闹市区建25栋新房屋单元,而在东南区兴建一个中低收入的房屋单元,任命一监工来达成此目标。
- 市政府必须对兴建房屋用土地做整合,再划分和销售,并提供地下架构和公共游乐地区、租赁和地产作竞争叫价;建议有五个地点可

第三章 树立一种良好的开发形象 85

立即行动。
- 目标地区的剩余地应借着所属土地租约的方式，减少前期成本，作为房屋开发之用。
- 应建立房屋开发基金，提高基金额度以减少购房者的投入（包括补助和市政府保证的底款贷款和长期经费）。该基金由现存150万社区开发贷款的有价证券来资助（用来取得贷款或销售以提供生息基金）；经费亦得自发行一般债券所得的利息；以及由土地销售和租约获得的收入。
- 市政府应发行免税公债，此公债由地方上的借贷者所作的实物抵押来资助，以此公债注入资金以降低贷款者的贷款利率。
- 一般税收基金的一部分和销售税的增加应分配用来资助低收入的住户，因为上述做法，仍不能减低房屋价格达到足以使低收入家庭买得起的程度。
- 建筑法规和条例应做必要的修正，以允许在闹市区、商业和工业建筑区作住宅开发。
- 应激发房屋开发市场的兴趣，可借辨别提供有潜力的地点，以赞助"如何做"的会议，以及进行促销活动，来教育大众关于房屋开发目标地区的吸引力。该委员会要求议会效力于这些目标和特别的活动。

议会确实尽了力，在几周的时间内，社区开发部准备了一份经议会同意的住宅地点的创立计划书，该地点为市政府所有，销售给开发商作为建筑低收入房屋之用。议会也支持政府官员的建议，作全面性的房屋研究，对房屋市场和需求作分析，并决定整个市场的房屋政策；议会采用1984年和下一年会计年度的特别房屋生产标准。同时，计划部也草拟区域划分改变计划，来提高闹市区房屋开发的机会。

私人房屋委员会采取有计划的行动，而房屋特别指导委员会也开始组织一个一天的研究会，探讨罗利市的房屋解决之道。（该特别指导委员会再度代表市内和区内广大的公私立的利益团体）指导委员会成员相信，嵌入式房屋、闹市区建筑物有限公费补助的房屋和私人兴建的低收入房屋，均是解决罗利市购屋能力问题的方法。因此，他们筹组了三次小组会议，每次会议不仅提出对各项建议的解答作说明，同时也对如何能应用到罗利市的特别地点或建筑作分析。例如，在嵌入式住宅方面，塞马克（Cermac）开发公司的开发人迈克尔·麦克拉里（Michael McLeary）和马丁（Martin）开发公司的弗兰克·马丁（Frank Martin）道出他们在罗利市兴建嵌入式住宅的管理和财务上的困难。

彼得·拉姆西（Peter Rumsey）是闹市区建筑物的发言人，他和市建筑物检查员，评估闹市区建筑物的状况如何能再作为住宅用地使用。他们发现现行区域划分法和建筑规程的各种困难。另一位与会者，闹市区房屋改进公司的埃瑞克·谢菲尔德（Eric Sifford）描述开发如何能利用现有条件的经费补助，例如低利率贷款，来兴建有利可图的普通收入家庭的房屋。

研习会的讨论揭示了管理和程序上的难题，这些难题必须加以处理，才能使罗利市有更经济适用房。该市已经进行处理这些难题。和许多城市一样，行动可能极为困难。然而民间团体借着形成一个关心且有知识的拥护者和对特别行动的定义已预铺了路。斯梅迪斯·约克说，"关键在于将创造性想法的责任交于一小撮最具有高度知识的人手中。"民间委员会则着重在特别行动上，而且确信市政府会对他们的建议作认真的考虑，并付诸行动。事实上，斯梅迪斯·约克视最近房屋的创举为他的行政成功的例子之一，他并期盼新的议会和市长能保持下去。

彼德·拉姆西是房屋临时小组的主席，也是一位房地产的开发商和经纪人，对委员会系统的运作情形稍有不同看法。他相信公私双方对所作解决问题的努力，显示出潜在解决方式的优缺点，同时也产生了变革的决心。

由私人房屋委员会所形成的公私行动的议程，与对在房屋临时小组研习会所探讨的管理上的障碍的辨认，亦是罗利市公私人民参与过程的两个具体的成果。数以百计的罗利市居民参与探讨经济适用房的课题，奠定下了可行的解决方法的基础。

本案例作者：
道格拉斯·波特是美国城市土地协会（ULI）政策计划部的主任，本文首次刊载在《城市土地》上。

开发对话：夏洛特－梅克伦堡县的沟通
DEVELOPMENT DIALOGUE: GETTING THE MESSAGE ACROSS IN CHARLOTTE-MECKLENBURG COUNTY

与社区有关且适合20世纪80年代事件的开发政策，应如何才能得到批准？今日，都市的改变比偶而的公众会议、区域划分听证会或只由少数人发言的讨论会，还能引起大众的注意。虽然没有达成可认同的统一蓝图，夏洛特－梅克伦堡县自20世纪80年以来在规划上所作的努力，即可视为方法之一。规划评议会成立了"城市座谈规划"，将不同团体的人们集合起来，以不对立的方式讨论问题，并评估社区的需要。一个有组织的公私开发问题的对话，目的在对特别开发和决心政策进行协商。

"都市座谈会"着眼于三个目标：首先，对特别社区开发问题的定义；其次，同心协力找出问题的解决之道；最后，建立一个彼此能面对面讨论和协商利益的体系。这些目标的达成，旨在建立起不同的利益团体间互相尊重和打破对开发课题无结果会谈的循环。

夏洛特－梅克伦堡市和县位于卡罗来纳彼德蒙特（Piedmont）区，是一个以重大改变出名的社区。夏洛特是介于亚特兰大和华盛顿特区两州的大西洋中部最大、发展最快的城市。该区人口增长率不大，每年增加6000人，却可以导致人口从1983年的419700人到1990年底的464000人，在1995年左右则可增加到50万人。

政治、规划和参与

此地区吸引人的地方是自然的树木景观、美好的邻里、文化娱乐设施和经济资产。然而，在改变中为了保护这些特质，就引起了开发和开发的冲突。开发压力在需要改变较为急切的邻区高升着，增进了开发商更高密度的区域划分的要求。不足为奇的是，此举引来了住在当地的居民的抵制。增长成了对房屋密度、交通拥塞、开发规则改革和使人们参与开发决心的关注。在一个传统上开放开发的城市，这些关注表现在区域划分之争，延缓开发政策的谈话和对建立开发经营的策略的兴趣上。

夏洛特市的人口正快速接近50万人的边缘

在夏洛特－梅克伦堡所处理的开发问题的公私对话和协议，已获得相当的支持。夏洛特以激进的地方政府和雄厚的商业和职业社区出名，该社区对民间的问题常能作协商。这一正面的态度，自20世纪70年代末期，即增强了成立可以妥协不同利益和观点的开发政策。

20世纪70年代末期，开发经营的辩论达到了最高潮。1979年的市议员竞选和市长选举的焦点，放在对增长问题作更明确了解的必要之上。在1979年9月，地方报纸登了一系列关于开发问题的文章，标题是："我们应如何发展？"不同的论点可由以下看出："对许多人而言，城市正乘火箭进入20世纪80年代，他们怀疑是否有人能加以控制，其他的人认为开发增长率是一次愉快的四轮马车之旅，而只有市场是驾御者。"一篇1979年10月4日的社论写着："在此时此刻最能道出规划评议会的忠告和领导地位的是发展经营。而这是……热烈且具有分歧的。"然而，在此阶段，在对所需要的行动作定义时，辩论显得比较哲理化，比较不具意图。城市的领导者被迫采取不发展或赞成发展的立场，对问题未来和解决之道作仔细分析。

争端辩论的公共会议念头于20世纪70年代末期，由县行政主管董事会成员之一的理兹·海尔（Liz Hair）发起。市县规划评议会的主席负责筹组使社区同意争端辩论的计划案。新当选市长诺克斯（Knox）赞成这一方法，市议会和县委员会相继同意增补预算来补助此项计划。

1980年1月，规划评议会在市和县选出的代表人员夏洛特-梅克伦堡的催促下开始都市座谈会活动。该活动包括不少人员参与开发问题的讨论和协商，结果得到了特别开发政策和行动纲领的形成。

有三个重要的前提相当有助于都市座谈会活动的定义。第一个前提是，必须增进一般大众和特别社区的领导者对增加问题的了解。单有发展经营的一般性讨论还不够，人们需要对特别的问题有明确的定义，以建立对此特别问题的政策共识。第二个前提是，各种不同利益团体的直接沟通的必要性。凡受开发决心影响的均必须直接参与，由代表或透过大众媒体的信息参与。第三个前提是，特别的和可行的行动必须靠努力实现。建立共识的过程包括教育、沟通和行动。

都市座谈活动的结构反映了这许多的关心。这一活动提供了各种层次的讨论，利用民间研究小组、一个民间咨询委员会和一个全天的会议，来囊括广大的公共参与者，并引起大众的注意，最后，由公共官员制定政策。

研究小组

五个包括65人的民间研究小组，在1980年1月，曾在十周中每周都聚会，来辨别、定义和讨论影响社区未来的问题。小组的工作集中在外表的资源、人类资源、规划方式、可替代的策略和决心的方法。小组开始审查房屋、工作、可居住性、交通、教育、中央区域和郊区开发、规划和人类服务等现存问题。在初步讨论后，各小组决定自己的方向、重点和结论。各小组讨论的结果，即写成一份问题报告，将在公共会议上和稍后的政策决议上使用。

各研究小组包括12至15人，代表不同的利益或观点，反映整个社会均衡的地理配置。这些小组是由一个专业的、自愿的促进者所领导，由规划评议会办公室的规划者充当政府官员。

可取代的策略是小组讨论主题的典范，探讨现存的规划和改变中的开发类型、问题优先权和政策抉择的关系。该小组也特别注意到房屋购买力的问题，以及完成的问题。另一方面，规划小组评估现存的规划和管理能力，并指出未来的需要。强有力的规划需要是讨论的中心主题。

座谈会过程中的研究小组阶段在1980年3月圆满结束。报上一篇文章引用一位参与讨论者的话说："我渡过了一段非常愉快的时光，我们热烈地讨论，提出问题的困难之处，那是我参加过的最具民间色彩的团体。"另一位参与者则指出，"我们有段愉快的时光，我们讨论到这个社区的生活品质的基本要件。"这个公共对谈的论坛把不同意见的人能聚集在一起，协助开发的同意，而且相处愉快。虽然建造者和邻里的领导者的冲突可能是难免的，实际却不曾发生过。"整个都市座谈会中大家心胸非常宽广。"1980年3月19日的报纸头条新闻对会议做如是建设性的反映。

民间咨询委员会

在研究小组聚会同时，一个广泛的民间咨询委员会对正在进行的工作做审核和评估。33个委员会的委员由市长、县委员会主席和规划评议主席同时任命。一位储蓄和贷款公司的行政主管担任咨询委员会的主席。设有附属委员会来分配工作；而由行政委员协调附属委员会的活动，并筹组春季会议。五个附属委员会相当于研究小组的结构，负责评估问题。

咨询委员会的主要目的在于增加大社区领导者参与规划活动的机会。研究小组需要参与者相当多的时间，而咨询委员会则需要较少的时间。委员会的特别任务在帮助分辨研究小组的可能的成员，审核研究小组的报告，在委员会自身的报告中做评论，并连络准备公共会议的议程。

咨询委员会将重点放在七大项目上：土地使用和开发、交通、房屋、经济发展、教育、健康和人类服务以及公民的参与。最尽兴的讨论集中在公民参与开发决心的需要和方法上，尤其是整体社区应将开发意愿，加诸于土地私有者、商业人士、开发商和其他公民的程度。

会议焦点在大众的注意力上

1980年4月24日在过程中是一个里程碑。研究小组和咨询委员会的报告，在夏洛特市民中心所举行的社区性都市座谈会议中奠下了基础。该过程到此刻是一项赌注。然而，会议后有一篇报纸社论指出，"当周四早上夏洛特市民中心的门一开，第一批就有1000多人开始抵达，进行整天夏洛特－梅克伦堡经营式的开发座谈会时，市长菲迪·诺克斯（Fddie Knox），规划主任马丁·克拉姆登（Martin Cramton）和其他人开始放松心情。"座谈会背后的念头使人们参与终于奏效了。座谈会的目的在修整社区的分裂，提倡对待困难要采取正面的政治途径。

三个主要的演讲人指出未来的开发挑战。尼尔·皮尔斯（Neal R.Pierce）是"华盛顿邮报"的专栏作家，讨论到未来十年中对生活品质有影响力的趋势。他要求人们经营开发不应忽略良好传统的开发信仰及可能性，同时还强调透过公私双方的对话来平衡不同利益的必要性。

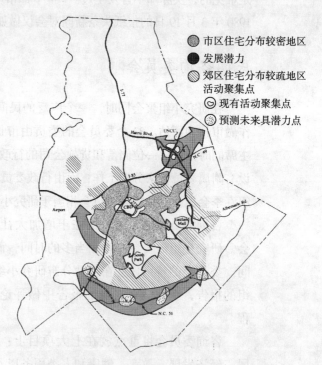

梅克伦堡县的发展，日渐朝南面与东面延伸，主要是因为污水排放系统原先即存在于东及南面

全天举行了12场讨论会，晚上还在市礼堂举行小组讨论会并提供大众的参与，其中比较受欢迎的主题包括经济适用房、交通的选择和公民的参与等。在公民参与的研习会上，大家一致表示赞同，渴望有更多的公民参与，而邻区也受到更多的瞩目。

当天还分发了一份问卷调查，以征求个人的看法。当410份完成的调查列成表时，十大关心的问题，按其重要性排序如下：工作、可居住性、交通、教育、房屋、邻区、公民参与、大众服务、住宅区的开发和郊区的开发，这一优先顺序的分级有助于更进一步强调座谈会活动最后阶段政策的讨论。

政策得到最后的同意

在都市座谈会活动的最后阶段，即 1980 年 5 月至 9 月，规划评议会举行了 16 场公共会议和许多场的工作会，来考虑由咨询委员会和五个研究小组所提出的问题，座谈会问卷调查中个人所表达的看法，以及社区会议记录。基于这些考虑，规划评议会可以做出建议，提供给夏洛特市议会和梅克伦堡县委员董事会。在政策获得同意时，市和县的选出代表即作广泛的协议。1981 年政策获得最后的同意。

最后的都市政策报告包括一项九个政策范围的问题声明，接着是一系列以一个主题为重点的政策和行动的声明。房屋政策说明了这一类型，而经济适用房是主要目标。政策的定义包括管理的改革、高密度选择的作品的生产以及将较快速导向较缓慢的开发区，然后再设立特别计划、条例和过程行动。

进　度

中选人员和规划委员会在过去一年半以来已多方面进行都市座谈会活动的政策指令，以下是一些进度的例子：

- 根据座谈会和开发方案临时小组的建议，即将完成建筑、区域划分和再细分的开发等重大规则的修订。总计有 95 个临时小组的建议有 68 个付诸实施。
- 对市和县区域划分条例做再修订，以求更明了易懂，有助于最后落实成一个条例。
- 所有住宅区域划分的区域密度、梯形后退、房屋种类标准的修订已接近完成，这有助于设计的品质的提高，同时也可提升都市的回迁率、更大的郊区密度以及房屋样式的多样化。
- 正在草拟设计执行的标准，以作为更高密度房屋和选择性房屋种类之用。
- 重组再分区的过程，以增加规划人员在协议适当问题的参与性角色。
- 正准备一个新的一般土地使用计划，以反映房屋、邻区、交通和经济考虑等问题。
- 交通优点问题和土地使用正在研拟中，这对于是否有充分土地作为住宅开发是重要的。
- 市和县已采用街道分类制度，以帮助未来街道需要的规划和行政细分的管制。
- 使更多人民参与民间临时小组和会议。

邻区的规划是为达成一致同意而设的，使邻居和开发商在一起聚会。

对过去几年所达成的政策同意，显示出许多不同看法和利益的人，可以为有用的结果而协力合作。由位于夏洛特市的北卡大学的二位副教授威廉·麦克（William J. McCoy）和蒂姆西·米德（Timothy D. Mead）所做的整个活动的研究，发现决策者能成功地反映活动中所提出的问题，也能达成既支持开发经营又鼓励持续开发的协商。该项研究报告说："就历史观点而言，在所采用的政策中强调的有计划的开发或开发经营，显示出与过去的截然不同。在一个几年前期望成为另一个亚特兰大市一样的城市……主要的不同在于认真的观察反省和采取开发经营的政策。"

以下是这一过程的一些重要的指导原则：
- 有必要对问题加以澄清说明以免造成误会。
- 将会受开发影响的个人，应及早参与开发过程。
- 参与者应有机会要求其他可取代的抉择。
- 可取代手段的含义，应清楚易懂。
- 建立个人或团体利益冲突时可直接沟通的程序，以求能达到共识。
- 一个适当的团体应赋予政策的最后决定者以权威，并依此决定实行。
- 有决心者必须在公开的公众会议上做协商。

为迎合时宜而达成共识只是一个起点而已，新的问题产生时，夏洛特－梅克伦堡市县的协议和咨商会继续下去。一篇于1983年11月1日发表的社论说道："民众对1980年的都市座谈会的积极参与，将成为今日规划过程的主干。"

本案例作者：
马丁·克拉姆顿是夏洛特－梅克伦堡规划评议会的主任，本文首次在"城市土地"中发表。

第四章

获得个别开发项目的支持
GAINING SUPPORT FOR INDI-VIDUAL PROJECTS

利益团体的观点
PERSPECTIVES OF THE INTEREST GROUPS

开发商能获得特别项目开发的同意,有时是依赖于社区氛围的友好以及对开发方案价值的充分了解,但通常单有这些优点还很不够。当公共规则过程变得复杂且旷费时日时,开发商及其顾问就得花很大的功夫在复杂的过程中,才能免除付出昂贵的拖延费用和多次的修订才能获得同意。渐渐地,开发商必须注意社区对开发方案可能的影响。不论是正式或非正式的同意过程,开发商都要能充分认识不同利益团体的看法,接近这些团体,使他们了解开发方案,并为得出可行的计划达成协议。

幸运的是在开发过程中众多的利益团体——私人开发商、公共管理官员以及社区团体，均对社区的开发目标具有普遍的共识。他们达成的协议包括：保护环境的外观、建造经济适用房，使财务状况健全的城市保有充分的就业机会，以及支持一个安定、祥和、不拥挤的邻里建设提议。可是，对于如何达成这些目标，不同的团体却有不同的看法。不同的看法来自不同的近期目标和不同的利益团体所呈现的截然不同的价值观。理论上，这些不同的目标和价值，应可刺激出健全而具竞争性的开发决心。然而，从一个比较实际的观点来看，在考虑到必须满足各种不同的利益时，有时所要付出的精力大到几乎无法完成开发方案。

开发商、建筑者和借贷者的观点

私人开发利益团体重视开发和变革，不论是兴建独户住宅、购物中心或是保龄球场，他们认为自己为既定的市场提供有价值的产品，且能改进社区的生活品质。他们开发的产品与广泛的社区目标，如安定、祥和和娱乐等息息相关。

从开发商和建筑者共同的观点看来，这些产品代表由私人提供的公共利益。他们为了得到开发产品的最大金钱收益，通常要冒相当大的风险作为代价。许多开发商认为公共官员和邻里团体，并不能真正了解到风险和收益之间的关系。

然而，借贷者则能了解到风险和收益之间的关系，他们也知道，成功的先例会降低风险，而创新的开发提案却会受到质疑。创新通常需要开发商、社区乃至于邻里的人们来共同分担风险。

顾问的观点

顾问积极参与开发过程，能为开发方案的提倡者和反对者提供有用的信息和意见。顾问不但服务自己的顾客，也服务不同行业的人。他们在执业的标准和职业的道德操守上，表现了他们的专业价值。不同的专业顾客，依其在开发过程中的角色，而有不同的标准。

通常，所有的顾问均重视对事实或外在现象做理性、客观的分析，尽量达到接近真理的目的。大部分成功的顾问也试着迎合他们顾客的利益。有些顾问，例如代理公司或公共关系公司，较诸其他的顾问更密切且主动代表顾客的地位和利益。有时，专业人员和顾客的目标就像在拔河一样，不易达成协议。设计专业人才—建筑者、规划者和景观建筑师，赋予开发方案外形。这些顾问重视原创力和创造性，而不关心设计过程的外在限制，诸如标准化的区域划分和交通条例的要求。同时，对公共行政人员而言，标准和统一意味着效率，而对土地使用而言，却意味着实质的、应有的程序和公平性。

公职人员和政府官员的观点

公职人员代表整个社区，采用比较整体性的观点。探讨开发和开发对社会和政治的影响力，在公共资源比较匮乏的时期，这些公职人员通常对开发的经济和财务问题更敏感，例如就业的增加和税基的扩大。因此，他们可能不像邻区团体那么关心外观的问题。在另一方面，选出的官员和高层的行政人员则关心他们的社区在外人心中留下的形象。他们以为这些外在的形象将是人民引以为傲的，而重大的且显著的开发方案有时是创造正面形象的良好方法。

选出的官员必须对选民负责，因此他们重视开发过程的广泛参与。

另一方面，行政人员倾向于用经营术语来看开发过程，重视效率和效果。然而，有时行政人员也要向政治压力低头，通常是向民选官员低头，因此重视大众参与开发过程。

机关的政府官员和顾问一样，认为自己是客观的专业人才，要公平有效地执行法律和规则。他们可能比选出的官员或高层的行政人员来得更专业化，且对开发采取比较重点式的，而非全面性的观点。同时，许多专业人员视自己是唯一的公仆，具开发事务的知识和经验，因而也是高品质土地使用与开发的唯一公然提倡者。因此，政府官员的审核可能变得比较费时和严格，而开发商常须另外聘请顾问提供开发提案的文件。

公众和邻里团体的观点

如第二章所指出的，公众与邻里团体的价值观依他们所关心的范围而定，可能极为不同。对特别的开发方案，他们依照自己的议程进行反应，有时可收到意外的合作结果，例如，建筑贸易工会可能和环境保护者联合支持放宽嵌入式住宅（infill housing）的规则。然而，同一团体可能在郊区区域性购物中心问题上意见大相径庭。

地方邻里团体的价值比较容易归类，也比较真实。这些团体想确保安定和安全。他们所关心的是街道、学校和其他公共设施是否拥塞、财产价值的保护和邻里预期品质的维护。邻里团体争取的是保持居住环境的住宅性质。实际上，他们希望新的开发有适宜的规模、设计风格和密度。邻里团体是所有民间团体中，最能配合外形计划和设计问题的团体。对许多居民而言，最敏感的邻里品质的指标是地产的价值，例如独栋单户住屋的所有人，认为威胁到他们地产的原因，包括多户住宅或连栋房屋、商业或零售商店的使用，以及低收入或老旧的计划等。事实上，有些邻里团体甚且以为公立的公园用地是种威胁。

成功的开发起点，需要明确个人的目的和目标，也需要察觉其他利益团体的价值和动机。有见识的团体会将其资源作短期的努力，以取得既定开发方案的支持，或作长期的努力，以教育大众有关高品质的社区开发需要什么。

获得邻里和社区支持开发提案的步骤
GAINING NEIGHBORHOOD AND COMMUNITY SUPPORT FOR PROPOSED PROJECTS: THE STEPS

不少开发方案需要政府的政治支持，因此获得一般公众的支持，对开发方案的同意是十分重要的。更直率地说，如果开发商的开发方案设计触怒了特别利益团体或邻里团体，而只取悦到地方规划主任时，开发方案将毫无意义；同样地，开发方案若只符合区域划分和其他规则的要求时，也是毫无意义的。大多数的开发商都知道，有决心的民间团体，可能会以各种方式，去阻碍或完全中止开发方案。一方面，他们可能用诉讼或威协的方式，另一方面，他们可能强迫层出不穷的听证会和行政程序。例如，在华盛顿特区郊外，有一个著名的开发提案，终断长达16年之久，代理人和规划者至今仍为建筑高度和缓冲空地而争议不休。在亚特兰大，一项对701个区域再划分的案例所做的分析中，发现开发方案的申请有67％遭邻区个人或团体反对者完全退回，相对地，有30％的退案则不遭反对。[1]

因此，获得邻区和社区团体的支持是十分值得的事，然而获得支持需要技巧。开发商及其顾问必须知道和谁联络、如何联络，应采纳一个不引起众怒的方法，如何召开成功的会议和做合理的协议，以及如何使用有效的书面和图表资料。

制造接触的机会

一些作者所说的"传教士似的工作"或"派遣侦探人员"[2]，必须尽早开始，最好在特别申请入档之前，当然最好在举行听证会之前就开始。"在开发商全心投资在一个开发方案之前……"奥德威（Ordway）

---

[1] Nicholas Ordway and William C. Weaver "为区域划分之埋伏做准备"一文，在"房地产评论"（1997年春），P.41。

[2] 见：Frank Schnidnian, Stanley D. Abrahams and John J. Delaney 合著之"掌握土地使用案例"（Boston: Little, Brown and Company, 1984），P.147；和 Ordway and Weaver, P.41。

和威佛（Weaver）认为，①必须派出侦察人员探视一下可能的反对或阻力"，即来自邻区团体或政治领导者的反对或阻力。更直截地说，早期的努力目的是要向社区介绍并说明开发方案，辨认重大的问题，并在举行听证会之前，制造解决问题的机会。引导大众的所需时间是必要的，而这一时间的长短，依开发方案和社区的具体环境而定。

阿德默勒尔（Admiral）公司早在听证会之前，就为汉莫克（Hammock）沙丘，这个在佛罗里达州的游憩社区，拟订了社区关系策略。如附于本章的案例所示，该公司的目标是与每位对开发方案有兴趣的县民作讨论。最后，开发商经过和超过 3700 位居民（占全人口的 30%）面谈，其中大部分是经由小组会谈的方式。此外，阿德默勒尔公司向主要的地方官员和社区的领导者作关于规划要素的简报。由于对各方不同看法具有正面的认知，开发商表示，在开发过程中鼓励对有争议性问题发表不同意见。②

开始说服工作

通常邻区和特别利益团体是难以控制的，不易在电话簿中找到，或有记号以供辨认，然而，地方上的规划者和地方上的顾问，包括代理人，是信息的第二大来源。代理人可能在稍早的关于开发问题的面谈中，认识地区上的一些团体。事实上，有许多都市和县规划部门利用邻区的规划者，与开发问题感兴趣的团体保持联系，并记下各种组织的通讯住址。在一个地区内经验丰富的顾问和代理人通常知道社区和邻区事务的活跃人士，这些人士可提供原始的信息。通常一个组织经建立一致之后，其领导人能够且愿意提供其他类似团体的讯息。

开发商可查阅土地记录和行为，以得知影响开发方案地点及相邻的社区或住宅所有人协会的资料，也可查阅土地或税务评估纪录，以找出主要的地产所有人姓名。

开发商和邻区居民之间谈话的开头，令人想起一个古老的谜语："豪猪如何亲密地拥抱？"（How do porcupines make love）答案是："非常

---

① 在某种程度来说，有人习于用先驱土著的暗喻来形容这层关系，例如，索尼将以"引来大屠杀"来形容，而奥得伟和韦佛则用和可能之对手"抽和平之烟斗"来形容。
② 只要有星号出现时，即表示在章末附有关的案例研究。

小心地。"开发商和邻区居民双方会坚守自己的地盘,而怀疑对方的企图。然而,在这些团体在初次接触时所采纳的方式,依团体人数的多寡、重要性以及所讨论的开发种类而定。若是豪华住宅区边界的大型混用式开发方案,开发商很可能要举行一次重大的公开活动,以调查出完整的意见,同时可能要向这些团体作报告。可是,若是在一个独户住宅为主的 100 户独户住宅区域,开发商只需和社区协会作一次面谈即可。

阿德默勒尔公司致全体佛列格勒县居民

六月期间本公司将于佛列格勒县,展示本公司的海边开发提案——开放住宅。

本公司每晚会议后均有专人在哈莫克和弗拉格勒湾滩的棕榈海岸恭候您及您的邻居光临指导。

本周本公司将在班内尔(Bunell)市,竭诚欢迎您光临发布会和社区的开放住宅。

——班内尔市评议会的发表会:时间:6月21日,星期二,7:30pm;地点:班内尔市办公厅。

——班内尔市办公厅的开放房屋:时间:6月22日,星期三,5:30pm。

联络电话:445 – 4900。

阿德默勒尔公司举办了一系列的邻区会议,且广泛运用各种技巧,包括报纸的广告,以通知地方上的居民关于公司的哈莫克·邓迪斯开发方案

关于与领导人会谈或作个人的接洽哪一种恰当,或到底举行多少次会议,以及是否有必要付出额外的功夫等问题,可从地方上有经验的开业者的忠告及与主要领导人的讨论中得到暗示。可行的方法是,开发商打电话给相关城镇的议员,或是开发方案所在地附近的住宅所有人协会主席。而安排一次简短的开发方案计划方向的信息会议亦是恰当的,事实上也是个很好的策略。两三次的会议结果可能会引发更多的问题,而这些问题需要开更多的会议,或需要和其他团体更频繁地接洽。

开发商在面对他从未做过的开发方案社区工作时,可以选择采用顾问或代理人来进行第一次的调查。然而,开发商可能会亲自参与讨论,以收到更好的效果。

简言之,最初所作"调查"的目的在于:

- 认识与开发方案结果有利害关系的组织;
- 在这些组织和社区之中,找出影响团体意见的领导者;
- 了解这些组织及个人对开发方案的关心情形。

开发商在掌握信息之后，可设计出一套和这些团体与个人会面的策略，听取他们的疑问和问题。辛德斯（Hinds）、卡恩（Carn）和奥德威（Ordway），在《区域划分致胜之道》一书中，描写到区域划分之战应作的准备：

不管是有意、出于防御或意外地卷入区域划分之战，区域划分的"战争"要有和军中将领一般的战术。区域划分的"将军"必须了解地形、预知敌方心理及保持其"军队"高昂的士气，他还必须具备有应付不测的胆识、决心、毅力和弹性等特质。战前的演习、搜集敌方活动情报，使用欺骗伎俩，出奇不意和政治宣传，以及反攻击等都是区域划分战所常见的活动[1]。

"战前演习"可能牵涉到开发商或他的顾问，与主要领导者之间的个人会谈，一次或更多次与特别团体或委员会之间的会议，以及为有兴趣的派系举办的大型的公众会议。（有关传播媒体、图表和书面资料的辅助使用，将在本章稍后中详述。）对于邻区所关心的事，应事先准备做特别研究和报告。例如，在准备华盛顿州温哥华市（Vancouver）的温哥华购物中心的开发提案时，开发商聘请公关公司来设计并进行一项居民购买偏好的调查，并对现有的购物形态和新设施需要的意见作了一番调查。在访问过开发方案 0.5 英里内的地方居民之后，开发商发现几乎没有人反对设立一个新的购物中心，于是开发方案可随即进行。

最初接洽期间的目标在认定挑战的性质——邻区种类的多寡和对开发方案有兴趣的特别团体及其关注的事同时拟订计划，通知邻里和特别问题团体并征得他们的支持。就某一方面而言，拟订一套出租或销售产品的市场策略，有别于征得邻里和社区的支持。开发商应从活动中去了解市场，并设计出符合邻里和社区需要的方法。

态度和方法的决定

开发商的社区和邻里对策略的支持成功与否，依他们讨论时的态度和用来得到支持的方法而定。态度的三个口号是：可接受性、真实性、

---

[1] Dudley S. Hinds, Neil G. Carn, and O. Nicholas Ordway, "区域划分致胜之道"（New York: McGaaw-Hill, 1979), P.191–192。

积极性,它们在任何销售行为中都是相同的。接受性即倾听的意愿,其具有三个价值。因为听取居民的关心和抱怨,可提供对团体和个人有利的信息;有时也可得到对可解释的难题进行修订的暗示;此外,提供居民发表自己看法的机会,用以减缓他们的反对行为。不只一位开发商发现,反对开发方案的原因,较少出自于特别的怨言,而较常出自于足以影响开发决定的假想的无助感。反对者一旦有一吐为快的机会,他们可能成为心怀感激的支持者,即使是消极的支持者。在公众会议和听证会上能够洗耳恭听,也可收到益处。开发商可以引用稍早和居民谈话的内容,并表示他们关心反对者的意见。

在会议和讨论时,开发商总是要提供真实性的信息,而不可流于花言巧语的销售性谈话。与邻区人们讨论的重点在于提供事实,因为事实可以避免无知的人制造谣言。开发商可以用炫耀的言词,但炫耀的言词却无法取代地点、规模和开发方案其他主要因素的简单资料。当然,不明了或忽略了开发方案的细节,是件危险的事,因为这些缺点,可能会严重损及开发商的信用。从另一方面而言,对基本资料作过份的虚饰,恐怕将会使更多的听者怀疑是否另有隐瞒的事实。

开发商应对讨论持正面的态度,若以不怀好意的敌人姿态出现或制造对立,只会破坏开发方案。同样地,不愿参加讨论,视讨论过程为一种障碍,而以为讨论是自找麻烦的开发商,则只会制造反对,而不能消除反对。开发商最好能视社区、邻里团体和个人的讨论为有助于开发方案的方式,并让开发方案更能调适社区的需要。开发商应对待地方上的居民如宾友,至少是讲理的人,并值得待之以礼。正如阿伯特·索尼特(Albert Solnit)所说的,大众应能看一眼,然后说,"这个人不是谄媚的、默认的开发商,而是一位正直讲理的人。我虽不一定喜欢他的开发提案,却觉得可以和他交谈并信任他。"①

技巧

开发商用来使讨论更具成效的一些技巧:首先是建立信用程度,然后决定开发方案的宽限度,最后要认识开发方案的可能影响。开发商若在社区留下了稳定并有成就的记录,则在和邻区团体相处时,易于得心

---

① Albert Solnit,"开发方案之同意:成功之地方政府审核之开发商指南"(Belmont, California: Wadsworth Publishing Company, 1983) P.77。

应手。公众会视开发商为社区的优秀成员,参观他以前做过的开发方案,并判断这些开发的品质。

开发商可用各种不同的方式,来证明他以前在社区的纪录。例如,加州斯托克顿(Stockton)的格鲁普(Grupe)公司,有一次曾为市政官员和该公司即将兴建的城市的人民代表,举办了一次开发方案的参观旅行。对于无法参加行程者,格鲁普公司的人员,则在其他城市提供一次开发方案的幻灯片展示。"德国裔"的开发商格鲁普以为这些努力足以显示出具有良好意图的实际证据和设计的品质,终会获得新的城市的邻区团体对开发方案的支持。其他的开发商则使用其他的方法,例如安排熟悉他们公司在其他城市业务的规划者和其他人员,代表他们在新的城市作口头或书面的说明。

事先决定开发方案可作协议的限度,是一个良好的技巧。正如一位作者所说的,"每项开发方案均受金钱和时间的限制,事实上每项开发方案均有委托人行不通的时候。"①重要的是要知道开发方案的哪一部分可以进行修改或改变,或者可以拖延多久来开会商讨,或者可以改变计划,而不致破坏财务的可行性。开发商若能辨认可行的方法,且对公众会议上的建议或要求作立即反应,则可提升他在大众心目中的地位和信用②。当然,一些复杂的开发方案要求开发商花时间对所提议的改变作评估,稍后再作回报,但开发商知道如何取舍时,就比较有议价的空间。

最后,开发商必须知道开发方案对邻区带来的影响。他可以从顾问所作的研究(诸如交通、环境和财务影响的研究),以及与地方上的领导者和团体的讨论中得知这方面的信息。然而,几乎每位开发商都知道,必须确确实实地面对一块土地,而别无它法。开发商有此直接的经验之后,更能知道自己关心的是什么,而设身处地为当地的居民着想,并能正确辨认可能带来的邻区问题。

开发方案小组应回答下列邻区所关心的问题:

- 所提的开发方案在实质上是否有别于邻近地区的开发?当地居民是否普遍认为新的土地使用会比现况来得更需要?是否此开发方案比

---

① 见:Schnidman 等,P.109。
② 见:David Dale-Johnsen and David Rodriguez,"协议之边际:开发商的协商让步之范围"一文在"房地产评论"(1984年春),P.54-56,文中载有决定开发商可付得起的开发方案税捐征收的直接可得现金数量之方法。

其他的开发方案，占地更大且牵连更广？是否完成的建筑优于附近的开发？所规划的建筑样式和现存的建筑物的设计是否相称？

- 开发方案是否对环境作了任何重大的改变？是否会除去大街道、将山丘高度减低、将排水沟迁移或其他类似的改变，这些改变对哪项现行的使用影响最大？又是如何影响的？
- 开发方案是否改变了交通形态？如何改变？哪条街道和十字路口已因过度使用而变得拥挤不堪？哪条人行道（例如在学校附近的）可能会引人担心？
- 开发方案对公共服务和公共设施是否有正面或负面影响？是否有助于减缓学校的过度拥挤或增加足够的学生从而使一个使用不够充分的学校得以维持下去？开发方案是否形成了不必要的街道交接点？会不会使地方上的街道变得拥挤？
- 开发方案是否符合现行计划和区域划分？若不是，是否与现行的开发相称（如第一个问题所叙述的）？
- 开发方案对地方上或任何特税区的税收基数有没有贡献？（记住，若增加都市的税收基数，可能不会引起邻区居民的兴趣，或获得直接的价值。同时，必须记住开发方案若能提高邻区的地产价值，可能取悦了当地的居民，因为他们可能在一两年内售屋离去；但如果不能取悦想居留下来的居民，他们将因为开发方案的结果而付出高昂的代价。）

4–1 申请人对反对区域重新规划案例所使用的成功议论
（抽样数目：360案例）

申请人所使用的论点	使用次数	成功率
土地使用会制造就业机会，刺激经济开发，并将人们带回都市	11	73%
所提议的土地使用将不会对交通产生重大影响	31	63%
所提议的土地使用将会带来市场景气，或土地使用是未来的使用者所需要的	35	54%
原先的区划是白费心力且错误的	21	52%
和邻居接触过且博得邻里的支持	21	48%
开发提案对社区有价值	21	48%

申请人对反对区域重新规划案例所使用的不成功的议论
（抽样数目：360案例）

申请人所使用的议论	使用次数	成功率
若区域重新规划使用未批准时，将会作不需要的土地	10	10%
所提议的使用将作为缓冲区域	24	16%
开发会制造拥有住宅的机会	11	18%
扩大现行使用（不一致的使用或用作邻区域的使用）	24	25%
区域之倾向提议的使用趋势	26	31%
提案是最高度且最佳使用	73	33%
不能获准区域重新规划即是一种"获取"	54	35%

资料来源：Nicholas Ordway and Willian Weaver,"为区域划分埋伏作准备"，在房地产评论（1977年春），P.40。

开发方案应把邻区的可能影响列入考虑，以把握获得同意的机会。奥德维（Ordway）和韦弗尔（Weaver）对区域划分作了个案分析，认为如果大众觉得开发方案新的使用比现有的使用或居住性质还要好，开发方案就比较可能获得通过[①]。

总之，开发商必须牢牢记住，与邻区和特别利益团体作会谈时的态度和技巧是十分重要的。开发商对可能遭受反对的准备愈多，愈有可能克服反对的声浪。

主持邻区会议

筹组和主持邻区团体的会议，有不少要注意的事项，譬如，会议类别、赞助团体性质、会议管理，以及会议的预期结果。会议则可大可小，可集中在一个或数个问题上，也可采用正式或非正式的方式。

有时，开发商及其公开人员比较倾向于举办大型的会议，邀请数百人在大厅聚会，并展示漂亮的模型和幻灯影片。这种做法可由媒体引起大众的注意，也可因此展开一连串比较小型的、针对一个主要开发方案的邻区会议。然而这一方法对邻区的关系裨益不大，甚至可能有害。邻区团体和个人可能已经怀疑到开会者的动机，而比较倾向于认为此类活动是要"强迫促销"开发方案；此外，这种大型会议不能使开发商对邻

---

① Ordway and Weaver, P.43。

区的看法作深入的了解，反而会成为地方上虚浮人士和心胸狭窄的政客利用的机会，他们会制造一些不利于沟通的情形。

小型会议　　和个人举行一系列的小型会议和讨论，是一个比较好的想法，也是开发商感到比较心安的做法。不过这种小型会议可能需要相当多的时间，但通常收效比大型会议大。开发商因想进一步了解邻区所关心的事，而获得益处，因而在对最后修订的建议作反应时，可以增进自己的能力。聪明的开发商会通过反复地学习，而将自己的计划在对开发方案所在地区或其邻近地区以最有利的方式呈现出来。举办多次的会议，也可引导大众关心了解一般的开发过程和特别的开发提案。正如艾伯特·索尼特所说的：扩大举行会议的一个好处是"只要邻里居民不断来参加"，开发商可以引导大部分的〔邻里居民〕，"并减少他们对实际问题的反对，而不是宁可去基于恐惧、空想和迷惑，而作情绪上的反对。"①

和个人进行讨论有助于开发方案的进行，因为几乎每个社区里都有二或三位具有影响力的领导者，例如一位小镇的市长，或一位民间协会的总裁，有助于公众态度的形成。开发商必须和这些领导者一一会面，以征求公众的意见，并亲自描述开发方案及其好处。如果现行的建筑需要保存，就必须和地方上保存协会的主管会谈。如果学校的拥挤情形可能会引起争议，就得和学校董事会的董事会谈。其他值得登门造访的个人，是直接受开发方案影响的人，例如相邻的地产所有人或对开发方案

---

① Solnit, P.84。

感兴趣的特别团体的代表。

小组会议可以有两种方式：一是和特别团体举行个别的会议，二是和来自不同的组织或团体的代表团作一系列的会议。第一种方法，兼有顾及各利益团体的特别利益和使开发商掌握开发过程的双重好处。加州有一位开发商名叫道格拉斯·豪尔（Douglas W. Hall），回忆了他们公司的一次经验。他报告说：

首先，我们认清反对的势力，并联络领导者。我们的目的在于和各个团体作沟通。各个团体有其特别的利益，而我们试着应付各个利益，以求获得协议。此项协议可促使该团体在未来投票时积极的参与。①

第二个方法似乎愈来愈普遍，是成立一个特别委员会。这个特别委员会是由有兴趣的邻里团体和特别组织的代表组成的。开发商在面对不同的团体和可能遭受批评的情况之下，可能会成立（促使他人成立）一个为开发方案服务的民间团体。靠近丹佛市工业技术中心的一个大型多用途方面的顾问，在市议会因为邻里反对而拒绝一项最初的开发提案后，就使用成立特别委员会的方法。八个邻区团体的代表应邀为民间咨询委员会的委员，和开发商作数个月的会谈。此外，三个委员会的成员是每周和开发商会面，而顾问小组则协助修饰开发方案的观念。

另一个类似的例子是，在加利福尼亚州的长滩市（Long Beach）东南方的大土地所有者比克斯比（Bixby）农场公司，发现在这局部开发地区的居民，愈来愈担忧在该地区的开发类别，而要求人民能参与规划过程。因此，比克斯比公司协助成立一个由未开发地的地主和所有的住宅所有人协会的代表所组成的民间咨询委员会。这一委员会的计划，由规划委员会所采用，并由新区域划分条例所实行，比克斯比公司因此能在不托延和出现其他问题的情况下，获得不少开发方案的核准。如开发商所说的，"对一个长期的土地所有人而言，他必须解决这些问题，因为买卖土地等方面的权利合作的规划过程比和社区作持久的对立要好得多了。"

赞助者　　决定主办会议的赞助者，是另一重大的决心。是否应该由开发商或某一现行的组织来安排会议？这个问题并没有确定的答案，地方的风俗习惯和特殊环境会影响决定。开发商通常会接受一个或数个有名的团体的邀请，必要时，提出他的提案。这样的安排可达到两个直接目的：这

---

① 加利福尼亚州托兰斯市的案例研究。

些团体提供了会议地点，且通知了可能参会的大众；而且提供了一个合适的报告环境，因为这些团体通常会安排一个经过协商产生的会议程序。开发商可得到另一个好处是，他是客人，而这些团体是主人，必须竭尽招待事宜。在开发商受到恶意抨击时，主人总会提醒在场的大众，他是受邀请来的客人，而大众也常会乐意接受主人的提醒。最后，若由一个地方性的组织来赞助会议，并负责安排和主持会议，则可能会造成一个正式的议价"竞技场"（见本章稍后之讨论）。

4–2　　柯林斯堡邻里参与要求土地使用的指导体系

确认对社交和谐的影响

　　柯林斯堡市鼓励人民参与开发过程，而这种参与是个人介入邻区事务的重要方法。该市要求民间团体、开发商以及对邻区有重大影响的开发方案的有关的政府官员等作非正式集合。该市要求市民主动参与会议，市民可以从参与提出对邻区的价值、目标和目的的看法，并指出邻区开发的方向。市民也可帮助选择开发方案的设计，并参与开发方案的同意和修改。

　　在这个概念性的规划阶段，市政府官员在开发商交出正式申请之前，即和邻区作非正式的交谈。市政府官员将专业人才引进这一交谈过程，提供的不仅是市政府的政策、规划和标准的技术知识，而且也提供和团体会议、冲突的调解和提供信息等社交技术。在这种概念性的规划阶段，市民参与过程如下：

1) 在和市政府官员开概念性的评论议会时，规划主任将办认开发方案具有相当大的邻区影响力。
2) 在概念性的评议会后一段时间内，规划主任试着以书面方式通知开发方案 500 英尺内的土地所有人，或者通告适用的邻区和业主协会，或者由新闻来发布等，以达到通知受开发方案影响的邻区。
3) 在初步规划申请之前，先和邻区开一次会议，开发商及其代表必须出席这项会议，通常这项会议在邻区举行，例如，在附近的公立学校、教堂或社区中心。规划部门的人员会安排并协调这项会议，该会议的目的是透过开发商和邻区人们的交谈，以一种轻松气氛，使居民知道开发方案，并得到他们对开发方案的回馈。
4) 开发商要依照市政府的法规申请初步规划同意。
5) 规划部门的人员将准备一份报告，作为规划和区域划分董事会审查的资料。报告应对非正式的公共集会所提的问题和建议作评论。

资料来源：柯林斯堡市（科罗拉多州）"土地使用指导体系"1982年采用（摘录）。

　　同样地，地方规划部门的人员也可自己筹办必要的会议。所附的特写方格内，如科罗拉多州的柯林斯市（Fort Collins）的例子，就是在描述此种情形。在其他的例子中，可能需要邀请规划委员和政府官员来参加邻区会议，或是聚会、主持讨论或只做观察。

报告

为一团体作开发方案的报告是种艺术。开发商及其顾问必须选择由谁来发言。通常选择的原则是依据风俗和环境而定的,不过下列几点值得提供给开发商及其顾问作参考:

- 事先筹划报告事宜,决定说话的顺序和内容,并确认介绍报告和提出问题的人。开发商有必要参与,即便他不是口齿伶俐的演说者。
- 报告宜短,可能的话,不超过20至30分钟,留下充分的时间让大众提出问题和评论。
- 应假设到场的听众只是对开发方案有兴趣而已,并非所有的参与者都是聪明的,且受过良好教育的。参加的人可能对开发的事略知一二,不过,在不涉及他们的智力且不含技术词语的情况下,必须授予他们清楚、明确开发方案的知识。
- 报告人的外表和行为应与其"本人"一致,衣着整齐而不华丽,报告时的口气客气有礼且表示合作的诚意,避免太正式或太不正式的两极化。开发商必须记得自己及开发小组被认为是开发方案品质的代表。
- 应视所报告的计划为概念性的和初步的,完美的绘图和精密的计划会使邻里的居民以为开发方案已经完成,而无法再参与意见(参看以下进一步的讨论)。
- 开发商应描述开发方案审核的程序,包括对其他会议和本会议所预期的评论。
- 记录对更多信息、开发方案的修订和未来会议所作的答复和协议。说明开发商可以被洽询更多信息的方法。

如果开发商希望和同一个团体作数次的会谈,他必须对各次会谈的议程作额外的考虑。报告的信息种类或讨论的问题均必须事先界定好,会中讨论应尽可能清楚地强调这些项目。清楚的强调可以使开发和会谈团体对先前所作的讨论和共识继续下去,不必再重复以前提过的资料。在各次会谈的结尾,任何达成的协议均须作口头的摘要,并决定一个试验性的议程,以作为下一次会议的凭借。如果与会团体的决定影响到开发方案的同意时,开发商可能要再写一封信给这个团体,作进一步确认。

透过图表和书面资料进行沟通

在整个报告和协议的阶段,开发商可用各种图表和书面资料来传达信息。书面资料应尽可能包括一切,从简单的事实的一页纸张和手册,到完整的技术性研究;图表资料可能包括建筑的描述、图片、模型和幻灯片展示等。以上这些在提供邻区和社区团体信息时，是十分重要的。

例如，佛罗里达州的哈默克沙丘公司，就使用了不少书面和图表资料，来描绘他们的开发方案，包括为各个观众特制的幻灯片、一本40页厚的四色小手册和一份比较小的折本讲义（其中包括报纸文章、会议广告、非正式的邮件，以及开发方案所在地和主要规划的大型地图等），作为所有会议使用。

书写的文字和报告

书写的资料以简短、清楚且中肯为主。之所以要简短，因为太多的信息会令读者厌烦，且可能因此提出不必要的问题。开发商在开发之初不宜记录太多的细节。要清楚，因为明晰才能够让大众了解，不是让大众混淆；而且清楚有助于避免无谓的辩论。最后，必须要中肯，因为逃避对普通问题的解答，只会引人猜疑。

以下是有助于邻里团体的各种书写资料：

- 列出地点、大小、设计和提案特色的事实列表，事实列表应避免华而不实或促销倾向。
- 说明开发商的经验及其对提案兴趣的手册，此类手册可能比事实列表来得精细，应避免暗示开发商有无限财富和实力。
- 规划、环境影响和其他的顾问研究等摘要，不宜用带有口号和原先报告的技术性语言的方式来书写。
- 对采取一般计划、邻里或地区计划和区域划分条例的相关公共政策和条款，应作概观性了解。
- 在会议前后发布新闻，以便通知邻区居民和社区组织，会议应如期举行，而进度也应如常进行。

图表

图表资料对于描述开发，以及引起观众对开发方案的兴趣，有莫大的帮助；幻灯片或展示开发商在其他开发方案的录影带，均有助于建立开发商的信用。航测照片或地图能够指出开发方案的地点和环境，以及现有的规划、区域划分和主要的外观特色。略图的计划标示出建筑物、街道、空地和特别娱乐场的地点和构造。建筑师的制图说明了正面和投影的景观。三度空间的模型图显示出地点，所提议的用途，建筑物群，空地和流通形态等的地势图。即便是模型的相片和影片，也有助于勾绘出开发方案的最后外观。

使用上述的插图说明也有令开发商为难之处，原因是大多数的人并不习惯于"阅读"图画和模型,看不懂开发方案,除非有详细的辅助说明。可是在此阶段作太详细的设计图,难免会有言之过早或误导之处。居民常对开发细节表示关心,而比较不注意整体的设计和外形;他们期望将来完成的建筑,看起来和绘图及模型一模一样。正如阿尔伯特·索尼特(Albert Solnit)所说的:"一旦你展示给公众看过的东西,就很难让他们改变实际上的东西。"

上述难处的确没有解决办法。开发商所能做的,不过是用图表尽可能展示其开发方案,且不忘时常提醒观众图表仅供说明其性质。有时开发商却必须作详细的设计图,来赢得居民的支持。

加利福尼亚州丹维尔(Danville)的丹维尔·利弗里(Danville Livery)公司所作设计规划的事件,即反应了上述的例子之一。为了获得特别购物中心提案的通过,建筑师绘了各种建筑特别外貌图和作了整个地点的景观设计,而此设计图后来也成为开发批准的一个要件。

新联结

一项新桥梁提案,将兴建于内陆沿岸的水路上,连接 AIA 州道和州际公路九十五号。这座桥将使在二十世纪初期曾因开凿运河而中断过的佛列格勒县重新结合,兴建收费桥梁及其道路弯曲,均将使用 ITT 社区开发公司的土地。这座桥是圣奥古斯丁(St. Augustine)和欧蒙得(Ormond)沙滩之间惟一高架的桥。将为佛列格勒岸在暴风雨来时,带来更快速、更安全的疏散,而不必担心拉索失去功能的危险。这座桥可帮助改善公共服务的运输,包括消防、警察、急救和学校儿童的交通。该桥直达社区学校、教堂、娱乐区、商店、餐馆、及其在航道两岸的设施。虽然有无此桥,内陆海岸两边均将持续开发,可是,有了这座桥,州际公路九十五号和 AIA 州道的快速联结,将有助于为我们的生活品质,带来方便,安全和其他改进。

ITT 社区开发公司

这则清楚扼要的报纸广告,是由一位新娱乐社区的开发商所刊登的,强调地区性的收益是他们开发方案重要一环

书写文字和图表并用：一个成功案例

一位北俄亥俄州的开发商成功地说服了他的邻居，使他们相信一个有计划的单元开发会为他们带来许多利益。这件事说明了书写文字和图表并用的例子。一块由查勒姆巴（Zaremba）建筑公司所拥有的360英亩土地，分区作为半英亩的单户住宅之用。该公司认为如此使用并未充分利用到该土地的自然资产。依据视野高度限制（Broadview Heights）的区域划分法规定，营建者在要求作有计划的单位开发和购物中心的提案时，需要进行一次票选，以区域划分作为公寓大厦之用。情况似乎不太乐观，因为自1972年以来，只有三次将单户法规解禁。

查勒姆巴公司决定尽力使决策者和公众知道这项提案。在顾问的协助下，该公司准备了提案计划的幻灯片报告，使决策者和公众知道地点是适宜的，并举出类似的开发例子，以及影响的说明。报告不仅启发了规划委员会、市议会和听证会人士，也启发了地方上的服务性的社团、邻区团体和民间组织。其他会议则有市政官员和其他各部门人员，以及可能受到影响的特别区域的人员共同参加。

该公司还分发小手册给所有的投票人，用信函来澄清像在学校区域税收利益之类的特别问题，寄发给受影响的邻居团体，发布新闻给地方性的报纸，透过广告通知投票者听证的日期，并征求他们对开发方案的支持。最后，该公司成功地邀请了成群结队的居民，来参观在其他城市相关大小和各具特色的开发方案。

广告、邮件、手册和参观等费用共计是31000美元，外加耗费在报告、访问和联系上的相当多的时间和精力。然而，对查勒姆巴公司的这项为期20年的开发方案而言，正是由于这些沟通上所作的投资，才使得情况有了起色，最后得到了区域划分人员的完全同意。

协商解决
BARGAINING TO RESOLVE ISSUES

在与邻里团体和公职人员会谈的过程中，有必要修饰一下开发方案，以符合不同目标的需要，协议即应运而生。开发商、公共机关和邻区团体间的协商，成为愈来愈常见的事。有不少新的变数需要作协商，最明显的是地方政府已开始视其是否批准开发方案的权力，作为指引社区开发的方法，而且也使用此方法来迫使开发商至少支付一些开发方案中所必要的设施和服务的费用。此外，在兴建都市区域，对于剩余的可开发地点的适当使用和设计，也有必要进行协议。

大卫·斯拉特（David Slater）在被称为"规划者的圣经"的"地方规划的经营"一书中说："当开发商所提的是大而复杂的开发方案且使用公私资金时，或是规划人员和申请者之间互存敌意时，协商很可能是批准过程的一个重要部分。开发方案的费用愈大，协议愈紧凑，过程也愈长。"①

从开发商的观点来看，依地方的管理情形、有关人员熟练程度和各个开发方案的优点而定，协议所产生的开发可能是正面或是负面的开发。如果这些影响均属正面的，协议即有助于开发方案的修饰；然而，如果是负面的，协议可能成为令人沮丧且似乎没完没了的工作。

与公职人员作协商，可以在缴交申请表之前或之后开始进行。这一情形较常见于管理规则具有弹性的案例，例如，在混合用途提案或有计划的单位开发时，协商只提供了一般性而非特别的标准，即需要作许多协商。比较简单和例行的区域划分申请，需要较少的协商，而申请普通的例行开发许可，需要协商的机会就更少了。不管协商的层次高低，只要有协议的需要时，开发商就应作最复杂过程的准备。

有不少的书本写到关于政治、商业和劳工纠纷的协商，这些书本所描述的协商技巧，有许多适应开发商的需要。然而，争取开发方案同意所应作的协商，却是特别的，且是特别困难的问题。开发协商和政治、商业或劳工协商不同，很少有正式的法律依据。如蒂默西·沙利文（Timothy J. Sullivan）所说的：

"没有任何法律或制度赞同将个人作为冲突团体的协商代表，现行法律提升了个人的诉讼权力，而不是协商权力，而环境法常将争议送交司法处理。"②

此外，成功的协商需要双方均拥有充分代表自己的利益，且确保绝对遵守协议的领导架构。问题发生困难时，常具有全有或全无的特性，例如，不增长和赞成增长相对比，或是自然区保留的争议，往往也会引起强烈的情绪反应或道德原则问题。

不论公共规则如何规定协议的过程，如果开发商必须应付邻里、特别利益团体或公职人员所关心的事，协议是必要的。主持协议是一种精

---

① David C. Slater，"地方规划之经营"（Washington, D.C.：国际城市经营协会，1984），P.89。
② Timothy J. Sullivan，"透过协议来解决开发纠纷"（New York: Plenum Press, 1984），P.35。

密的艺术，除了在特写方格内所摘记的进行协议的考虑方法之外，开发商应界定双方协议的立场，寻找一个适合协议的场所，试着尽可能和一个小组作协议，制造合作的气氛，并朝对双方有利的方向努力。

相关的协商立场

决定协商的立场是重要的第一步，这一做法显示出是否应放弃开发方案，或不应和某一个团体作协议。开发商应谨慎评估自己的立场。例如，开发方案是否和所采取的计划相符？相类似的开发方案是否也进行顺利？居民所认定的特别问题是否可设定在合理的成本上？

在协商时，知识就是权力。开发商愈知道居民的真正需要、面对开发方案可能引起的负面影响、可能有的解决办法或减轻的策略，以及可行的开发方案修正时，他就愈能够胸有成竹地进行协议。

如果开发商想要在和公共官员的协商上获胜，他必须注意到开发的气氛，和在该社区相类似的协商的大致过程。即使开发商以前曾在该区工作过，有关人士可能已经更换，或者地方公共官员可能会受到最近的经验影响，而改变他们对协议的期望和采取的方法。在某一特定的例子里，另一开发商对市政府作了实质的让步，可能会影响往后的协议，因为地方公共官员，现在可能觉得只要"坚持到底"，就可得到更多。因此，开发商必须要预作练习，尽可能多方搜集关于市政府最近协议史的资料。

开发商为了评估一个邻区的组织协议实力，必须观察这个组织在过去对其他开发方案之影响性，该组织的领导者保持组织统一的能力，该组织和政治人物的关系，以及该组织和其他团体的关系。例如，对一个具有20年反对开发方案的成功历史的团体，和其他组织有深厚的关系，且有一董事长的兄长当选市长时，开发就不能掉以轻心了。相反地，一个分歧的、临时成立的特别小组，而小组是由市长的敌对人员所组成时，就不太值得协商了，此时，协商的场所可能会转化为政治场所，而达成的协议也不一定受到尊重。

一个弱势立场：一个案例

有许多的方法可以改变开发商或地方官员协商的立场。在加利福尼亚州圣莫尼卡（Santa Monica）的科罗拉多广场（Colorado Place），是一个大型混用式的开发方案，在该案的建筑工程已推展开来时，一个新当选的市议会制定了一套建筑延期偿付法。此时，科罗拉多广场开发方案的第一期资金已获得，租地契约也签了85%的办公用地，建筑执照在这一延期偿付法颁行后，只准开发商作挖掘、墙角和地基的工事。

开发商在和市政府作协议以期能使工程继续进行时，显然是处于劣势，因为市政府已拒绝接受免除延期偿付法的申请。不必赘言地，开发商是处于借贷人和签约人的压力下，来解决这项意外的工程中止事件。在另一方面，该案对市政府也有实质收益，譬如就业、财产税、使用者的收费和在偏僻地区的重建。因此，市政官员在渴望达成妥协的情况下，作成了开发协议，不过，市政府是占有优势的立场来达成协议的，要求开发商信守和建筑低中收入住宅的协议。

开发商虽然在立场上蒙受相当大的打击，但仍可在市政府的条件下进行开发，但在事实上，他们最后未完成开发方案，必须将第二期土地转售给其他公司。科罗拉多广场的例子，提供了一个和公共官员协议的重要参考原则，那就是不要只为了达成协议，而轻易同意在未来无法实现的条件。因为轻易达成协议，可能会破坏了开发商的信用和协议过程的完整，甚至开发方案本身，因此像这种协议应尽力避免。

外在动机：一个案例史

开发方案的协议是高度政治性的程序。开发商应该注意到各个实行者的动机，以及影响这些实行者的动机，这些动机往往不是浅显易解的，例如关心环境问题的人士，可能是提倡不开发的"化身"。而鼓励在某一地点上作开发的市政官员，实际上可能比较倾向于零售开发，作为增加销售税收的方法。

最近在内华达州格伦布鲁克（Glenbrook）的塔霍湖事件，说明了基本动机的影响。格伦布鲁克公司计划一个主要的阶段性的450单元，和各种房屋种类的住宅开发方案。在初期的协议，邻居甚少反对所提议的密度，因为他们担心如果格伦布鲁克公司不能得到开发方案的批准，一部分的土地将转为公共公园之用，居民不愿和公园所可能吸引来的许多人分享邻区。然而，在开发方案推展开来时，这些邻居人士在确定土地不作为公用之后，即开始举出许多理由来强烈要求降低密度。最后，开发方案只完成了原来所提议的一半。

场　地

　　确定协议的适当场所，与确定协议的立场是相关的问题。虽然"竞技场"一词令人想起斗牛士和狮子，有时在开发领域，未尝不是个恰当的典故，在这里则指在现行法律或其他状况之下进行协议。确定协议的适当场地的目的在于避免开发方案陷于"因1000个伤痕肢解而死亡"情形，即首先由一个团体，再由另一个团体将开发方案一件件取走。例如，需要做再次的区域划分时，将由规划评议会和市议会同意的路线，形成的法律的场所来制订程序和标准。这些程序和标准可进一步作为和邻里团体协议的凭借，例如，建筑高度和密度的问题，必须在区域划分条例的定义范围内得到解决。

　　可是，协议的场所常倾向于不固定，开发商和邻里团体作协议时，可能知道协议的规则，但当一个异议团体决定形成一个新的组织时，则将前功尽弃。一项新的法庭决定或是州的立法，均可能对场所重作定义，正如约翰·柯林（John Kirlin）所说的："新的利益和新的场所，将在不管你愿不愿意的情形下出现。"[1] 协议双方均应明察情况，且准备随时适应新的环境。

　　解决上述问题的方法是建立一个能够包含所有的利益团体，且在改变时仍保有相当稳定性的场地。例如，在丹佛市由班斯巴赫（Bansbach）房地产开发商的顾问所形成的临时小组，提供了一个讨论和协议的适当场地。这一新的公共集合场所说明了和小的代表团体作协议的价值，不一定要和大组织的全体作协议才值得。需要作协议的开发商，必须将协议的对象团体缩小，他可以要求任命一个3~5人的指导团体成为一个组织的代表，或者由数个组织发言人成立一个特别委员会。规划评议会为了准备在弗吉尼亚阿灵顿（Arlington）的科洛尼尔村落（Colonial Village）的开发方案作详细计划，任命了一个12人组成的委员会，包括一些委员和民间协会的代表。该委员会和开发商作为期一年的会谈，以解决复杂的问题并达成协议。在这种情况下，开发商发现，要和各利益团体分别作协议，是不太可能的。

---

[1] John J. Kirlin，"开发同意之协议"一文在"都市土地"（1985年5月）期刊中，P.34。

4-3　　规划单元整体开发活动赢得重分票决

一位俄亥俄州的建筑商,透过规划及其本身在时间、金钱上投资的意愿来告诉邻里计划单元整体开发的好处,于是他能将一块630英亩的土地作更好的使用。

建筑者即是查伦姆巴(Zaremba)建筑公司,在克利夫兰(Cleveland)地区已属第四代活跃的公司。该公司拥有布罗德维尤海茨(Broadway)南边土地达35年之久。当该公司决定开发这块土地时,即依现行区域划分而获准在半英亩的土地上兴建单户住家。然而,受限于方形土地和梯形后退的要求,该公司发现该块地无法充分利用自然资产。

该公司的副董事长纳瑟·查伦姆巴(Nathan Zaremba)向其兄弟和父亲建议,应试着将该区开发成为有一个购物中心的计划单元整体开发。

区域划分的障碍

该公司面临的一大障碍是区域划分的强制投票,这一投票的做法,现在东北俄亥俄州十分流行。尽管该公司很可能不会通过票选,但查家仍聘请佛列格勒县的北棕榈湾滩的达得里·欧慕拉(Dadley Omura)为规划者兼建筑师。

欧慕拉是计划单位整体开发这方面的专家,他设计了一个能产生26英亩的湖泊开发方案,留下40%(262英亩)的土地来保留该地之自然美景。这一开发方案名称是麦金托什(MacIntosh)农场,包括2200个标价为十万美元的聚合式的家庭,以及一个16英亩的购物中心。

该块土地区划作居住和轻工业用地,必须重区划才能作公寓大厦之用,以便兴建聚合式住宅。查家有两个办法可以依循:一是举行投票,将区划问题以投票方式决定,另一是要求市议会进行票选。

三月初,在见过市长、市议员、规划评议会和规划委员之后,查家决定使用第二个办法。

这一办法确实困难重重,因为自1927年该市成立以来,单户法规只破过三次例,而且每次均引起相当大的争议。

在都市顾问公司威廉·西尔维曼(William Silverman)公司协助下,查伦姆巴公司举行了幻灯展示报告会,报告内容包括开发商背景、地区特性、聚会式房屋案例、单价计划,以及开发对交通、学校、服务、税收等的影响。

报告的对象包括市议会、规划评议会、规划委员之研习会和听证会等。市议会在听过报告后,同意将问题列入11月6日的投票。

然后,查伦姆巴公司即开始向地方上的团体,像"欢迎驿马车"团体、肯瓦尼斯(Kiwanis)和狮子服务俱乐部、邻居团体、青年商业部、商业部、志愿消防员、共和党和民主党俱乐部等作报告。

此外,该公司还与市长、市议长、市法律助理及其他的市府官员,包括北罗亚尔顿(Royalton)的督学等开会。(开发地点是在北罗亚尔顿校区。)

该公司也寄邮件给布罗德维尤海茨俱乐部和民间组织,通知他们开发方案的事,以及向他们作报告的日期。该公司寄给投票人每人一份小手册,一封信给年长公民,并散发报纸广告之复本。广告显示出两个邻区居民之支持,公司并另函给一区之居民,说明清楚对学校区域税收利益的时间问题。

广告活动

查伦姆巴公司将新闻发布送交地方上的报纸,此外,尚有15则广告刊登在两家克利夫尔的主要日报和郊区周报上。广告上宣布听证会日期,支持者名单和税收影响。

广告中也刊登工商联的赞同之意，乐于为公司推介，以及一个选举之后的"致谢"。广告、手册和邮件花费了 280 美元。

该公司举办过三次参观活动，带领地方官员和居民参观巴灵顿（Barrington）湖岸公寓大厦的开发，该开发位于芝加哥市西北方，和布罗德维尤海茨的开发方案相类似。共有 60 人参观这项在伊利诺伊州的开发方案，参观之费用大约为 3200 美元。

查伦姆巴公司在 4 月和 9 月间，和开发方案附近的居民作电话或个人连络。大约接触过 100 人，其中有 53 人表示支持，其他在布罗德维尤海茨其有影响力的居民，则以信函、电话或亲访的方式连络。

该公司并征求了周报、建筑兴建贸易议会、商业部、邻区居民委员会和社区中具有影响力的居民委员会的同意。

该公司作了两份调查，共花费 5000 美元，用来测试投票人对公寓大厦税收和城市住宅以及聚集式住宅的反对。

选举的准备

选举准备包括决定最大的投票出席率的时间和地点、安排投票所的工作人员、提供标示、提供说明开发票案同意和税收利益的传单、义务工作人员的简报和餐饮，以及选举后的餐会。

最后的投票结果是 2537 人赞成该问题，1338 人反对，几乎是二比一的比例。

另一个争议性的问题，即一个 16 英亩的购物中心能否作重新区划的问题，也以同样的比例获得投票通过。在购物中心问题之前的聚合式房屋的问题，也依计划获得通过。

选举准备费用共花了 37271 美元，包括广告费和芝加哥的机票费。

查伦姆巴公司在区域划分听证会开始之前，花了十万美元作建筑规划。由建筑师和工程师提供的资料中，列出了开发方案要包括的单位数、平方英尺、售价以及对交通、税收和学校等影响。

这种简报提供大众对开发方案的信用。一位查氏公司的发言人说，活动的费用是昂贵的，赌注是高昂的。他说，"我仍记得其他要付多年的法庭官司的费用而土地仍无结果的开发案例，本来可以花更少的规划费用。"

资料来源："专业建筑商"（1980 年 3 月），获准复印。

4-4　　从协议致胜

威廉·克莱尔三世（Willian H. Clair Ⅲ）

大部分的规划者在一生的事业中，总有某些时期要面临对开发方案的细部进行协议。公家机关的规划者早已熟知协议的过程，而至今私人开发商也开始雇用规划者，代表开发公司和公务机关作协商。

对公私双方而言，以下所列的"十诫"，源自个人在身兼公家的规划者和私人顾问的开发协商 25 年的经验，可能十分有帮助。

1. 协议要出于诚意，并符合对方底线的要求

协议若无巩固的同意基础，则最易破坏彼此的关系，无诚意的一方，不久即会被识破，更糟的是被揭穿的一方会传播谣言，而影响到未来的协议。

相反地，若双方均顾及到彼此的利益，冲突自可化为互相的满足。重要关键在于彼此认定双方的底线，和对方应确保的利益。例如：在作密度协商时，我常要求开发商让我知道他们的土地成本的资料，以便了解他们的需要，我也常告诉开发商如何增加收益，因此这也可达到我的目标。

2. 不要欺骗你的对手

罗伯特·林格尔（Robert Ringer）在《以威协取胜》一书中讽刺地说，如果你温和对待你的对手，即和你的对手慢慢地磨，在未来你可能仍有机会和他慢慢地磨，但若你毁灭了他，欺骗了他，你可能已结下了一个宿敌，他会小心不会再吃亏上当了。在协议中是不可能有机会完成毁灭对方的。

3. 要做好准备工作

凡事组织、凡事期盼。要事先搜集对方的记录，并预期问题可能发展的大致方向。即使是最单纯的开发协议，也应和其他规划者作讨论，考量一下协议中可能的政治分歧，并决定你的策略。

4. 记住对方也是有情感的人

你必须了解对方的动机。从讨论中慢慢掌握对方的动机。并试着练习四个沟通的重要僭术：有所反应的倾听、表示热心、尽力作批评以及作必要的赞美。

5. 别隐藏内容

想问的事，应在协议之初就问。经历过开发协议的人常会听到类似此类回忆的话："喔！顺便一提，若你不反对的话，如果我们……我知道我们没讨论过这件事，但……"通常是失去比较多的一方会说出这般机智的话，而结果可能是整个协议获得解决。

6. 认清所有直接的问题

不要告诉开发商"可能"或"再看看"，如果你知道他的要求是不合法的。认清要求的极限，不可以超越此极限。

例如，开发商可能会对特别开发方案，要求比平常更多的停车位而感到讶异，显然公共规划人员不能改变要求，他所能做的是帮助开发商寻求答案，或是修正开发地点的规划。

7. 不可生气

达尔·卡内吉（Dale Carnegie）在《如何赢得朋友和影响人们》一书中说，"如果你想得到蜂蜜，不要踢翻蜂窝。"有时，但也只是在小心掌握的情况下———个有意的发脾气，可以帮助协议，可是这种方式的机会，应该和月蚀一样不多见。

如果在协议时，无意发脾气可能会冒失去一切的风险。对方的信用和协议中所建立的善意，可能也会尽失。

这条诚规的一个基本原理是不可吓唬对方，如果你确是在虚张声势的吓唬对方，而且你输了，你就会失去了面子、信用和交易的要点，因此你可能无法达成那个开发方案的协议，也永远无法和开发商作有效的协议。

8. 知道自己的极限

每一位协商者只能代表公司到某一种程度，任何一次的交易总要受更高层公共官员的审核，这些官员包括规划主任、规划委员会或市议会等。在私人方面也相同，代表开发商的建筑师或代理人通常无法更改开发地点或开发方案。

通常时间是一个问题时，则必须依赖公共规划人员建议和双方更高层的人士开一个协商会议。

9. 遵守代理人互相尊重的原则

这是罗伯特·林格尔（Roberot Ringer）的规则。他的忠告，简言之，即是用代理人去应付代理人。也就是说，若开发商带有代理人，你也必须带有代理人，否则的话，在重要的关头上会吃亏。

> 相反的方法是不让代理人参加协议，那时你就必须请法律顾问来确定你想做的是否是合法的。
>
> 10. 保持整个协议的完整性
>
> 此训条是基于策略性和技巧性的考虑，重点是你必须在某一时刻做解决，但不可以一件件分别作协议。
>
> **检验表**
>
> 一个人可从每次的协商经验中得到增长知识。成功的协议必须问下列的问题，而各个问题的答案均必须是肯定的。
>
> ☐ 是否培养出良好的人际关系？换言之，若重作协议时，是否各方均感到自在？
> ☐ 各方是否因相会而获益？
> ☐ 是否各方均比实际上得到的多？
> ☐ 双方是否在协议后仍保有完全的自尊？
> ☐ 协议是否比较省时？
> ☐ 双方是否均富有创意？换言之，他们是否发展其他可行的方法或可供选择的方法，而导致成功的解决问题？
> ☐ 协议是否付诸实行？
>
> 威廉·克莱尔是一家规划顾问公司的社区开发部的主任，也是加州规划圆桌会之总裁兼"西部计划"的编辑董事会之主席。该书由加州 APA 分会所出版。
>
> 资料来源："规划"（1983 年 7、8 月），美国规划协会。

良好的气氛

建立一个合作的协议气氛，是成功的必要条件。开发商必须不断表示出评估新的意见和对居民的关心作反应的意愿。

成功的合作：一个案例　　上面所举的科洛尼尔村落协议中，在开发仍可进行时，开发商采取合作的立场，以期达成协议。开发商所属人员和顾问花相当多的时间调查特别委员会的建议，这些建议有些显然是不可行的，在整个协议过程中，开发商试着展现设计合宜的解答的灵活性和创造性，包括必要时可作妥协。当最后在表决同意与否时，几乎所附带的 32 个条件均出自委员会的讨论。

成功的妥协：一个案例　　莱维（Levi）广场是一座中高度的办公大楼，在五年前建于旧金山海岸附近，开发商是格森·贝卡（Gerson Bakar）公司，该开发公司一开始即对此开发方案胸有成竹，但其中也有尚未解决的问题，不是地产使用的问题，而是建筑物的地点和外观的问题。

莱维广场是当地首件大规模的办公开发方案。格森·贝卡开发公司在得知这一开发方案将加快邻里改变的速度，而且泰莱格拉夫·希尔（Telegraph Hill）区的居民有一段长远且积极参与规划问题的历史之后，决定征求社区协助设计该案。于是，该公司和邻里团体携手合作，列出对该区开发感兴趣的名单。在顾问准备任何具体的计划或绘图之前，格森·贝卡公司邀请了"核心名单"上的人士参加一个初期会议，来讨论一般性的开发概念。格森·贝卡公司亦鼓励与会人士将此概念传达给感兴趣的友人和邻居。

初期会议是一系列的会议之一，这一系列的会议目的在于通知社区关于开发商的计划和进度。会中讨论社区所想要的事物，并搜集对主要设计问题的反应。虽然有些居民是怀着保留的态度来参加会议的，但他们深知该公司的主席格森·贝卡曾经参与过民间事务，且一向对社区尽忠职守。

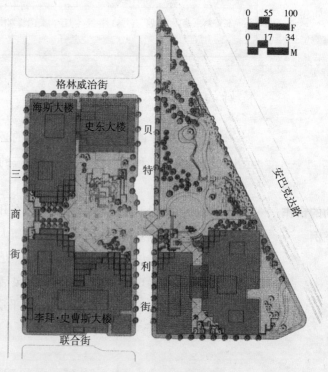

旧金山市莱维广场规划图

同样重要的是，该开发公司乐意提及邻区的需要。因此，该公司建议在该地区建立一座无多大空地的公园，且答应提供邻区现在所未有的服务，例如银行和杂货店。在既符合市政府的开发住宅要求，又兼顾开发方案的情况下，该公司主动同时开发 250 栋经济适用的单元住宅，和一个中国人的社区团体。事实上，该公司建了比市政府要求的还多出 50% 的住宅单位。

莱维广场开发方案共举行了 27 次会议。在协议过程中，对开发方案的设计作了明显的修饰（这一开发方案最后获奖）。例如，对两栋建筑物作了高度上的实质的减低，也对布局作了改变，以保留斜坡景观。在另一方面，社区答应增加一栋建筑的面积，此建筑不影响到走廊的景观。当邻区建议建筑物应能反映出后面山丘的外形时，开发商和建筑师的反应是作出一个退台式的设计，以增加开发方案类似校园般的印象。（这一印象源自莱维广场的空旷区域、复合式建筑、建筑物内的服务场所、房屋的成份，以及建筑和风景的关系。）莱维广场的开发中包含了地地道道的公众参与。

双方均有收获的方法

协议的结果应是双方均有收获，不应有赢家或输家的情况发生。根据约翰·柯林（John Kirlin）的说法："认识新开发方案的正面价值，而且认识这个新的价值要透过协议的方式才能建立，而不是任何一方可单独达成的，这是一件非常重要的事。"[1] 协议过程的一部分应该界定双方的获益，而且要努力去达成那个目标。蒂默西·沙利文（Timothy Sullivan）说，"当个人和团体相信达成协议比持续争执更能获益时，他们最易直接进行协议。"[2]

减缓、收买和修改

开发商可以使用三种技巧中的一种或更多种来为邻区制造价值。这三种技巧是：减缓开发、"买下"开发方案和对开发作重大的修改（通常减少）。开发方案小组可以减轻不受欢迎的结果，例如交通拥挤和环境威协，减轻的方式可能是改进或更改开发设计以符合附近的地下结构。减缓的一个特别的策略是将开发方案的进度延伸为几个阶段，以减少影响力，且留有充分的时间兴建地下结构。虽然这些步骤不可能为邻居制造新的价值，但却可避免产生负面的影响。

---

[1] John J. Kirlin，"开发同意之协议"一文在"城市土地"（1985 年 5 月）期刊中，P.34。
[2] Sullivan, P.65。

莱维广场之外形显示出邻里团体强烈影响力

"收买"一词指的是对改善邻区居民的生活品质的服务。例如，提供新的公园，对邻居及未来开发方案的居民具有明显的可使用的利益。娱乐场所是最常见的服务项目之一。然而，当邻区居民变得世故时，他们会要求开发商作其他的贡献，例如低价的房屋和就业的训练活动。可是大部分的开发商都希望避免重蹈纽约林肯西区开发商的覆辙。纽约西区开发商同意各类税收达14300万美元，包括两项地下道的系统和一个附近的联合爱迪生（Consolidated Edison）工厂。（这个开发方案显示出，因为社区作了过分要求，而开发商决定放弃开发方案。）

有一种"收买"是对开发方案附近地产价值和社区税捐基数有正面影响的，邻区的价值可能会在协议过程中获得增加，所使用的方法是改变开发设计，使开发更合乎需要，虽然开发可能会变得更昂贵。

最后，开发商可以修饰一下开发的性质，以迎合邻区居民。他可以缩小范围，或是改变基本用法，以符合邻区之需要。靠近旧金山市的一个名叫主教牧场（Bishop Ranch）的即为此种典型的例子。

修改：一个案例　　紧接着夕阳（Sunset）开发公司之后，一个由有地方基础的家庭所属的公司，在加利福尼亚州的圣拉蒙（San Ramon）山谷买下一块600英亩的土地，该公司答应社区要研究出一套方法，并会在作具体规划之前，让大众知道开发方案。一年之后，该公司开始进行一项混用的开发计划，融合了居住、工业和办公等用途。夕阳公司在和选出的官员进行面对面的讨论，和地方上的居民聚会，以及和社区团体作早餐会时，发现郊区的社区有许多是反对额外住宅开发的。居民以为山谷地区所需要是垂手可得的高品质的工作；也就是说，该区必须能够吸引聚集在旧金山和硅谷500个公司的"财富"。

上述的情形最后形成了开发方案的形态和市场。虽然夕阳公司主要是做住宅开发的，但该公司将住宅开发暂搁一旁，从1980年开始兴建第一期的计划，即一个850万平方英尺的办公用地。所幸主教农场商业公园公司能够及时获得社区所需要的租地人，而开发能够在地方的支持下继续进行。

开发商对邻区的利益和政府的利益的讨论

关于开发商对邻区和政府利益的讨论，目前为止集中在开发商和更多个邻区团体的协商，然而邻区团体的利益和公共官员的要求和期望，可能会互相冲突。有不少位开发商遇到过反对开发方案其中一些部分的邻区团体，而这些部分正好是规划评议会或政府官员想要予以保留的。争议的焦点可能是邻区团体惟恐开发会为地方上带来更大的交通流量，多年来即抵制主干道的连结，而市政府则认为开发可解决市内交通拥挤，故大力提倡。

因此，开发商被"夹在一块石头和一个强硬的地方之间"，可能想耸耸肩答应做到双方所做的任何协议，然而，无法逃避的批准拖延，增加了开发方案的成本。开发商必须更有效地调和双方，以共谋问题解决之道。有时，开发商会作出一个利益团体均满意的妥协。

调和与仲裁

最后，若协议失败时，开发商应该怎么办？他感到邻里团体所作的要求，会使得开发方案变得不可行。这时候他可能借用协议领域里的两个标准的方法之一，即仲裁和调解二者之一。仲裁通常需要各方自选仲裁人，而两位仲裁人再选出第三者，双方同意遵守仲裁者所作的任何协议，仲裁者在听取双方的看法之后再宣布决定。

规划评议会或市议会在许多社区里，有意无意之间成了仲裁者。根据"区域划分致胜之道"一书的说法，过分依赖政府作仲裁的主要原因，是基于一个共同的信念，即区域划分是公众对私人开发的控制。然而，不论这一信念对开发商是如何重要，事实上却恰巧相反，大部分的区域划分的冲突，常是私人间的纠纷，而地方政府的官员则扮演仲裁或调解的角色。①

调解和仲裁的不同之处，在于前者要请一位专业的协议人，来帮助双方达成协议。例如，环境纠纷的调解现已被视为专业特长，不少的大学中心和顾问公司也提供调解方面的服务。关于调解方面的个案研究和手册，也陆续出版发行了。②

上述的技巧，应作为"最后关头"的策略，要在其他的方法均试过之后再使用。在大部分情况下，有技巧的开发商，不必诉诸这二个非常的手段，即可找到获得邻区或社区支持的方法。

通过审核的过程
NAVIGATING THE APPROVAL PROCESS

在获得邻居和社区对开发方案的支持后，开发商可能会觉得困境已过去，而所得到的支持足以让他风平浪静地通过同意的过程。在许多情况下，其实并非如此，即使支持的声音再大，仍会产生不少问题和困难。当然，同样也有不少的方法，可以用来避免这些问题和困难，并适时地加以解决。

任何开发方案的同意过程，可能牵涉到区域再划分和细分的批准、一般计划的修订、特别条例所要求的开发方案地点计划或主要计划的批准、地方机关的执照等，此外，很可能也需要州和联邦有关机关的执照。以上任何一项批准，可能必先有一次或更多次的听证会，可能会出现足以破坏开发方案可行性的问题，然而，开发商可以自食其力通过同意的过程。他可以采取和有关人员和机关保持联系，并谨慎规划通过听证会过程的方法。

---

① Hines, Carn, and Ordway, P.193。
② 参见下例：Lawrence S. Bacow and Michael Wheeler，"环境纠纷之解决"（New York：Plenum Press, 1984）; Allan R. Talbot，"解决事情二六个环境调解之个案研究"（Washington D.C.：Conservation Foundation, 1983）; Gail Bingham，"解决环境之争议；十年之经验"（Washington D.C.：Conservation Foundation, 1985）; 以及 Ruger Fisher and Willam Ury，"获得首肯；成功的合约协议"（Boston; Houghton Mifflin Company, 1981）。另参阅：Gerald M. McCormick，"环境调解之迷思、事实和未来"一文在《城市土地》（1982年11月）杂志。

和政府官员及各机关保持联系

为确定开发的顺利进行，开发商所要采取的第一个步骤，可分两方面来看。一方面，他应该和开发过程中的重要政府官员及地方机关保持联系，而另一方面，如果这种联系不存在时，他必须主动去建立。通常区域划分办公室和规划人员能提供有用的资源，即使开发商在同一市区曾经历许多次同样的过程，也不应忽略这些资源。规定可能会因为区域划分条例的修订，或是因为费用提高和影响开发过程的行政命令，而有所改变。人事可能有所更动，过去的经验可能失效。

区域划分室或相关的单位，可以提供开发商充分的自由和实际的信息，例如，提供地产区域划分和附近土地的历史。如史丹利·亚伯拉姆斯（Stanley Abrams）在《如何赢得区域划分的游戏》一书中所说的，开发商应不必害怕表示自己的无知，以期能尽量获得信息。[1]在区域划分的例子，开发商至少应能找到以下问题的答案：

- 建立档案的费用是多少？需不需要附带申请费？
- 申请时应附交什么资料或文件？
- 建档和听证会之间的时间有多长？
- 申请人在听证会上应作何表现，以期能获得同意？
- 关于重新区域划分和开发的一般反应是如何？

虽然开发商所提的开发方案可能是最适合作区划的项目，可是他仍必须小心审查各个项目。有些项目可能需要继续得到同意，而且可能比其他开发引起更大的反对。因此，稍为修饰一下开发提案，以适合直接可接受的分类要求，是值得的做法。

规划部门或办公室也可能发布有价值的信息，尤其是重新区划的申请，例如，开发商必须知道那块在市区的主要计划中的土地，是指定作为他的开发地点之用。他可以亲自拜访规划人员查出此事，在拜访时，他必须要一份土地使用图。规划人员会告诉开发商关于现在公共设施的状况和可利用的情形，以及哪项新的设施或开发方案，可以在他的开发地点附近作规划。规划人员也会告诉开发商任何足以帮助他申请的有关的报告或研究，例如地下结构评估或交通研究。最后，规划人员可以给

---

[1] Stanley Abrams,"如何赢得区域划分的游戏"（Charloffesville, Virginia: The Michie Company, 1978）P.230。

开发商，尤其是对地方环境不熟悉的开发商，对可能的反应作一些提示。

与个人作私下接触

虽然开发商可由记录、报告和其他的印刷资料搜集到许多信息，可是，可靠和有用的方法却需要和知识丰富且肯帮忙的有关人员作个人接触。要找到这个人，可能必须要做一番尝试，有时，甚至会四处碰壁。但这一尝试是值得的，尤其是在过程之初，真正的问题出现之前即着手进行。艾伯特·索尼特在《开发方案的获得》一书中，举了几个和政府官员作有效交往的基本原则。这些原则包括诚实和一般礼节，这两个规则不言自明，却被开发商和地方有关人员在相处时忽略，其他的基本原则包括自我控制和了解人员的难题，例如工作和经验不足。[1]

开发商及其代表和政府官员相处时，应该记得他们要求信息和其他的协助，是他们需要从政府官员得到信息和帮助，而对方并不需要他们的帮忙。开发商的得失，全由申请性质而定，而政府官员的情况则不同，他们可能工作过度且待遇偏低，至少他们可能自认如此。一位开发商可以使职员的工作更容易，且可能同时有助于自己的开发方案。如果开发商预先知道需要何种信息，然后在适当的时候提出要求，政府官员可以节省不少的时间和精力。开发应确定政府官员所提供的信息是完全可靠的。

开发商及其代表应永远记住，政府官员是人，要受到尊重和礼遇，不管他们对开发方案的利益是否表示同意。因此，开发商在一方面要抑制住性子，不要对政府官员说他纳税来付他们的薪水之类冲动的话，而另一方面，在问题发生时，开发商应避免忽视年轻职员。忽视年青的职员可能永久和他绝缘，也可能影响到申请的结果，或是未来的申请。诚然，许多开发商发现和年青的职员相处，是件困难且令人沮丧的事，但他们却忘了这些职员很可能会在听证会上审核他们的申请。资历较浅的职员可能比较不会固守他们在体制内的自我立场，因此，比较会开放心胸去接受开发商对其开发方案特色的解释。

开发方案小组通常会犯一个错误，那就是，他们相信在开发过程中所遇到的问题，不可能因为和阶层较低的人员讨论而获得解决，尤其是当一个问题需要相当多的时间作解决时，如果开发商在一开始就能拨出

---

[1] Solnit, P.64。

必要的时间和政府官员通力合作的话，他就很可能会获利。

与政府官员共事：两个案例

林肯西区的审查过程虽属例外，却说明了和政府官员共事的原则。开发商建议在曼哈顿可开发地之一的地点，即一块面对哈得孙河的62英亩的土地，进行混合的开发。这一复杂的开发方案和复杂的纽约市的审查过程，需要许多民间团体的参与，同时也有其他城市相关规划者的参与。

一开始，开发商即认清要让所有的政府官员了解到技术和特别层面的优点。尤其是在和反对开发的团体会谈时，更要让他们有所了解。开发商的论点是，如此做法不仅能避免不清楚或无知而下的决定，也可依赖政府官员作为开发方案客观资料的来源。就某种程度而言，职员可以分担开发商不少负担，帮忙散布开发的优点。这一做法尤其适用于林肯西区之类的大开发方案，要涉及不少团体，且需要相当长的审核过程。（事实上，林肯西区一案的开发过程是如此复杂和困难，以致于写此书之时，该案仍在申请批准中。）

最后，再说一下关于开发商和公共机关职员的人际关系的行为。这种人际关系及其可能带来的利益，是由开发商的态度和行动来决定的。例如，在华盛顿特区狄蒙尼办公建筑案的开发商在涉及历史古迹保留和新建筑方面的问题时，小心翼翼的鼓励地方官员一起做开诚布公的谈话，结果是该案的审查本来可能受历史古迹保留要求的影响而更复杂，却反而很容易获得了批准。狄蒙尼公司的开发商所需要的是耐心，合作和共同研究的精神。这些表现比一意孤行能使开发商获得更好的结果。此案的交往情形也使开发小组在未来审核过程中取得较有利的地位。

与政府官员接触的其他优势

开发商和政府官员作密切和频繁的接触，除了能使开发商更加认识地方官僚体系的功能和结构外，也可帮助他决定开发方案或申请是否有作修饰的需要，以期能更有把握的获得开发方案的通过。一位敏感的开发商，为了节省时间和体力，在实际提出申请之前，会做应做的修饰。这种预作修饰的做法，对于申请时必须附有昂贵的绘图的开发方案，是十分值得的。此外，开发商表示乐于做适时的安排，也可提升开发商在审核申请方案人员心目中的地位。

华盛顿州金县（King County）荒野湖（Lake Wilderness）的开发商的经验，说明了公共技术人员和开发商的顾问之间密切合作的其他好处。

该地点的外形和环境的限制，威协到开发商立即动工的目标。然而，在问题日趋明朗化时，开发商及其顾问，迅速提供必要的信息，找出其他的解决办法，并改变开发方案的计划和设计，以求解决真正的和想像到的困难。由于开发商一开始即表明愿意讨论环境方面的问题，规划人员放弃一份环境影响报告书的要求，而开发方案在提出申请不过十个月之后，即获批准，这样在金县算是快速的了。

加快政府官员对申请的审核　　在准备申请时，开发商必须利用通过接触所搜集的一切资料，必须正确的填妥所有必要的表格，并决定必要的签名，且获得这些签名。他还要缴交一切额外必要的资料，然后确定已经缴交所有的资料给审核机关，并试着算出整个申请考虑所需要的时间。

　　开发商一旦提出了申请，就必须和政府官员保持密切联系，尤其是和负责审查的人保持联系。他必须预见政府官员的问题或难题。通常一个不清楚或不完整的申请，可能会被堆压在最下面，别无其他的理由，只因为地方的规划者的桌上有一大堆的公文需要处理。因此，开发商自以为申请已够清楚、完整了，仍必须接受可以发生问题的责任。当细分或重划已获批准时，开发商也可使用同样的方法，得到必要的证照，他应有礼貌但坚定地在审核机关的走廊上绯徊，直到申请到证照为止。

熬过听证会的过程　　大部分的开发同意均要求开发商及其代表，出席一次或更多次的听证会。开发商若开始注意到参与听证会的细节时，他就准备进入听证会的阶段了。然而，他可以采取一些做法，实质改进对他的开发方案作有利的审核，以及开发方案顺利进行的机会。他可以在开发过程之初即进行这些活动，即使那时尚未能知道听证会的确切日期。在这一预先准备的工作上，开发商及其人员可将心力导向以下三方面：(1) 搜集听证会的程序和审核开发方案人员的资料；(2) 搜集支持开发方案的文件；(3) 准备设计报告。

编纂事前的资料　　即使开发商从前已经经历过同样的开发过程，他仍必须明确知道现在的情况。首先，他必须尽早决定确切的听证会日期、时间和地点。在一些情况下，公共官员会在数月之前安排听证会，开发商应掌握这一消息，以便及早安排专家的见证人和任何需要出庭作证的人员，并避免时间冲突。

其次，开发商必须及早知道在听证会上需要做哪些决定和参与的人员。有些市区要求开发商在规划评议之前开一次听证会，取得初步同意，而在市议会或其他审核小组之前做第二次听证会，以取得最后的同意。两次听证会均对大众开放，以上两种听证会的方式均可能影响到开发商报告的内容和方向。因此在报告之前，开发商及其人员均必须了解特别的决定，以及即将商议的团体或组织。

同时，开发方案小组可以采用那些过去曾被他人所用过的策略，来做类似开发方案的试用，并借此选择构成成功策略的要素，和决定何种方法应予避免。这方面的信息可以来自其他的开发商，或来自政府官员，且应尽早获得这一信息，以及尽早舍弃有疑问的策略。

政府官员也可将信息传达给听证会上审核开发方案的人。认识有关人员及其感兴趣的问题，对于选择报告的内容、形式和开发小组的指引，均有很大的助益。例如，在快速开发的半乡村地区，开发商可能不会重视他们在都市中心的情况，或者依规划或区划董事会成员的性质而定，调整和社区的关系。开发商也可和地方上做过同样开发提案的开发先躯者会谈，以真正了解到董事会全体或个人所关心的问题。例如，即使与开发方案不相似的先躯者，也知道规划评议会对是否依照一般计划或社区的地理分区特别敏感。这种来自开发商的指引，的确有助于申请者的报告。

搜集文件和证据　　在最初阶段，开发商及其人员必须不断搜集资料来支持申请，并对已搜集到的资料进行修饰，以提供最有利的开发方案的报告。这种作法必须确定一切参考资料和顾问的报告，均要按时送达，并在听证会之前准备好。如果审核董事会或委员会不能在事先收到这些报告，这些证明文件就会失去效用。

申请人也须及早得到政府官员对开发方案所作的报告，虽然这份报告通常要在安排听证会之前不久才能得到。此外，董事会可能不会依照政府官员的建议来做，可是政府官员的报告可以清楚地指出开发方案批准的障碍。开发商在听证会中最好也提及报告中的反对意见或难题。此外，开发商必须确定安排专家的作证，而作证也要代表实际的困难问题。

在听证会日期迫近时，开发商必须做其他各种准备，最重要的是要确定专家的见证人完成见证的准备工作，见证要配合开发方案的报告，而见证人在听证会上能自如地作证。专家的作证有时会为开发商带来问题，尤其是当开发商要为自己的开发方案做有力、清楚和简洁的证明时。一些见证人的证词，尤其是工程师和交通顾问的见证，往往太过于技术化了，以致不易为董事会的成员或出席的群众所了解。听证会是开发商推介其开发方案的时机，他不想让董事会因为有了成见，而对所作的开发方案报告失去兴趣。因此，开发商必须将专家的见证限制到有力的开发方案的资料和意见上。见证的内容必须事先作仔细的审核，可能的话，应在举办听证会之前为所有的见证人作预习。

提出报告　　到此阶段，开发商除了要修饰报告的内容之外，也必须决定发表资料的明确态度。为了达到这一目的，他必须学习报告的形式和程序的方法。为熟悉这一方法，最好的办法是参加一次由同一董事会或委员会所主持的类似性质的听证会。在过程中，开发商可以了解到听证会场的外在设备，以及相关团体所使用的程序和议定书。例如，开发商可以知道董事会会议通常是否依照既定的时间表来付给专案见证人昂贵的钟点费，这是十分重要的。同时，开发商也可以目睹有哪些时间限制的规定，该如何严格遵守，以及董事会如何定期举行听证会，董事会是在议程上各个开发方案的报告之后，还是在听证会结束了才做决定。上述这些提示均有助于开发商准备报告，以及估计各参与听证会者需要的时间。

　　熟悉听证会场址也有助于估计报告成功的可能性。开发商除了参加稍早的听证会之外，还必须在听证会预订前一、二周前亲自审查听证会场堪察设施的情况。他也要特别注意是否有作为幻灯片或其他图表的设备。如果图表是报告的重要部分，开发商必须确定屋内各个角度均可清楚看见同样地，开发商必须察看是否有麦克风系统，如果没有，屋内靠后的人是否可以听到报告者的话。最后，开发商必须注意以下三点：1) 再检查一下时间表，以确定申请所作的考虑不因任何理由而受到耽误；2) 要做到所有程序上的要求，诸如在听证会所在地建立标示，或在报上登广告；3) 大力鼓励开发方案的支持者参加听证会。（开发商通常可以确定，他的对手也会出现，并提出强力的反对。）

　　在完成了初步的准备工作之后，决定开发方案是否会获得通过的关键，在于听证会上的实际作报告的表现。上述的事项均已在听证会之前准备妥了，开发商仍应注意到，在实际报告过程中仍有一些左右着开发方案成功与否的关键。

首先，最重要的是，开发商或主导报告的人（通常在一般情况下是开发商的代理人或开发小组的另一位成员），必须扮演好报告的角色，并对开发方案的优点十分有信心。报告人若对开发方案的优点心存怀疑，董事会和大众也会受到影响。报告的参与者在方法和外表上，均应表现出专家的态度，必须言简意赅。

其次，关于报告的内容方面，内容的开始，可以是开发商或联络人对开发方案及其优点作简短的报告，以及开发商对申请方案做的有力的判断说明。联络人必须对政府官员的开发方案报告，做出事实和公平的反应，注意到不提及报告的推理或结论。政府官员若提出认真的关心和反对的意见时，就必须先征求专家的见证，因为专家的见证最能平息或反驳反对的意见。即使专家的见证是具高度技术性、难懂的或因某种理由而令人困扰的，也应先得到征求。如果内容的安排无优先顺序时，则以出场费最昂贵的见证人列为优先考虑，以减少开发商的费用。

开发商必须表示支持出席者作简报，以期能对问题做清楚明确的反应，并尽可能将重点放在开发方案的实际利益上。参与听证会的人员在作出反驳时，应坚持事实，避免论及政府官员的偏好、董事会的态度或其他类似的问题。这些偏见事实上会影响对未来开发的决定，而对听证会的报告并无影响。如果时间够的话，开发商在报告开发方案的优点后，可对开发方案所在地区环境的贡献或改进，作一般性说明展示。开发商也可以提醒董事会的成员，关于他已开发过的开发方案的品质，尤其是在同一市区或附近的开发方案。报告人应把握时间，以便在回答问题时有弹性，且报告是以正面的结果作结束。报告人应记住，在接近结论时所提出的要点，很可能最易为审核申请方案的人留下印象。

视觉上的资料在作复杂的见证说明时，应该表示清楚。诚如舒尼德曼（Schnidman）、亚伯拉姆斯（Abrams）和狄南尼（Delaney）三人在他们合著的《掌握土地使用案例》一书中所强调的，"任何土地使用的案例均需用到证物……不管案例多简单或是对企划的结果多有自信。"[①]（当然这些资料必须使出席者均明白了解才能使用。）

最后，尽管大部分的听证会均有官方的纪录，开发商也必须将整个过程录下音来，或雇用法庭的速记员记下每一句话。这些纪录可在稍后帮助解决听证会所提出的难题，同时，对于经过审慎准备和发表却仍告

---

① Schnidman 等著，P.158。

失败的开发商，在作上诉时，是十分重要的。

开发商应注意到，有时即使是做了最详尽的申请准备，也可能因为某种缘故而遭拒绝，因此，开发商应在整个开发同意过程中建立诉讼的纪录。

加强批准和协议

若没有一个对结果完全同意的记录，则最圆满成功的协议或批准过程对参与者，都是没有多大用处的。不论是由开发商和民间团体，或是由地方政府和开发商，或是由许多参与的团体所作的协议，开发商都要对双方所接受的协议一一记下。

协议的纪录

谨慎的纪录对开发商有几种好处，一是可大幅提高开发商在地方上的信用，这是一项重要的资产。不难理解的是，社区团体对于愿意在纸上记下承诺或认可的开发商，表示特别的信赖。

提高信用对于在地方上尚未有纪录或从未和审核机关共事过的开发商，是十分有益的，例如，"维京人地产团体"（Viking Property Group），在恢复具划时代的狄蒙尼建筑和开发邻近的地产时，面临了全美最复杂的开发批复过程和在华盛顿特区的首桩开发方案。为了要在复杂的机关和社区环境下获得信用，开发小组对审核当局采取开放和合作的态度，且十分乐意采纳整个过程中所作的协议并制定成法律。

取得要求的承诺

做开发纪录的另一个好处是和地方当局或社区团体之间有法律上的合同，可以借此减轻开发要求的不确定性。虽然有时开发商要忍痛作出让步，他们总希望这些开发要求，能在开发过程的初期即有书面记录，不要在进入半年或一年过程中才突然出现。初期所作的合理修订，总比6个月之后作同样的修订来得省钱多了。

开发协议或同意过程的各个层面因地而异，然而，有些层面比其他来得容易记录，例如在董事会或听证会检察官之前所做的听证会，除了极少数例子外，均必须做下记录。开发商及其代表要负责注意到记录应包括所有的和案例相关的事实和证物。

"相关的事实和证物"可能包括开发商和独立研究的发现，以及开发方案和地方实际规则相符的说明。开发商可以以口头或书面说明的方式列入听证会的记录。作记录的首要理由是在获得有利的决定，再者，万一决定不利于开发商时，他可以有完整的证据，对不利的决定提起上诉。故记录的责任确实应由开发小组认真负起。同时，在记录内的任何可得到的资料，对开发商和审核当局均有很大的帮助。

非正式接触的证据

听证会的性质和结构常易于作成双方同意的书面纪录，而正式的听证会以外的土地使用批准过程所作的协议和会议，则属比较不正式的合约，也有必要清楚地记录下来，虽然这些非正式的接触比较不容易验证。

一般认为在协议或会议中，做书面记录的一方，比较容易获胜。姑且不论这一说法的真实性，人类的记忆有时确是很差，需要书面记录来澄清合同。在做备忘录或记录时，必须小心的做，因为不小心犯的书面错误，有时可能影响到最有利的协议立场。

做记录：两个个案

有些土地使用决定的个案，并无前例可循以作为协定合同的形式和内容参考，此时，开发商必须创立一个最能符合需要的形式。林肯西区开发方案即是这类例子，（参见上面审核过程的报导）。林肯西区一案的批准过程（此案至今仍未获批准），是开发商遇到的问题中最困难的之一，涉及许多的市政机关、顾问和组织、老于世故的社区。在这多边开发过程中的参与者，不管他们是否同意开发，都仔细记下所有的问题。例如，开发小组和社区设计一组协定的备忘录；包括必须作进一步审查的原始计划的各组层面。当协议进行时，市政规划人员扮演合同记录的角色，以避免纠纷、这种必须做不少合同的复杂情况下，一个开发方案小组会认为有必要请一位双方均认可的第三者做这些合同的记录。

在先前提到过的狄蒙尼例子中的开发小组，发明了一种新的程序，使得开发过程变得更容易进行。他们特别要通过一系列批准的难题。在哥伦比亚区，历史古迹保留审核董事会对开发方案的同意，是依区域划分批准而定的。由于官方的区域划分批准比历史古迹保留批准需要更多详尽的证件，开发小组欲确定后一项通过，而后一项的通过，必须获得区域划分行政人员的书面认可，以确定该提案符合规则。开发小组发挥了发明的才能，将一项有条件的批准转化成为最后的批准，而且获得可继续进行开发的明确表示。

开发商会发现困难常出现于考虑开发方案批准之时，对各种接触的追踪，而不在于记录下这些接触。开发方案愈大愈复杂，其过程就愈困

第四章 获得个别开发项目的支持 135

难。开发商必须负责做详尽的记录。一些公共机关要求对各次会议和电话访问的接洽作成备忘录。一位著名的加州市府的工程师，因为说了以下的话而出名："你若要我记住我所答应的，请记下备忘录。"忽略做合同记录，是开发方案批可过程中的一大疏失。

有条件的批准　　现在几乎所有的土地使用批准，均包含某一种类的条件，规定开发商的行动或财政上的保证。地方政府对任何类别的土地使用申请，均有限制的条件，有时，这些条件的负担沉重苛刻，破坏了开发商推行的开发方案。法律并无明文规定限制的条件，但却规定条件要合理，且和开发方案和开发结果有合理的关联。当然，法律上这些不确切的规定，各地不同的人会作出不同的解释。

旧金山市的一个做住宅开发的开发商，他曾开发过歌剧广场(Opera Plaza)，被迫为市区的一个菲律宾社区做开发。该社区曾试图在原地点上开发一个社区中心却没能成功，开发商必须偿还社区居民一部分成本，因为开发商在预定的中心曾做了规划和可行性的研究。所幸大部分的要求条件，都只是例行的情况和问题，例如，禁止在某一范围内作开发，直到作了公路转换或额外的排水沟容量等公共设施。通常开发商所要负担的条件是街道拓宽和行人用的天桥费用而已。

在弗吉亚州阿灵顿市的"科洛尼尔乡村"混用的开发提案送到县董事会面前时，有关当局对地点计划的同意，开了32项条件。董事会要开发商，即"机动土地开发公司"，负责兴建一个行人地下道系统，与地下铁的地下道系统相承接，并保证在该地区的住宅单元仍保持15年的租约。董事会所列的条件，是在几个月内和不同的团体作了许多的妥协，且在社区规划人员和开发小组历经几个月所作协议的结果。虽然大部分的条件在协议中，都已获得解决，县董事会在最后还增加了一些条件。

因为开发批准条件的性质不易预测，开发小组必须尽力自己搜集审核会所做的决定和条件的资料。这些审核机关所开的条件，常是作听证会的结论时达成的，往往是仓促成稿，来作文字的修饰。这种情况时常困扰着开发商，尤其是在开发商未说服公共官员条件的接受应基于双方共同承认的草约文字而定时。虽然地方政府有权规定任何条件，但开发商却有协商的余地。因此，开发商必须要求有额外的时间和有关人员作协商，即使此项要求可能会带来耽搁。

开发商最好能作进一步的协议，诉讼并不是明智之举。如果条件仍能使开发方案具体可行时，开发商最好能接受这些条件，总比上法庭去争取自己的意见要好。采取法院的行动，除了费时之外，也使得地方政府对提起诉讼的开发商怀有偏见。通常，"告诉法官"是不值得一试的事。

开发合同

开发合同是地方政府和开发商，对于开发方案有关的使用权限、高度和密度的限制，以及开发商必须作的贡献等的契约。合同若有期间限制和包括契约性的区域划分时，即属于"特种"的合同，在许多方面要受到限制。然而，自1979年起，加利福尼亚州已允许发给开发合同，而开发合同也以各种不同的名称，出现在其他管辖区内。由于未来的议会或其他的政府单位要受合同的牵制，至少在道德上的牵制，这类合同可以避免一个市区或县区，在开发商开始进行开发方案时，再作规则上的更改。在开发商必须于各个开发阶段向审核单位申请额外的批准时，这些合同可以保障各个阶段的开发。在开发合同下，地方政府必须保持原来所做的要求，否则便有违约之嫌。契约的义务不仅包括像区域划分改变的规则，也包括地方政府承认的责任，例如公共设施延伸到开发方案中。

开发商参与开发合约可得到不少的好处，他能确定控制他的开发方案的规则和要求，将不确定性减低。如果他在合同中对土地使用和密度保有弹性，将可避免市场改变的一些陷阱，而市场改变是不可避免的事。然而，由于开发合同总是出自于协议的过程，开发商必须失去一些开发的应用弹性，以求取肯定。

在适当的开发合约的情况下，开发商应立即进行协议，尽早订妥合约，以便及早获得肯定，并避免政府单位在批准开发方案之前再作额外的要求。

在加利福尼亚州的圣莫尼卡的"科罗拉多广场"的开发案例中，开发公司韦尔顿·贝克特（Welton Becket）联合公司，在开工一个月之后，面临了建筑的延期偿付情况。在市议会拒绝免除延期偿付时，韦尔顿·贝克特公司别无选择余地，只好在开发进行当中协议作成一个开发合同。合同中要求开发商在原计划案附近增加一些娱乐场地和做一些改良。开发商被要求在原地点上兴建一个公立的公园和托幼中心，并在市区其他地方兴建100个住宅单元。最后的合同对于高度和密度的规定，也比原来地点的区域划分的要求更严格。所有的这些要求均属可行，因为开发合同必须平衡开发商和政府的利益，同时因为这个合同在过程中来得较迟，以致于开发商在财务上有相当压力的情况下，仍要进行开发。

上述的要求到目前为止，已经出现在圣莫尼卡的几个开发合同内，因此，开发商现在计划开发方案时，应牢记这些要求。我们确实应鼓励开发合同，尤其是当反覆无常的政治状况可能影响到土地使用规则时，或是当大规模的、多阶段的开发方案，可能会受规则改变的影响，而破坏开发方案的实行时。

特殊计划和特别条例

另一种特殊计划开始主要在加利福尼亚州使用，这种特殊计划是关于实行的方法，一种中程的计划，其目的是将一般性的规划政策，转化成顾客订做的设计规划、条件以及一块或更多块地产的开发同意所立的法。特殊计划从1971年起为加州法所认可，通常是因为环境敏感或空地的限制所引起的。特殊计划可引导开发进入和地方的一般规划、环境—地下结构以及其他的公共需要相符的路线。

特殊计划：一个案例

奇诺（Chino）山区开发方案是关于特殊计划最显著的例子，该开发方案的18000英亩的土地，代表洛杉矶地区最后可开发地之一。[①]奇诺山区除了有许多和山腹开发有关的环境问题之外，地下结构甚少，于是开发商不接收该山区，而喜爱县中山谷和主要走廊比较平坦的地点。而县政府人员和规划者，现在可以使用特殊计划作为改变开发类形的手段。

奇诺山区的计划建立了8个村落次区，依各次区的自然特色而有不同的密度。大体上，该计划加倍了整块土地所允许的密度，将开发由比较敏感的地点改变成为比较可开发的地点。该计划规定了严格的山腹开发标准，也规定了开发密度、景观处理、新焦点的强调和地标特色，以及空地保留等"生活品质"的因素。同时，该计划建议成立一个非谋利的公司，有权销售债券，以资助地方的地下结构。该计划的经费，主要是对受影响的地产所有人进行特别征收而来的。

---

① Stuart L. Rogel and steve Weitz, "住房土地：地方政府促进供应之方法"（Washington, D.C: ULI, 1984）PP.23 – 24。

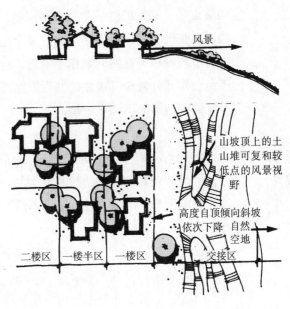

加利福尼亚州的奇诺山特殊规划，包括详细的山坡开发标准

　　奇诺山区的计划和加州其他地方的特殊计划一样，包括了现存的区域划分，建筑法规和其他土地使用的规则。该计划和许多其他的例子一样，修改了允许的开发密度和使用方式，以鼓励开发。依据州法律的规定，特殊计划应包括一份概念性计划、一份详细的计划、和一份环境影响报告。这些计划的要素，对必须在计划的架构下运作的开发商有利。

　　基本上，特殊计划制定出特别范围内开发的指导原则。因此，开发商在开发之初，即清楚认识到如何和何种水准的开发，比较可行且比较容易获得同意。虽然开发商可参与特殊计划，不过，这些计划一旦建立后，协议的余地即相对减少。因此，开发商就不必负担纪录非正式合同的责任。此外，因为特殊计划强化了开发规则，过程所费时间也大幅减少。在奇诺山区项目中，官员们可以将一项1000英亩的开发方案的审核和开发过程，由2或3年减少为3至6个月。显然，这一时间的缩短，为开发商省下不少钱。其他省钱的方法，来自于已规划地下结构的事实，或来自于将地下结构列为计划的条件之一。当然省钱的方法，也可能由于将环境影响报告列为计划的一部分，因此，开发商不必交缴或付个别环境影响报告费。

| 特殊方案的缺点 | 从开发商的观点来看，特殊方案的使用当然也有一些缺点。最明显的缺点是，开发的性质常受严格限制，不像其他的开发方案，可以透过协议而获得有利的开发密度和开发用途。然而，特殊方案的存在，至少说明市政府对可能的问题作了审查，且定下了开发的规则。如此一来可避免已作部分或全部规划的开发方案再作规则上的改变，且大幅降低了开发商所面对的不确定处境。

| 特别条例的特色和种类 | 特别条例和特殊计划相对比，即是说开发商在进行特别条例的开发时，必须准备好席位的协议和有关的证明文件。许多特别条例，例如有计划的单位开发条款，故意措词不清，以期能使各个开发方案的标准能有弹性。

在这种条例下，开发商最好能完全熟悉开发过程的各个层面。通常有计划的单位开发或集聚式开发条例，要求开发商在和规划人员会谈后，交缴一份初步计划书给地方规划评议会或议会。审核单位稍后则同意或拒绝申请，若同意时，则有附加条件，这些条件通常是形成初步同意的证件，但这些条件和许多其他的有条件的批准一样，开发商难以作预测。在一些案例中，若遵照条件，开发方案可能会行不通。与规划人员作审慎的协议，并不能保证审核单位未来会对开发方案采取有利行动。最后的一种方法是，开发商应确定开发方案和现行规则相符合。开发商可借着研究以前董事会的决定，来使自己的开发方案顺利进行。这一方法在交缴最后规划书之前最为可行。交缴最后规划书是董事会要求的步骤，要在初步批准之后的一定时限内完成。

开发商即使收到了最后的计划同意书和所有的许可证件，有特别条例下，他仍可能会有麻烦。有计划的单位开发和其他有计划的社区开发时期可能极长，十年或者更长些，而这一时段会为开发方案带来两个可能的挑战。首先，审核评议会成员和想法可能因时间而有所改变，而这一改变可能会为开发商带来困扰，尤其是当地要申请计划修订，以反映市场需求的改变或其他的变数时。即使在短时期内，政治的改变也可能耽搁开发过程，开发方案小组必须尽力获取审核单位的信任。如果是有条件的批准的话，开发方案进行的过程中必须附有书面和双方同意遵守条件的证件。

当进行开发的居民住了一段时间后，如果不喜欢开发方案未实行的某些部分，且试图更改或删除这些部分时，即产生了第二个挑战。在某

马里兰州洛克维尔县纽马克公地，商业中心规划用地以及被废弃的街道

些情况下，这个挑战是无法预期或避免的。

特别条例：一个案例

新马克公有土地（New Mark Commons）是马里兰州的洛克维尔（Rockville）县的一个有计划的单位开发，当地居民反对兴建一条连接这项开发和其他两个比较廉价的开发方案的街道。可是，这一连接有助于一个小型商业中心的开发，此商业中心尚未兴建，是有计划单位开发的一大特色。居民发现不能自己直接请愿，以求能修订有计划的单位开发，于是他们只好要求在做重大的计划修正时，将市区主要计划中的街道予以删除。经过5年后，在开发方案获得最后同意时，他们的要求被接受了，计划也作了更改。

由于居民采取上述要求的结果，兴建的街道比原订的终点短了200英尺即告中断，而商业中心也未曾兴建，预定的地点则保持空地的状态达10年左右之久，一直到有一小型的城市住宅开发方案获得批准。开发商发现所有在未来可能引起争议的公共设施和开发方案的各个部分，均要获得完全的确定，甚至获得兴建许可。

公开达成的合同

开发商应特别注意到公共和开发商之间的合同和批准是公共的文件。合同中若有许多高度技术性的内容，只会使未曾料到大众的反对更

第四章 获得个别开发项目的支持　141

显棘手，因为大众实际上只判断结果，并不是文件。开发小组必须将开发过程公开让新闻界和社区代表知道，然而，社区代表往往缺乏时间和经验，来对开发方案做完整的评估。开发方案必须接受各种批评，因此必须有明白的议论和凭证。

在不少的管辖区内，对环境方面的证件，成为大众审核和评论的目标。不幸的是环境证件的目的，是在强调开发方案可能的负面影响。而大众和一些地方官员，以为开发商的一切公共证件不过是自圆其说而已。因此，开发方案的利益常会因为大众官员的假想的或想像的负面效果，而蒙上一层阴影。这一负面效果，在官方的审核证件中，即被无情地渲染。

开发商需要有耐心和诚意将其开发方案的计划和活动，公诸大众作审查，证据仍是开发商的最佳拍档。

个案研究
CASE STUDIES

为新社区辩护：加利福尼亚州的弗雷斯诺
MAKING THE CASE FOR A NEW COMMUNITY: FRESNO, CALIFORNIA

克鲁布公司在加州的斯托克顿（Stockton）有一段成功的开发史。该公司已经在近水区规划完成了四个社区。该公司有意将此成功的理念扩及于100英里外的弗雷斯诺（Fresno）。弗雷斯诺约有30万人，每年的人口增长率约为2%。虽然弗雷斯诺的面积比斯托克顿大，却无人曾在湖的周围开发过一个与之相适应的有规划的社区。克鲁布公司的目标即在开发一个湖滨社区，并在湖泊四周兴建一个购物中心和一些高、低密度住宅。

开发商看上一块位于绝佳位置的414英亩的土地，然该块土地却有一些问题，整块地有108英亩受市区限制，另外200英亩在市政府总体计划的"影响范围"之内。对于总体计划只需稍作修正，即可将该块土地作开发之用。而剩下的100英亩不在"影响范围"之内，问题是否能被同意作开发之用，尚不确知。

根据市政府的研究，该块地还有不少其他问题：缺乏排水沟的容纳量、没有水源、无暴风雨排水系统、无消防服务（兴建一个新的消防站要花250万美元），而且也没有环境影响的审核。此外，该区的交通也会因为此项开发产生消极的影响。

卖主欲以100万美元结束此宗交易，然开发商不准备在开发方案未批准前冒此风险。自"第13条条款"通过后，加州市政府的经管人常会问及市区服务项目中的开发成本和经济影响的问题。因此，开发商需要6个月的时间来审核开发方案，再决定是否可行。

在这6个月之中，开发商完成了一项市场分析，且召集了土地规划者、工程师和建筑师，对土地的使用集思广益。开发商也走访政府人事部门，以征求他们的看法。克鲁布公司所雇用的工程师发现城市系统的确具有开发此项工程的实力。在该块土地上挖掘的井，可以供应充分的饮用水，并增加市区的水供应量。而暴风雨的排水系统，因为湖泊是有规划的设计，则是比较容易解决的问题，排水将通过湖泊而注入不远的河流。工程师发现通过设计一个阶段性的道路改善系统，他们可以缩短到最近的消防站所需的时间，因此一个需用250万美元兴建的消防站并无必要。同时，克鲁布公司表示，该市将会从此项开发方案中获取经济实利。

　　开发商仍需说服市政府官员，开发方案是确实可行的。开发商可由规划部门着手，因为规划人员对这样一个城市中的亲水社区的规划深表兴趣。得到规划人员的支持，有助于说服公务部门或其机关人员。其次，开发商再联络社区团体、市议会和规划委员等，每位市议员参观史达特顿以视察那里的类似开发方案。大部分的规划委员和一些邻区协会代表也来参观。至于未参观者，开发商则将他们在史达克顿和其他社区的开发成果，以幻灯片的形式展示给他们看。他们之所以安排这些参观和幻灯片展示，目的在证明他们的开发方案是具有经济效益的。

　　最后，在6个月审核期结束前，克鲁布公司再来到弗雷斯诺市时，

弗雷斯诺市的规划人员成为以湖水为中心的规划单元开发的有力提倡者

来自三个业主协会和该区的乡村俱乐部的代表，皆对开发方案表示赞成。市议会投票以 6:1 赞成此开发方案，虽然后来有二位市议员改变投票方案，而最后的票数仍是 4:3。

从这次经验可以学到的是，花时间和金钱研究状况，向市政府官员证明开发方案具有经济效益，并说服市府官员和人民团体有关开发方案的价值，确有助于提高投票同意开发方案成功机率。

本案例作者：
格林（佛里兹）·克鲁布（Gveenlaw Grupe）是在加利福尼亚州斯托克顿克鲁布公司的主席兼总经理。本文首次刊载在《城市土地》上。

为反驳做准备：加利福尼亚州的托兰斯
PREPARING FOR THE OPPOSITION: TORRANCE, CALIFORNIA

加州的托兰斯（Torrance）是位于洛杉矶盆地西南部的一个郊区城市。圣菲（Santa Fe）能源公司（即现在经营石油煤气的圣菲太平洋公司），多年来，在克伦肖（Crenshaw）和塞普尔维达大道（Sepulveda Boulevards）的街角经营石油采撷和钻探的设备。占地280英亩，是托兰斯市最后一块未开发的土地。由于该地段的石油产量不够丰富，因此，多兰斯市政府和当地的居民均视这块土地为空地，不属于凿油井的一部分故作为农业用地。

然而，这块土地却与世上最大的室内商场商业中心（enclosed mall）之一的得尔拉摩（Del Amo）购物中心毗邻，交通极为繁忙。克伦肖和塞普尔维达均为主要干道，而购物中心也带来了更大的交通流量。

圣菲南太平洋公司的开发小组取得了该土地的开发权，于1981年和一位南加州的建造商、一位南加州办公建筑开发商和一位地方投资人等成立一个合资企业。在安排妥了合资企业的财务之后，他们也对各股份的角色加以界定。除了住宅开发商和办公建筑开发商有明显的角色之外，投资人负责和托兰斯市的政治事务交涉，而房地产开发业务才渐露头角的圣菲公司则负责财务的监督和管理。

开发商依例设计了一个自以为可以获得最大回收的开发方案，"最大的密度将会得到最大的回收"是开发商的规划哲学。该项规划是提供给市政府的，开发商预期依照第三条款，应可获得迅速的批准，因为此项规划可为市政府带来有利的税收。

继开发方案而起的是反对的势力。民间组织首先注意到由此项开发方案所带来的交通量，该案原来就需要超过100万平方英尺的商业空地和超过2000个住宅单元。由于开发的密度大，原本过度拥塞的托兰斯市的街道在颠峰时间的交通量会加大。高层办公建筑的开发，与规划部门认为的高层建筑的开发应集中在得拉摩购物中心另一边的构想相违背，而且开发方案却只提供了少许的空地。此外，反对之声也来自山地（Sierra）俱乐部、住宅提倡者和其他团体，他们主要针对马德拉纳（Madrona）湿地问题提出反对。

马德拉纳湿地主要是数年前马德拉纳大道重铺路面，因排水不当而造成的。每逢下雨时候，地面的水不流入暴雨排水系统，而流入石油公司的地产，形成了积水的湿地区。时间一长就形成了沼泽，在干燥的季节，该地几乎成为该区惟一的开放性水源。尽管沼泽本身并无实质的价值，甚至很可能其造成的妨碍更甚于生态的重要性，这仍成为了反对此开发方案的团体攻击的要点。

圣菲土地改良公司在加利福尼亚州托兰斯市的地产

反对者以为该块地是托兰斯市最后一块未开发的地产，最好能作为公园和空地使用。反对者也将焦点集中在街道的改善、该区自然环境、可负担得起的住宅和老年人的住宅等问题上。

虽然社区是由不同的团体所组成的，其功能却十分良好。他们在开发提案在市议会的听证会上提出了反对（虽然原来的开发方案已经市议会批准了），他们也因沼泽地的缘故，而将州和联邦机关牵扯进来。他们也指出，工程师联合会对此河道有管辖权，州和联邦的渔猎机关应该关心使用该片沼泽的野生水鸟。有时，反对者还牵扯进商业部门，理由是迁居的水鸟是由北部各州飞往加州的。

当市议会同意这项开发方案时，反对者立即以诉讼来威胁，并要求中止任何进一步的市议会的行动，阻碍计划，并威胁要作公民投票。联合企业做了实质的努力，决定是否用公共关系活动来与公民投票抗衡，得到的结论是成本高昂，获胜机率渺茫。面对此强大的反对势力，联合企业退出了此项开发方案。

开发商继续发展出一个策略，重视对赞助者的确认和沟通。至今，他们尚无赞助商，也少有社区的支持。首先，开发商确定反对者，并和领导者接触。他们的方法是和个别团体联络，各团体均有其特殊利益，开发商即试着针对那个利益，获得阻止他们积极参与未来选举的协定。

同时，赞助者开始重作规划，以期能包括1467个低矮的住宅单元，组成6个不同的"村落"，各有其个别的社区特性。该项规划包括老年居民的住宅和更方便的通路和安全。商业部分不是中高层的停车结构，而是重新设计为包括85万平方英尺的二、三层楼的建筑，而且有许多景点的顶层停车场。该项计划保留了56英亩的空地，包括马德拉纳湿地和邻近的地产，除了其中的8英亩是市政府用州款买来作公园地的增加和开发之外，余则交给市政府。（市政府负责开发和保养沼泽地。）开发商也重新设计街道和道路，提倡在同一邻区内居住和工作，以减缓拥塞的交通问题。

这些方法有效地消除了反对的势力，开发商将注意力集中在认清真正的问题上，而不是在反对团体所声称的问题上，使涉及的人可以得到有效的讯息。在反对势力削弱时，开发方案的支持者即在市议会寻求开发同意的支持，并且和不同的反对团体达成共识。结果签了开发合同，而且是在不经由市府或市民的任何团体采取任何投票的情况下达成的。建设即刻开始进行。

回想起来，当初的计划显然有一些重大的缺陷，而其设计也不尽完善。开发商必须在计划大的开发方案或必须更改区域划分的开发方案之前，即行认清问题和发展赞助者。根据这次的经验，圣菲公司发展出几个未来开发工程可以依循的原则：

- 在宣布一项规划之前，开发商应对该地的外观、环境和历史等层面作广泛的研究。
- 处理任何被提出的问题。
- 确认反对的团体。
- 包容反对的力量，试着在公布规划之前达到他们法定的要求。
- 确认或建立支持的团体。
- 在公布规划时，应说明其如何符合之前所确定的需要。

本案例作者：

道格拉斯·豪尔是伊利诺伊州圣菲土地改建公司之董事长。本文首次刊载在《城市土地》上。

决定社区的态度：华盛顿州温哥华市的温哥华购物中心
DETERMINING COMMUNITY ATTITUDES: VANCOUVER MALL, VANCOUVER, WASHINGTON

在20世纪70年代之初，华盛顿州的克拉克（Clark）县和其他各地一样，获得大开发方案的区域划分的更改，通常是一个昂贵的、有风险且受挫败的经验。1972年尾，加州长滩市的纽曼（Newman）地产公司的主席哈利·纽曼（Harry Newman），保留了詹姆士·富勒（James F.Fowler）联合公司，来应付新闻界和公共关系，关于一个地区性购物中心的提案，即温哥华购物中心，预定坐落在温哥华城东北140英亩的地点上。

那时，区域划分的更改，需要经由县规划委员的同意，该委员会由县委员的董事会所任命的7位成员组成，大部分成员的任命是基于政治因素，缺乏开发、土地使用、服务和其他各重大开发方案决定性部分的实践性知识。由于评议会成员是费时又无薪酬的工作，许多商业社区人士不愿接受任命，因此，委员会通常由对环境有强烈感受的人和一些持反对增长的想法的人，以及对参与民间活动感兴趣的家庭主妇组成。通常他们的决定仅根据他们邻居和朋友的意见和擅于言词的团体。政治也在土地使用决定上，扮演着重大的角色。

规划委员会的政府官员，由克拉克县区域规划委员会的政府官员所组成，该委员会由县内许多管辖区的代表所组成。大部分的规划委员会的成员，对于开发和有效土地使用的知识均不够，兴趣也不大，而例行的委员会议只吸引少数的成员参加。因此，执掌规划的政府官员，事实上只对区域规划委员会负责，在县土地使用决定上扮演重大的角色。

评估反对的势力：购物调查

在这种气氛下，开发商为全美最大的开发方案，做改变区域划分的准备。为了要容纳一个地区性的购物中心以及周围的开发、住屋和工程的进出交通，开发商不仅需要有前所未有的大规模土地，而且也需要许多不同划分的区域。

显然，当地居民和其他各界响亮的反对声音足以将开发方案轻易地压下来。根据最佳的防守即是攻击的决策，开发商决定私下接触开发方案半英里内的每位居民，通知他们区域划分改变和购物中心的事，并征求他们所喜爱的购物习惯和对开发方案的反对意见。

开发商设计了一项"购物喜爱调查"来访问居民，12位克拉克学院的学生，被选出来进行此项调查，他们携带着确认他们的工作是完成购物调查的信件，但却不知道调查的其他目的。

在预订与规划评议会作第一次的听证会的前两周，学生们访问了169位居民，在问过一些基本的问题，诸如年龄、居住在克拉克县的时间、全户人口等之后，第11个问题是，"据公布有一主要的购物中心即将在温哥华市的周围兴建，你认为如何？"

学生再继续问居民，他们比较喜欢有哪些百货公司在新的温哥华购物中心出现，以及他们会在这些新的商店购物，还是继续在波特兰购物。最后，学生告诉居民关于开发提案的概念性的草图，以及购物中心的大小和设计。

反应评估（Sizing up the Response）

每次访谈之后，访问者都估计一下受访者的年龄并记录性别，因为大部分的访谈是在白天进行的，因此，大部分受访者为女性（114位女性对32位男性）。

访谈者还要评估访谈内容，所得结果是：45位是诚恳且合作的；36位是友善且肯协助的；11位兴趣不大者；4位不表示意见者；1位怀有敌意者。

评估反应显示出，居民前去波特兰市购物的首要理由是基于商品的选择，而第二、三个理由是，较低的价格，和俄勒冈州5%的销售税。因此，一个地区性的有多样选择的余地的购物中心，将会吸引许多的购买者。事实上，112位受访者说他们会作改变，甚至反对兴建购物中心的受访者，也随即承认他们会在新的购物中心，而不会到波特兰购物了。

这表明反对购物中心的说法不多：只有17位居民表示反对，而有102位赞成（而16位持"冷淡"态度。）然而，反对购物中心的居民数目并不可靠，因为他们反对所持的理由和购物中心并无关联，他们担心的是公寓或交通流量的增加，或者只是不愿见到乡村被改建。一些持此态度的人说，他们计划出席规划评议会的听证会，表达反对的意见。有趣的是，一位被列为持敌意的人士，竟说他希望他的两位儿子，将来能在购物中心兴建完成后在该中心找工作。报告也指出，该地区是一低收入社区，其中大部分的工资所得者在附近一家工厂工作或做其他蓝领的工作。一个比较复杂的居住地区，则会引起很多不同的反应，然而调查证实，居民十分赞成兴建购物中心，将会使用它，并且相信它将是克拉克县的一大进步。

当然根本还在于规划委员会的听证会，其中只有一人表示反对此项开发方案。

和环境保护人员共事

除了县评议会的听证会之外，第二个重大的障碍是擅于言词且强有力的环境团体，这些团体中，在温哥华地区最强势的是西南华盛顿的环境行动小组。当该小组极力反对开发方案时，开发方案即告中止。

此时，最佳的防守乃是最好的攻击。开发商打电话给组织的总裁和主要的成员。请一位职业摄影师将开发地区拍成幻灯片，包括许多株古老而挺拔的道格拉斯的枞树，幻灯片融入一项幻灯和影片的报告，报告为时大约14分钟，强调开发商欲保留开发地的自然美，且尽量使用森林地区作为购物景观。

环境行动小组的代表出现在初期规划评议会的听证会上，轮到他们说话时，总裁起立发言，说他的组织并不反对该项开发方案。

开发商采取了另一个重要的步骤，作为购物中心区域划分的预备活动之一。开发商将邀请函寄给开发商来作30分钟的报告，报告的内容包括14分钟的幻灯片展示和开发进度的口头描述，并予成员发问的机会。开发商聘雇两人，特别加以训练来做这个报告。可以想见的是观众的问题超过预计的15分钟。报告之后，负责人即填一份表格，对所作的接待作评估，若有敌意或强烈的反对时，则尽快做额外的个别接触。

如此一来，报告即达到了两个主要的目的：有助于对反对力量作评估和引起大众对开发方案的兴趣。这种事先的报告亦可以在规划委员会听证会之前，协调或克服反对力量。

区域的重新划分总计花了约9个月的时间，实际上并没有反对力量，即使有，在规划评议会看来，也是无足轻重的。评议会的会员一致同意作区域划分的更改。最后分析起来，建筑师、工程师、代理人和开发商等均发挥了团队的通力合作，且实现了每个预订目标。毫无疑问，一个仔细制定并得以实现的区域公共关系活动,有助于调和少数市民的反对情绪,使开发方案获得全面成功。

本案例作者:
詹姆士·法勒尔是华盛顿州温哥华市、法勒尔公司的所有人。

合作规划：加利福尼亚州的长滩市
COOPERATIVE PLANNING: LONG BEACH, CALIFORNIA

东南区开发和改进计划（SEADIP）包括了长滩市最后一个未完全开发的广阔地区。虽然一些上选的地点已经开发了，但这些是在未对该区做全面性的规划之下进行的。20 世纪 70 年代末期，民间、开发商以及市府人员认识到该区对长滩市长期安定的重要性，认为有必要对各项计划和开发慎作管制。基于这一考虑，即产生了合作的规划过程，历经相当时间之后证实这一合作的规划过程相当成功。这一过程的主要部分，即是成立由市民和开发商组成的顾问委员会，来为规划作准备。

长滩市的东南区

东南区开发和改进计划包括大约 1500 英亩的土地，该区有着重要的地理优势，其位置接近圣加布里埃尔（San Gabriel）河口，并有许多条路可直达通往海湾的水道。该区虽然不靠近海滩，却能骑自行车抵达西海岸一些最优美的海滩。其四周有富庶的居民社区环绕，形成了高品质住宅的有力市场。洛杉矶盆地的大部分地区都有四通八达的公路，州际公路 605 号和 405 号在东北方交叉，州道一号（太平洋海岸公路）经过该区。

可是，该区的未来开发受许多因素的限制，最主要的是环境的考虑。该地本身原来是圣加布里埃尔河冲积平原的一部分。为了开发这一冲积平原，开发商必须做广泛的基础工作和填土区的工作。自然湿地因为环境的考虑而必须做保留的工作。该地由于自 20 世纪 20 年代以来，即作石油提炼，而低于预计的洪水水位，于是大部分的地区在开发之前需要作相当的填土工作。沼气的存在是另一个在开发之前必须克服的、与填土相关联的难题。最后，该区位于纽波特英格尔伍德（Newport Inglewood）的断层上，这一因素必须在设计和结构的安置上列入考虑。

开发也受到许多和都市化有关的因素限制，其中最重要的是交通拥挤。该区由于位于橘柑县居民社区和长滩市就业和教育中心之间，该区的公路通道的缺点是有大量车辆经过。公路容量加大了开发密度的局限性。其他公共设施尤其是学校的获得，是另一个难题。虽然目前社区周围公立学校的就学人数不足，一个中到高密度的开发，可能会使学校不敷使用，而需要有新的中小学，而设立中小学的资本和经营的成本，无法由增加的税收来充分抵消。依目前市政府的财政状况来看，比较会倾向于鼓励税收超过公共服务费用的开发。

民间行动

长滩市东南区的社区目前堪称稳定，许多居民在该区住了超过20年，他们的平均收入相当高，平均教育程度也高。以一个群体来看，其居民具有相当的政治知识，却感到被排除在市政运作之外，这使得市民团体对市政府产生不信任的看法。

虽然不同的业主协会在过去偶尔会有利益冲突，但是他们会为了某一共同的利益而团结起来，进行有效而一致的工作。这种例子在几年前东南区开发和改进计划开始之前，就已出现。那时在长滩市，东部各种不同的民间协会联合起来，击败了一项高速公路经过镇内的开发提案，这次联合行动是由后来支持东南区开发和改进方案的 J·豪尔（Jan Hall）所领导的。

在这种背景之下，有两个同时进行的活动，促使了东南区开发和改进案向前推进。首先，西南区的团体为市政府做了一条海岸线计划，包括对长滩市东南未开发的部分的一般土地使用作了一些建议。计划的主要建议是，就大小和形式而言，开发要像那不勒斯（Naples）一样，尼普莱斯是一个长滩市的已建成的亲水社区。西南区团体的总裁凯文·普拉特（Kalvin Platt）回忆说："长滩市民之所以如此重视那不勒斯社区，以至于东南区开发和改进计划案所在地区的居民，常用'普莱斯似的'一语来形容他们想要的开发类别。"是因为那不勒斯是富庶的单户住宅社区，建在运河网的周围。作为空间系统用的运河，形成了公私共用的密切关系。那不勒斯突出的形象，是由于其独特却划一的建筑和景观设计特色。

其次，在订立海岸线计划的同时，在长滩市东区最大的土地所有者的比克斯比（Bixby）牧场公司，准备将现有的 300 个单元的花园公寓的开发方案增列 80 个单元。比克斯比是一家私人掌握的家族公司，在长滩市具有悠久的地产所有权和开发的历史。该公司所拥有的广大土地，原本作为牧场之用，然而长滩市的开发为郊区的开发提供了良好的机会。在比克斯比牧场公司将扩增公寓的提案申请交给规划评议会时,附近的居民(再度由 J·豪尔所领导)反对此提案,反对的理由是,长滩市东区现在没有充分的规划,进一步的开发可能会对社区造成不利影响。规划评议会接受了这项反对理论后,拒绝了比克斯比公司的申请,并通知规划人员准备对整个长滩市东区作总体规划的修订。

东南区开发和改进计划

市规划人员花了几个月的时间准备此项计划,在 1967 年 3 月,规划部门发布了一项详细的、全面性的长滩市东南区的规划,并对所有土地的特别使用提出建议。该项计划包括对东南区自然和人文特色作详尽的评论。该计划建议 298 英亩的土地开发 3413 个新住宅单元作为居住之用(每英亩 11.45 住宅单元的密度),并建议 109 英亩的土地开发作为办公、储藏和工业之用。

在 1976 年 4 月,规划委员会主持了两次东南区开发改进提案的听证会。各种房主协会以及其他民间团体,提出一份有力的、有组织的、一致反对规划者的提议。他们注意到"东南区开发和改进计划案"涉及许多环境问题,和许多个人开发方案有关的问题。然而,他们的基本想法是需要更多民众参与规划的过程,以产生一个可接受的计划。委员会的反应是拒绝此项规划,并设置东南区开发和改进计划方案市民咨询委员会,来研究各种问题,还提供规划部门人员有关计划修订的意见。社区也出面说明此项计划对整个社区可能造成的影响。

"东南区开发和改进计划"民间咨询委员会

东南区开发和改进计划民间咨询委员会,是由研究区域内未开发地的所有者、邻近的房主协会的代表以及其他的民间团体,例如,妇女选举联盟和地方商业团体的成员等所组成。J·豪尔(Jan Hall)被选为该委员会的主席,在 1967 年 6 月至 1977 年 3 月聚会,分析该地区及其计划,评审政府官员的建议,并提出解决办法和发现。同时,对 1967 年计划的原来列表和计划区域的数目,作了若干修改。最后的规划区域地图标示出东南区改进计划的已开发和未开发的主要土地。

在和委员会及技术小组委员会的会议后,开发商得到了开发的目标、开发的指导原则、使用的建议、土地使用的密度、流通的解决方法、游憩设施以及开发的整合计划等。

社区的标准和目标

东南区开发和改进规划方案和长滩市其他地区一样，是依照社区统一的标准结构来进行的。该方案的主要标准有以下几点：
- 偏重低密度住宅导向，强调居家生活方式。
- 制造空地。

这是加利福尼亚州长滩市 100 个单元占地 6 英亩的公寓住宅，是在"东南区开发和改进规划方案"批准作集合式开发后首先开发的几个案例之一

- 所提议的使用法应与东南区开发和改进计划和长滩市邻区现行的用法相贯通。
- 应地方社区和全市经济和财务需要。
- 长滩市东南区开发和改进计划部分，应融合全面开发的构架、明显的生活方式主题以及外观的关联；例如空地、人行道和单车道等。

- 应将土地使用计划和交通计划作整合，不应再有附加的交通道经过东南区开发和改进计划的所在区域。

民间的东南区开发和改进计划审核委员会，将上述标准转变成特别的目标。这些目标包括人民对环境品质的关心和开发商对得到土地的经济使用的关心。这是开发过程中非常重要的一环，"从彼此交谈中化解对开发方案有关的异议，并允许参加者提出对政策的不同看法。"

市府的经理人和规划人建立了一系列的目标，来讨论全市的经济、社会和环境的事务。

规划和开发的限制

东南区开发和改进计划经过分析，也显示出一些开发活动范围上的限制，一项主要的限制是南加州的高开发成本。因此，规划的过程要及早决定提供聚集式住屋、空间的一般使用，以及单户住宅单位的连接，以期形成一个广大的收入市场。此外，也要为该区设计多户和出租的住宅单元。因此，规划和开发过程的成本限制，直接影响到房屋的种类和安排。

对公共设施的负荷评定对于全面开发和密度，也十分重要。学校的负荷尤其重要，市政府和委员会均不想让人口增长到必须另创一所新的学校，来服务东南区开发和改进计划案的人口。

由于非区域性的开发被列为优先，建议办公室、商业和轻工业使用的数量，明显地比原订的"东南区开发和改进计划"还少。

最为大家所关心的全面性问题，恐怕是交通和流通的情形，而这方面的问题限制也大。该区本来还受到来自其他地区的交通影响。开发商应寻求隔离现有的和提议的"东南方案"的邻区的地方性交通的办法。顾问人员表示，可能的解决交通之道，包括从重要的等级分离到次要的十字路口或可回转路道的标志设置和改善。

最后，开发商对使用土地的权利，限制了其他可能的用途。大部分情况下，基于土地能用作开发且开发的经济回收可以平衡拥有地产成本的假定，开发商已先付了地产税。委员会认定开发商权益的一部分，包括在计划中的住房类别和密度的种类。

计　划

"东南方案"计划的基本概念是一个完整的、综合的社区，大约有

440英亩的土地，留作较低密度房屋的开发，以提供一个家庭导向的居住环境（总计2898个住宅单元，每英亩6.6个单元的平均密度）。大约有86英亩的土地指定为商业和轻工业使用。在公园式的环境下来开发居住的房屋和商业使用建筑。有135英亩的空地作为主、被动娱乐和保留使用。行人和单车空地则遍布全区、将各个分开的开发合成一个整体的社区。

"东南方案"应可为长滩市带来约2900个新的家庭住宅，大约可住7245人。86英亩的商业和轻工业用地，可雇用大约3500人，而每年的税收可超过公共服务成本的每年平均增加的款额。

经验的获得

要完成如"东南方案"的大规模开发方案，难免要作妥协。然而，回想起来，参与者普遍相信他们之所以能达成他们的目标和目的以及实现对该区开发的构想，是合作的、平衡规划的结果。虽然过程需要花费许多人的宝贵时间和精力，而这一方法是如此有效，以至于在长滩市被多次使用。

"东南方案"开发过程的成功，归功于主要参与者的态度和付出。负责促进合作开发过程的人员，包括从土地所有人到环境人员，获得的利益最大。而那些保持防卫的且走极端的人员，对开发过程的结果影响不大，所获得的利益也小。

当"东南方案"呈给规划委员会时，即受到委员会成员的热烈支持，然而，此项合作仍不可靠。因为任何差错，均会破坏开发的进行，委员会能顾及这一点，故能成功地使计划被采用。

遗憾的是小块土地的开发商恐怕付不起这种程序费用，除非存在控制时间期限的条款。但如比克斯比公司的顾问委员会的代表R·凯斯（Ron Case）所说，"一位长期的土地所有人必须解决这些问题，以使其土地有销路，而对于一个大的私人开发商，应力求和社区保持合作而不是持续对立的关系。"这一个道理自"东南方案"以来，多次在长滩市东区之开发方案中得到印证。

比克斯比牧场公司为了依照新区域划分法规来考虑计划，开始实行了许多计划，包括一个以高尔夫球场地为导向的公寓住宅，一个有三幢办公建筑群，以及一个主要的单户住宅开发。所有这些开发方案都是在没有任何特别的难题、拖延或市民反对的情况下获得同意的。

公共部门认可了"东南方案"的价值，加州海岸委员会称赞"东南方案"作为地方海岸规划的模范过程。在长滩市政府内，"东南方案"的开发过程被认为是公共规划政策的一大改进。

本案例作者：

道格拉斯·韦恩是"城市土地协会"资深会员，现任职 EDAW 公司。隆纳德·凯斯是加利福尼亚州圣安纳开发公司的执行副董事，曾是加州长滩市比克斯比研究公司的开发副董事长。本文首次刊载在《城市土地》上。

跨辖区的开发：华盛顿州雷德蒙的埃弗格林广场
INTERJURISDICTIONAL DEVELOPMENT: EVERGREEN PLACE, REDMOND, WASHINGTON

坎博（Campeau）公司和博特奇（Birtcher McDonald Frank）地产公司的联合经营公司，在1981年提议兴建办公室和研究园。该处占地167英亩毗邻华盛顿州全县的贝尔维尤（Bellevue）和雷德蒙（Ledmond）两市。在20世纪70年代，该处的113英亩就被计划部分升级为地区购物中心，由德·巴托洛（De Bartolo）利益团体所开发，可是，贝尔维尤市反对此案，理由是与市区的开发相竞争，严重影响到环境。诉讼因此而起，结果开发公司获胜。但显然地，要成功地开发购物中心，仍有场硬仗要打。富兰克公司开始对该地产感兴趣，在非正式试探官方人员对该地作为办公和研究园开发的看法后，联合经营公司即取得该地产。

开发商与贝尔维尤、雷德蒙两市及全县的代表会谈，说明提议的开发方案，结果发现政府官员对开发方案感兴趣且乐于提供帮助。但是，他们表示了对介于两市间的4万英亩岛屿中的一部分167英亩土地的关注，这块土地应加以规划、合并和整体区划。（许多土地所有者，包括一些现在的居民，拥有其他233英亩的土地。）

这次会议的结果促使有关辖区的三位规划主任同意充当非正式指导委员，以寻求埃弗格林海兰兹（Evergreen Highlands）的适当规划。在首次会议的一个月后，他们建议三个管辖区签署一个地方间的合同，聘请一位顾问来准备一项土地使用研究，并为400英亩地区做规划。而准备作为其他用途的环境影响报告，则被弃置一旁，改由富兰克的一份报告来取代。该项研究于1981年4月之前完成，因为开发商在那个月要完成地产购买。开发商预计用30周来完成报告，接下来的重新区划和州环境清除需要6周的时间，而听证会则需要8周的时间。

结果进展过程所需时间比原订的还要长些，而土地使用的研究一直到购买地产之后才完成。新的区划项目成了一个费时的问题，而规划主任和规划委员对主要方针则僵持不下。会议期间政府官员对开发商试图使开发继续向前推进表示不满，因此在几次会议之后，才成功地完成合并和重新区划。

由贝尔维尤市规划人员所提出的重要问题之一，是该地的办公停车开发给贝尔维尤市闹市区带来的竞争程度。那时，贝尔维尤市的规划人员曾分析过鼓励闹市区作高密度开发的方法，以使闹市区成为真正的商业和市政中心。他们对于可能引起贝尔维尤市其他地区的开发表示惶恐。规划者提出研究公司对交通和公共设施的影响，他们将箭头指向在贝尔维尤市区划作为办公用的 900 英亩空地，以及在雷德蒙的 1350 英亩的区划为商业停车用的空地。出于对这些问题考虑的结果，他们所完成的土地使用研究，建议降低该地办公室的使用。

开发商对上述问题作了多方面的反应。首先，他们的顾问准备了一份报告，显示出办公室和研究开发公司的交通和公共设施的要求十分相似。其次，他们表示所提的开发方案无法和闹市区的办公市场相抗衡，他们所持的证据如下：

- 对四个典型的郊区使用者作市场调查，以显示未来租用者的种类；
- 来自正在闹市区计划或兴建主要办公室塔楼的公司的信函显示，他们对提案所带来的竞争不表示关心；
- 贝尔维尤市闹市区协会的一封信，也显示出类似的结论；
- 科德韦尔（Cold well）银行和卡斯曼·维克菲尔德（Cushman Wakefield）经纪公司的信函，说明了闹市区和郊区市场的差别；
- 此外，尚有其他对此感兴趣的个人信函。

在区域划分问题方面，开发商自己所做的空地研究发现只有 417 英亩的空地区划为所提议的用途，剩下的区划为商业停车场之用，则不适合一般办公使用。

最值得三思的问题是，大部分土地应开发成研究和发展之用（例如实验室和轻型制造业），还是作为郊区办公室之用。一方面，地方规划者倾向于认为研究开发的使用更合乎社区的经济基础，另一方面，开发商相信，规划者高估了研发市场，而许多研发的开发实际上只以办公建筑的形式出现，例如研发公司的办公室。开发商能说服规划者各项使用中只有一些情形是合适的。

基于贝尔维尤市和比雷德蒙区划项目的困难，开发即草拟了一个新的统一区划项目，最初这一草拟本被视为次要的工作，然而事实上新的区划在预订日期一年之后才被采用。合并的工作在获得新区划项目后才能进行，于是整个开发进程往后拖延。

区域划分之所以如此费时，主要是因为规划委员会内部不和，而主要政府官员也有问题。要 14 位规划委员代表的两个传统上不和的委员会达成一致是十分困难的。此外，贝尔维尤市的规划人员自以为（确有一些权利）比雷德蒙市官员还熟知规划方面的事务。这一敌对倾向，带进政府官员的关系中，而政府官员的关系常受碍于经常改变的面孔。在重新区域划分的过程中，县政府更换了规划主任，而贝尔维尤市的规划主任有突发性心脏病。规划人员和开发商间的各次会议，似乎总有新人加入，在这种情况下，势难达到一个可以做出决定的相互理解的共同基础。开发商必须努力使开发过程凝聚在一起。

在实际开发迫近时，该地的规划因区划中地产划分为两个项目而更为复杂。一个以 0.40 占地率比率作研究和开发的用途，一个以 0.20 占地率地面和区域比率作办公室的用途，而二者各有不同的空地要求。虽然开发商抗议说这样会产生设计和规划办公室的严重问题，不过区域划分还是被采用了。稍后，开发商发起了一个费事的规划修订过程，来达到两个地区的密度过渡，修订在交通、下水道和视线侵犯的分析下得到了支持。

最后，经过三年的公众讨论和开发商的坚持之后，开发方案现已付诸实行。

本案例作者：
罗伯特·麦克唐纳是华盛顿州的贝尔维尤县的博特奇·麦克唐纳·富兰克房地产公司的合伙人。道格拉斯·波特是美国城市土地协会（ULI）的开发政策部的主任。

与邻里的交往之道：弗吉尼亚州阿灵顿的科洛尼尔村
DEALING WITH THE NEIGHBORHOOD: COLONIAL VILLAGE, ARLINGTON, VIRGINIA

科洛尼尔村（Colonial Village）是1977年10月摩比土地开发公司（Mobil Land Development Corporation）从原地主手中得到的一块56英亩的土地，后来开发成27栋建筑物，共有1095套公寓。该项目的所在地除了坡地徐缓、树荫颇多等吸引人的特色外，主要的特点是恰恰经过波特马河（Potomac River），距白宫、联邦三角地和华盛顿市区均只需十分钟的车程。该开发地点的一角连接着橘子线上的法庭广场地下铁车站，而橘子线又衔接华盛顿闹市区。一般情况下，科洛尼尔村负责为开发商和在业主选择营建地点。

新的业主开发科洛尼尔村时所遇到的最直接的问题是该村作为历史资产的潜在价值。自20世纪30年代开始，地方人士即视该村为传统建筑样式的典范，这种建筑样式令人想起威廉斯堡（Williamsburg）和其他在弗吉尼亚州的科洛尼尔城镇。（事实上，该村具有的历史价值，在于它是由联邦房屋管理局于20世纪30年代所批准的第一个花园复式公寓。由于该村是一个吸引人的、保存完好的低层公寓设计，地方居民视之为社区的标志性建筑。）县区划条例特别指定该村为一保留和再开发区，鼓励在未来规划中，对现行使用的保留和再开发做调和。

规划延缓

在摩比公司获得该项目且考虑作再开发之后，保留科洛尼尔村中等收入家庭的住房，即成为主要问题。依照那时阿灵顿县规划课长汤姆·派克（Tom Parkeer）的说法，"县府所关心的是房屋的保留，尤其是中等收入家庭。"此时，摩比开发公司在北弗吉尼亚州的雷斯顿（Reeston）新社区案之信誉，有助于减轻地方人民的猜疑。汤姆·派克回忆说，"摩比公司第一流开发组织的声誉和良好的记录，均是十分重要的，有助于建立公司的信用。"正如摩比公司东区总裁詹姆斯·塔德（James Todd）所说，"我们没有立即的计划……我们已做了投资，但在一段时间内不准备作开发……信任我们；我们是全心投入雷斯顿地区的工作的。"他所说的在最初是有效的，而开发商也要求延缓一年，在摩比公司准备作保留和再开发的计划时，仔细研究一下县有关历史性的标志性建筑法令的规定。

弗吉尼亚的阿灵顿县的科洛尼尔村：一个50年的地标

尽管摩比公司在雷斯顿地区有良好的记录，然而，由于开发商是一家大的国际石油公司的一部分（此即石油公司所认定的"横财利润"的时代），最终令承租者担心大规模的再开发将导致房屋的普遍回收。因此，承租者组织起来对该村作百分之百的保留，并避免作任何改变，以保有合理的租金。他们所采用的方法是认定该村为历史性的标志性建筑虽然这些建筑物尚未超过50年。现在的项目经理格列高利·弗里斯（Gregorg Friess）回忆说，"起初承租人比开发商更了解历史标志的意义。"新闻界支持承租人的看法，结果开发商提出的延缓的要求遭到拒绝。县政府决定依法律程序来标示该村为阿灵顿县历史区，县议会、承租人协会和数个民间组织均支持这一做法。

开发商开始说服所有的团体，该地在现行区域划分标示下的规划，比作为历史路标的情况，更能得到有效的保留。一方面，开发商指出，在历史地标的规划下，可有三种选择：(1) 保留复合式公寓，不作任何改变；(2) 寻求文物保护保留会同意其改动，当时的历史古迹保留会是由对土地使用和开发问题经验不多的外行人所组成的；(3) 则开发商希望这样做或是县政府拒绝此案的话废除提案。开发商认为地标的指示比较适合佛朗（Vernon）山或库斯提斯·李大厦（Custis-Lee Mansion）之类的建筑物，而比较不适合还有数百人居住的花园公寓住宅。开发商亦提出，这一标示会使开发方案更易受州法规而不是县法规的控制。

另一方面，在控制地点的情况下，保留和再开发所要求的过程，允许规划委员会和县董事会对最后的规划和开发品质加以控制，也允许除了保留外能作的选择性的再开发。县级程序称为"阶段性的开发地规划"，要求地点规划需经审核委员会、规划评议会和县董事会批准。由于科洛尼尔村是一个现行的开发，地点规划也决定了该地各个部分的使用。这一提议最后由规划评议会推荐给县董事会。派克回忆说，"阶段性开发地点的规划方式是十分重要的，因为这方法保障了县政府，也允许开发商在过程中保有充分的弹性。"

然而，县董事会各阶层对执行方式的决定权是平均分配的。开发商可通过和董事会的成员个别会谈来描述规划的情形，并在整个开发方案做成历史性区域时，建议提出诉讼的可能性。开发商因此能够改变整个地点历史性的地标标示。作为达成协议的交换，董事会允许开发商用一年时间作开发方案的规划，在此期间，不得做修建、再开发或拆建。开发商也接受了另外的三项要求：该年的房租增涨不超过 8%；再开发不会引起回收，开发商按正常的耗损得到再开发的单位；以及开发方案中的一半保持 5 年的租约状态。

规划的协商

上述合同给予开发商自 1978 年 12 月起一年的时间来进行开发规划。摩比开发公司准备了初期的研究和构想并定期和民间及公务官员所组成的特别委员会会谈，针对承租者要求的完整的保留作协商。由规划评议会任命给来自各民间团体委员会包括租者协会组成 12 人特别委员会。开发商协商小组是由两位摩比公司、弗吉尼亚房地产政府官员所组成的，其中一位是地方区域划分的代理人，一位是工程顾问。代理人对地方公共人物的熟识和工程师对县内类似开发方案的经验，均有助于摩比公司其他开发的协商。

开发商所采取的立场是，只要开发方案保持可行的情况，摩比公司就持合作的态度，以期达成协议。开发小组成员花了不少时间调查各委员的提议，以及其他开发商以为不可行而予以拒绝的提议。例如，租者协会建议一些使现存单位不受影响的开发方法。其中一个方法是交换土地：承租者协会要求县政府交易县政府拥有的土地，以期能作新的开发，作为村庄和住宅之用，以保留普通收入的住屋。虽然这一提议在经济上是不切合实际的，因为县政府不愿放弃占地权，使之成为普通收入家庭的地主。于是开发商评议和讨论开发提案，以缓和承租者的情绪。

租者协会也决定征求有孩子在弗朗西斯·斯科特（Francis Scott）主要小学就学的家长的支持。该小学和开发方案的办公室仅隔一条街，是全县最新最忙的学校。当一群学生及其家长在街上游行抗议此案有碍儿童安全时，他们所关心的问题引起董事会注意，因为大部分靠近科洛尼尔村的儿童，来自一个中上层收入的政治团体的邻区。经过一系列的会议之后，开发商同意将进入办公室的入口迁离学校，使大部分的办公开发集中在离学校办公最远的地点上，并同意在从高层的办公建筑到一、二层的住宅，提供一个视觉上的"衔接"。

此规划融合了新的建筑和改革方案

开发商在和特别委员会整个协调过程中，试着表现出弹性，创造力和必要的妥协。各方都知道开发过程的批准需要相当程度的协商。承租者协会的代表是最反对改变的，事实上委员会的市民代表觉得他们必须时常参与，以期能和承租者协会作若干妥协。然而，几乎所有的 32 个地区规划同意之上的附加条件，均是在特别委员会的讨论中衍生出来的，只有一些条件是后来由规划评议会和县董事会所增列的。

规划期进入第6个月时，开发商在和特别委员会会谈之后，即宣布了一项初步计划。该计划包括开发地下铁车站毗邻100万平方英尺的办公空地、兴建数个12层的住宅大楼和保存现有居住单位75%的外观。开发商也重申了之前所作的5年不回收土地的计划约定。

上述计划主要是依据地点、市场和建筑等状况所作的分析。这些状况显示出，除了办公室空地的例子外，拆除居住建筑来作新的开发，在此并不具任何经济意义。分析显示，地方性的办公室市场几乎是无可限量的。因此，计划中建议在地方街道系统能够支持的情况下，兴建最大数量的办公室空地。100万平方英尺被定为目标，因为此数目代表除严重拥挤的情形量的最大开发。此外，开发商发现必须提出房价和房租的范围，以符合市场环境和社区目标。保留3/4住宅单元的外观，对开发商和社区均有利，因为这些住宅单元可作为市区公寓进行销售。最后，不回收房屋的承诺恐怕不易达成，分析发现，租住者每年更换的比率为15%～20%，所以有计划的市区公寓的转化计划，将不需要清理租住者。

上述的初步计划主要是用来迎合县董事会能够赞成开发和租者的态度。现在的董事会民主党是2/3的大多数，比较倾向于保留普通收入者的住房。然而11月的选举——在规划评议会审核计划之后，而在董事会审核计划之前，可能大多数选票将转换给共和党，因而会比较重视商业的开发。因此，该计划预估可满足这两项目标。此外，这项计划符合县的长远目标，以鼓励转接车站附近作更高密度的混用开发。在7月，当初步计划公布时，承租者协会还拒绝妥协，然而大众的反应却十分的肯定。

最后的计划

开发商决定提早到9月，即选举之前，提交开发方案的计划。最后的计划是由初步计划经大幅修改而来的。最后的计划要求：
- 销售75个住宅单元给租房管理合作社的租房者。
- 销售75个住宅单元给阿灵顿住宅公司，以获得较低价位的出租房屋。
- 100个额外的住宅单元以最少的装潢翻新计划，再予以标价使得租者有能力购买（此项计划后来取消了，改为采取前两项价格的让步。）
- 一项685个住宅单元的最大的复建项目，为各种不同收入阶层提供一定范围的住宅单元。
- 应允585个住宅单元作为期5年的租约,不赶走现有的租房者。
- 开发一个一百万平方英尺的办公空间。
- 开发邻近500到600个住宅单元。
- 支付一半的通往地下铁车站的地下人行道的成本。
- "除去"所有现存街道上的停车位(若那时仍保留乡道外的停车法规,则此案在经济上是不可行的,然租房者却支持这一建议,以保留空地。)

摩比开发公司原来的100平方英尺的办公室用地的提案最后减少了25%

开发商继续和特别委员会、县董事会的个别成员和租房者协会进行每周的会谈。租房者仍试图使该村成为阿灵顿县历史性的地标,成为弗吉尼亚州和联邦的地标。然而当为期两天的最后听证会在1979年12月12日上午2点结束时,董事会作了三点修改便批准了开发商的计划。这三点修改包括:办公室空间减少为76万平方英尺、地下通道费用完全由开发商负责以及开发必须保证留下100个住宅单元,作为期15年的出租。所有这些条款均在地区规划合同中加以定义,该合同包括总计25条的地区规划条件。

后 记

在1980年12月,科洛尼尔村被列入"全国历史性地方的名单"

中，到 1984 年初，开发商完成了以下目标：
- 在 681 个预订作为大厦公寓的住宅单元中，有 120 个已出售，83 个有人居住。
- 对住宅团体的两次销售——75 户给阿灵顿住宅公司，74 户给租者协会——已于 1982 年停止。

  这两大部分销售共得到 400 万美元。
- 114 个单元的长期出租，决定延长到 1994 年。
- 拆除 128 个单元作为办公室用地。
- 原来的 1100 个住宅单位中有 690 个已经（并仍在）出租。
- 在外围的住宅已出售给一开发商，区划为 140 个住宅单元。
- 办公用地已区划为 76 万平方英尺，包括 1285 个地下停车位和三栋 12 层楼的建筑。第一栋建筑已设计完成，而出租计划也在积极进行中。
- 此开发方案正在产生利润，且现金的流动和原本的经济模式相一致。

涉及开发过程的开发商和公共官员作为科洛尼尔村的代表相信，此次的开发过程十分有价值，其结果也是值得的，符合公私双方在该地的目标。当被问及科洛尼尔村的经验是否提供了该县其他的开发方案的协商模式时，派克答道，"科洛尼尔村的开发过程提供了许多可作为未来应用的教训。"

本案例作者：

詹姆士·塔德是弗吉尼亚州费尔法克斯县的 Hazel/Peterson 公司的总裁，也是位于弗吉尼亚州雷斯顿县摩比土地开发公司东区的总裁。里高利·弗里斯是在弗吉尼亚州阿灵顿的科洛尼尔村公司的执行副理总裁兼总经理。道格拉斯·波特是美国城市土地协会（ULI）开发政策部的主任。本文首次刊载在《城市土地》上。

开发协议：加利福尼亚州圣莫尼卡的科罗拉多广场
DEVELOPMENT AGREEMENTS: COLORADO PLACE, SANTA MONICA, CALIFORNIA

贝克特集团（Becket Group）是一个有50年悠久历史的著名的加州公司，专门从事建筑和工程以及房地产的开发。该公司聚集了在加利福尼亚州圣莫尼卡（Santa Monica）的15英亩的地产，决定兴建一个新的总部。显然该总部不需要15英亩的土地，于是该公司决定兴建一个一流的、混合使用的开发项目，包括自有的办公室——科罗拉多广场。此项雄心勃勃的开发方案，最后将包括大约120万平方英尺的可用空地，加上60万平方英尺的停车场。可用空地将包括80万平方英尺的办公室空地、一个四百个房间的旅馆，大约六万平方英尺的食品、饮料和餐厅经营，以及一个4500平方英尺的健康俱乐部。有一个可用于公共节日的中央广场设计，有3500个地下停车位。这一重大的多功能项目是贝克特公司多年来在都市设计经验和兴趣上的一个颠峰，分为两个阶段来开发，第一阶段包括50万平方英尺的办公室空地，公司总部和40万平方英尺的食品、饮料和零售空地。

贝克特公司完全依照现行规划和圣莫尼卡的总体规划来规划科罗多广场项目。该公司花了一年半的时间和市府官员讨论，在规划和设计过程中，即进行吸收资金，有85%的办公室空地签了租约。该公司得到了第一期的建筑许可，允许进行挖掘、修建墙脚和地基。

施工从1981年4月1日开始，而4月22日新选出的市议会首次会议出台了一条中止一切建设的法规。贝克特公司发现在加州法律下"既定的权益"并未保障该公司完成边角以外的开发，而边角的许可证是于4月22日之前就已经发布了。

在颁布中止建设令之后，市政府对免受中止的要求采取申请步骤，这一免除是依据加州的既定权利法和市政府所形容的"艰难情形"，由市议会所作的主观决定。市议会同意，只要有足够的价值，即不管中止建设令如何规定，仍允许该工程继续进行。贝克特公司迅速申请免除中止建设，因其受到借款者和签约者的重大压力，要解决建设中断所出现的种种困难。因为科罗拉多广场是该市提过的或正在进行的开发项目中最大的，因此，引起了广泛的关注。

最后，市政府拒绝贝克特公司的免除中止建设的申请，该公司因此陷入了困境，不能屡行数百万美元的合约。开发商深恐失去了在利率渐增时期有利的借款合约，在财务上备受威胁。贝克特先生和顾问人员商讨过后，建议市政府解决此中心开发，建立一个依据加州法而订的开发协议。后来，贝克特先生即集中心力协商最有可能的处理方法，以期开发有所进展。

当然，由于贝克特公司承受了巨大的经济压力，其协商立场极为不利。市政府自知处于上风，但也认识到此项重大开发项目所带来实质的就业、地产税、使用者收费和在有几分荒凉的市区的再开发的有利收益。市政府要求的两个特别目标，包括在任何约定中对中低收入住户的承诺，和将开发项目的规模尽可能缩小，来对开发项目周围公寓住区的大众舆论作出答复。

开发商和市政府终于达成了一项开发协议，规定了实际地产是90万平方英尺的水平场地上的"可用的空间"，即在街道平面上的广场，这意味着所有停车场均在水平面之下。因此产生了大约120万平方英尺的总建筑地区。

第一阶段限制包括一项45英尺的高度限制。在现行区域划分之下，第二阶段办公建筑的高度限制为65英尺，旅馆的高度限制为95英尺，二者均高于现行区域划分的允许值。协议中要求开发商向市政府作其他重大的让步，虽然这些让步的经济效果，因市政府本身所作的让步而有所减轻。

协商过程和考虑要点

对贝克特公司而言，开发协议中最重要的部分是其对开发方案进行的影响。协议要求如下：

- 公司必须兴建和经营100个经济适用的、该地之外的住宅单元，其中50个单元在第一阶段完成的36个月内兴工，50个单元在第二阶段完成的36个月内兴工。
- 公司必须兴建一个3.5英亩的供大众一天24小时使用的公园，包括被动和主动的娱乐设施，作为第二阶段较高建筑限制的交易。
- 兴建一个2000平方英尺的托幼中心，必须提供户外游戏区，外加5000美元设备费用，设施则以一年一元租给使用者。
- 公司必须发展一套交通和减轻辐射效应的政策，并将此政策推广给租房者。此项政策包括弹性时间、乘车、汽车轮载、自行车停放以及和大众交通当局共事等。

- 协议中有一条节约能源的款项，要求公司遵守加利福尼亚州第二十四条的能源规定，并要求家庭使用太阳能热水系统、太阳灰玻璃、窗户使用遮阳板（意味着建筑西南面的窗户线向后做梯形退让）、建筑物的一些部分作可移动的窗户（此不具能源节约之意义），以及一个能源经营系统（此可能已具备）。空气调节机上装有省电之圈环和高效能之光线固定器和调光器。

- 积极行动和工作训练必须和适当的邻居组织共同来进行。开发商必须设计并提倡租房者的工作训练计划，以符合邻区需要。

- 加州和联邦法要求设立方便残障租房者使用的设施。

- 原先计划需要兴建一个旅馆，然市政府官员认为该地并不适合；另一方面，贝克特公司强调旅馆对该市的利益，包括临时床位的直接税收和工作训练的机会。于是，市政府改变了方针，要求旅馆必须至少有250个房间。公司指出旅馆的资金不易获得，因此，在市政府下一次草拟开发协议时，宣称若旅馆资金不足，公司应给市政府六个月的时间来安排资金。

- 征收一项"艺术和社会服务"费，约是土地和开发成本的1.5%，20年内偿还，可以全部由公用空地的经营成本来抵销。

- 征收日常服务协议费和日常服务费，诸如街道拓宽和交通标志灯改进，这是典型的公共公务协议。

对贝克特公司而言，开发协议的好处在于有一个固定的约定，适用于整个开发方案过程。至于事先规定公司应作的特别改善和最大的成本效益，则有助于确切获取资金，并能在即使地方行政局不稳定的情况下，也能如期完成开发项目。

执行的困难

贝克特公司在开发协议被采用之后，即接着完成第一期工程，并开始计划第二期。在执行协议时，有不少时候协议规定得不够详细，导致反复协商和修正。因为市议会要征求公众的意见，每次对协议作修正时都有引起了新的政治问题的可能。第二期的资金是最重大的问题之一。在仓促中欲达成协议，开发商对开发项目的主要出资人的需求没能引起足够的重视。虽然这些条件在任何协商中均不易预测，更何况是在承受压力的情形下，但开发商应将开发方案的出资人对未决协议的赞同，列入优先考虑的范围。像科罗拉多广场这样的长期性的开发项目，在下一期资金未有着落时，是很难实现的。然而，开发商在那种情况下，至少要试图获得目前出资人的同意，以作为以后可依循的先例。

本案例作者：
大卫·欧马里为前贝克特集团总裁，现任职于加利福尼亚州的马令那·德·雷的蒙尔·休斯开发公司。里查德·戴维斯是位于洛杉矶的梅摩·雅各布·比耳诺和泽西公司的合伙人。

在逆境中规划：内华达州的哥伦布鲁克
PLANNING IN ADVERSITY: GLENBROOK, NEVADA

内华达州的哥伦布鲁克（Glenbrook）是位于塔霍湖东岸大约700英亩的第一和第二个居所社区。塔霍湖分跨加州和内华达州边界，在海拔超过6000英尺的谢拉（Sierra）内华达山区，是一个超过200平方英里的大湖，湖水很深，清澈见底。

20年来塔霍湖一直是环境问题争议的焦点，主要的环境问题是废物处理和水污染所带来的破坏。因为湖泊本身的面积比排水盆地大，大部分注入湖内的水直接以雨水冲刷或融雪的方式流到湖里。虽然塔霍湖被认为是位于一个单独的山区生态系统，在政治上却被加利福尼亚州和内华达州的交界所划分，再进一步细分为五个地方管辖区。过去8年来，加利福尼亚州和内华达州一直为任何想像得到的问题而争议不休，包括他们共有边界所在地。

塔霍盆地复杂的管辖状况，引起了同样复杂且多变的管理情形。管理规则常随时间和地点而不同。如果哥伦布鲁克是位于加利福尼亚州而不是在内华达州，或是开发始于1981年而不是1977年，则项目就永远不会成立。

现在盆地的限制已太过严格而不再适用。将不再会有另一个哥伦布鲁克或塔霍湖的分水岭范围内的细分了。没有新的项目接受审核。所余留的主要争议焦点是在单体住宅土地上兴建个人住家，而大部分单体住户土地的所有人目前甚至禁止建设许可的申请。

在这样的环境下，规则的影响力不容易以每栋房屋的开发成本来估计。在某种程度上，管理情形使得得到开发同意的开发商因周期性过度兴建和市场不景气仍束手无策。相反，开发进程的受阻会让人以为工程只要获得批准就能成功，从而导致漫不经心的开发，历史证明了在塔霍湖的开发项目上，不仅要获得同意，还需要对开发作审慎的考虑、准确的计时，以及有技巧地安排市场，才能成功。

塔霍湖秀丽的自然环境带来的却是复杂的开发管理问题

开发方案的早期历史

哥伦布鲁克是一个自然景色美丽的地方，有着西部雄伟的历史沉淀。在1800年代是全美最大的磨坊城镇之一。大约在20世纪初，哥伦布鲁克由一个木材城镇转变成一个家庭游览胜地，吸引了来自美国各地的人们。该镇保留有许多早年的建筑，并且经重新整顿，形成了颇具田园风光的别墅与草地，恰与塔霍湖其他游览区形成对比。接下来的50年，该镇大约有50块地销售作为居住用地，剩余土地由哥伦布鲁克房地产公司所获得。1973年开发商签了一项2年的约定之后，即着手进行规划。

哥伦布鲁克房地产公司在土地协商之初就确认了几个方面的问题。1973年，塔霍地区规划局（由加利福尼亚州和内华达州合组，由联邦政府所同意）才成立2年之久。在前一年内，该局采用了一个一般性的规划，将大部分的哥伦布鲁克土地安置在保留的预留区，等待业主提出一项主要的计划提案。那时，主要计划过程代表的是未标识的水域。塔霍地区规划局的土地使用条例，严格限制对不同土地团体作专断的涵盖，而在哥伦布鲁克地区恰恰有一些具有囤积土地能力的重要人士。此外，在开发商获得之前由布里斯（Bliss）宗族销售作为居住的土地，大部分由一群富有且擅于言词的人士所拥有，这些人对哥伦布鲁克有着深厚的感情，对哥镇的未来有明确的看法。

那时，昂贵的、大规模的娱乐开发方案正面临经济气候不景气的困境，这一特别的开发方案，对哥伦布鲁克房地产公司的内部财力是一大负担。

哥伦布鲁克房地产公司在记取这些因素之后，开始进行申报过程，在获取土地之前试图消除未来的疑虑。该公司提出一项主要计划，该项主要计划将特区开发、密度和单位种类，委托给塔霍地区规划局和地方上的地产所有人来决定。各方均赞成保留现存的历史性建筑的协议。开发商要求当地的地产所有人成立一个委员会来进行规划过程的工作。地产所有人担心哥伦布鲁克公司的土地可能会出售作为公共公园之用，然而这一担心却有利于他们的合作。在规划期间，哥伦布鲁克房地产公司也不辞辛劳地找寻资金合伙人，以便在获得开发同意时进行签约。

虽然开发商努力按上述策略开展工作，但他们离成功还很远。规划局在批准主要计划和密度之后，并不觉得有任何义务来履行所批准的条款。承认主要计划和密度的业主委员会，成了地方上反对的焦点，他们最后提起上诉，反对开发商陆续向塔霍地区规划局的申请。此外，哥伦布鲁克房地产公司为期三年的寻找资金合伙人的过程亦告失败。尽管如此，开发方案最后仍获得批准，今天看来可谓是市场和财务上的重大成功。

规章的概要

塔霍湖在内华达州边界的批准过程，自1973年以来没有重大改变。哥伦布鲁克开发方案的批准步骤如下：

- 哥伦布鲁克社区的主要规划，要求对道格拉斯县作重新规划，并由塔霍地区规划局选定新的土地使用分类（由一项一般规划修正而来的）。此项主要规划的开发，要求广泛分析哥伦布鲁克房地产的外观、社区服务和已建立的审美目标。开发商重新规划要求的批准，需要在县内作两次听证会，一次在塔霍区规划局作正式的听证会，而在形成法律之前，须有两次附带的条例朗读。
- 社区主要规划一经批准，应在期限内缴交试验性地图和环境文件。这些地图先在县听证会上获得同意，然后再作另一次地区机关听证会。在各次申请细分审查时，应缴一份完整的环境影响报告。必须认识到，当主要规划获得同意时，详规均是依照主要规划来决定的。
- 塔霍湖高水位线之下所作的改进工程，包括标注水位线、浮标和游泳滩保护设施，需要陆军工程兵团和内华达州土地部的同意。其他许可单位包括内华达公路局、水资源部和消费者健康保护服务处等。

工程的新规划

开发商进行了一项完整的土质分析,以决定可容纳不渗透泥土表面的涵盖量。若除去1%的表层覆盖土,将大幅减少可以开发的土量。这些受限地区主要是坡度为15%的林地或平坦的、易受洪水影响的土地。除了建造住宅的限制外,这些地区实际上也不能有斜坡或其他妨害行为。土壤分析打消了扩大现有的九个洞的高尔夫球场的想法,而此想法是初期所订的目标之一。

现有地产区划允许兴建1200个单元,且在村舍田野地区作集中的、旅馆式的开发。开发商预计在完工时至少要有450户住宅才符合经济利益。哥伦布鲁克房地产公司在记取前述目标和规则限制后,发展出一套远期规划,提供广泛的住宅单元种类,包括紧邻历史性建筑的小的、出租的小屋、公寓大厦套房、不小于5%斜坡地区的多户聚集式住宅和坡度为5%~15%沿着草地的森林边界的单户独栋住宅。社区焦点集中在村舍田野地区,包括有九百英尺的湖畔、毗接历史性的哥伦布鲁克旅馆。村舍田野被标示为社区的"城镇中心",计划建设135个住宅单元。

自1975年起,开发商即寻求使政府批准哥伦布鲁克规划的修编方案。该规划获得全县热烈的反应,因为该规划胜过以前呈交给道格拉斯县的任何规划。哥伦布鲁克公司也得到塔霍规划局的热烈反应。该项总体规划的修编以原来的票数获得一致的通过。

在审批过程中,开发商同时进行地产协商,此项协商比较困难。然而,开发商当初在审批过程中所运用的控制权力,有助于和土地销售者所作的约定达成一致。最后,主要规划在1976年审批通过。

地图的批准

在1976年9月,哥伦布鲁克房地产公司获得47英亩在哥伦布鲁克的土地,并准备一幅试验性的地图,作为兴建44个住宅单元的用地。在审批顺利通过后,1977年夏天即开始动工,连续的销售价格均比原来预测的高出许多。

该开发方案虽然是第一期,开发商却积极进行第二期的最后设计,第二期包括了哥伦布鲁克社区的重点村舍区。开发商相信村舍区关乎整个开发的成败。在公司开始绘制详细地图时,却传来地产所有人委员会欲作改变的消息。开发商取消原来的135个大厦公寓和都市住宅,而被迫考虑开发单户独栋住宅,且大幅降低密度。当哥伦布鲁克房地产公司更深入分析村舍区时,发现土地潜力比原来预期的更大,于是建地的英亩数由15减少为12。另外还有一个忧虑,即原规划中的12个单元的建筑,和哥伦布鲁克的历史性旅馆在规模上不成比例。

由于1978年所预期的是强力销售市场,因此,在密度上有明显的下降空间。最后,在村舍区所完成的设计,是68个都市住宅和单户独栋住宅。根据这些大幅降低的密度,开发商准备了一张试验性的地图和环境文件给县政府和塔霍区规划局。尽管地产所有人委员会表示反对,第二期哥伦布鲁克开发方案仍获得批准了。

在1978年春天,开发商开始第二期开发。主要的道路和公共设施需要不少资金和早期的市场规划。开发商进行土地销售的计划,并顺利进行兴建和市场规划。

可是,正当哥伦布鲁克房地产公司对其成功感到满意时,环保局、加州水质管制会和自然资源保卫会控告供给哥伦布鲁克的排水沟的区域,控告中指称工厂容量过大。原告寻求一项制止令,以免再发布建设许可,并禁止已发给建设许可的排水沟作连接。该区选择和环保局进行协商,环保局威胁不准在哥伦布鲁克的所有排水沟作连接。最后,哥伦布鲁克房地产公司成功地说服该区,来抵抗暂时的制止令,于是该区终于在法庭上获胜诉。然而,这一过程使开发商花费不少钱并失去许多可能的销售机会。

塔霍湖哥伦布鲁克的房屋买主要多付管理拖延和减少密度的成本

在 1979 年，开发商开始寻求哥伦布鲁克最后一期的规划审批。最后一期包括北克伍兹和中国花园（China Gardens）二区。原来的规划修正案预期有 185 个多户聚集式住宅和 40 个单户独栋住宅。在规划准备之初，哥伦布鲁克现有地产所有人正在上诉，反对在未满英亩的土地上开发居住单元（地产所有人赞成原来的规划密度，但由于哥伦布鲁克有一半已作住宅使用，公众获取的威胁现已减少，这一威胁的减少，大幅度改变了现有地产所有人对开发规划的看法）。

哥伦布鲁克房地产公司在塔霍区规划局争论之前，即先试图和地产所有人解决不同的看法。开发商列举了许多理由来除去聚集式的住宅，主要的理由是允许有更大的灵活性。然而，该公司拒绝接受标准的单英亩的土地，而比较喜欢预先设计的村舍住宅和单户混合的土地。一连串呈交给地方委员会的计划引来了更低的开发密度。最后达成的协议是提供 34 个村舍住宅和 43 个较大的单户用地。开发商依据此项协议，准备了一份试验性的地图和环境影响报告，交给县政府。县政府轻易同意了地图，可是塔霍规划局比较刁难。在塔霍规划局的会议上，地方业主协会的其他成员，联合反对和委员会的成员所达成的协议。在听证会期间，哥伦布鲁克公司协商将开发密度由中国花园转移到北克伍兹，以减少毗邻反对住家的房屋数量。最后的房屋数量仍不变，只是稍作了重新分配。开发商在此张试验性地图批准后，计算一下总共有 225 个住户，正好是在总计划修正过程中的 50%。

1980 年 6 月，开发商对哥伦布鲁克的最后一期开发方案获得批准。绘制最后地图，并开始兴建道路和公共设施。三个月后，内华达州的州长召集了一项内华达立法的特别会议，同意塔霍区规划局修订的合约，该合约对一切公寓房子、赌场扩建和盆地周围的其他主要开发项目，下了中止开发的命令。加州也采用了修订的合约，联邦政府也认可此修订的合约。

塔霍湖对开发同意过程在规划和设计上的规定甚严，且提高了开发方案的成本。开发商因严守土地涵盖量的规定，而不考虑减轻建造技术，因此就无法使用十分可建造的斜坡林地，必须将大部分的开发限制于平地上。保护土地承载力的目标虽好，在实际上却对开发不利。土地涵盖的限制鼓励业主将房屋定位在道路附近，以减少和行车道相连的土地涵盖范围。

河流环境区域的保留地也是一项重要的环境目标。但是此项环境保留在严格执行之下，使得好的规划更加困难。河流环境区的出现使得哥伦布鲁克房地产公司无法建造一条环绕乡间（Cottage Field）的道路。至于通往高尔夫球场的交通和目前越过乡间的施工交通，不仅令人困扰，且有安全的顾虑，但若能允许其他道路经过该区域，应可以避免。

开发项目批准与否，可能是管理问题中最令开发商耗费成本的一环。塔霍区规划局具有拒绝争议性的开发方案的历史，不管规划是否符合规定。开发审批的犹豫未决使那些有组织的反对者有机可乘。在哥伦布鲁克的例子中，反对者使得开发密度降低，而密度降低影响了开发不同种类的房屋，并取消了原来提议的零售使用开发。哥伦布鲁克房屋价格比原订的要高出许多，且没有小的、便宜的多户的单元住宅。接下来的开发阶段对低密度开发要求的压力渐增，导致愈来愈贵的住宅单元和愈来愈小的市场。由于邻区的压力和开发商不愿面对塔霍区规划局的重大考验，最后形成了较少变化且较少人数的社区，而个人有更多的空间和休闲场地。

详细规划批准后能否完成，详细规划完成后能否获得地下水沟的建筑许可证，均是开发商必须面对的疑虑。哥伦布鲁克公司只见基地而未见房子，施工是为了要保有许可证。房屋完工遥遥无期，减少了吸收率，增加了成本。在需要之前购买许可证亦是昂贵的。建筑和排水沟的许可迟迟下不来，反会加快了其他不必要的地方和施工速度，驱赶走感兴趣的买主，且可能导致仓促的设计和滥造的房子。

结　论

为了和严格的开发规则抗争，开发商必须正确研究分析管理者的目标。如果强制执行规则的人目的是要改进规划的品质、保护敏感的环境或提供多种房屋品质时，那么开发方案的分析并不难做。可是，如果管理者的最终目标是开发控制，则欲做正确开发的可行性研究就不太可能。许多活动者一直要等待开发完全中止才肯罢休。开发控制会破坏正常的市场机能，使得开发方案的可行性更难辨认。往往管理者要用迂回婉转的方式，才能促使开发商遵守不具多大意义的开发规则。

本案例作者：

隆纳德·那哈斯为前哥伦布鲁克房地产公司总裁和哥伦布鲁克开发方案经理，现为位于加利福尼亚州卡斯特洛山谷那哈斯公司的副总裁。本文选自《开发同意过程》的一部分，该书由富兰克·史尼德曼所编，由美国城市土地协会（ULI）于1983年出版。

重新划分班巴克房地产：科罗拉多州的丹佛市
REZONING THE BANSBACH PROPERTY: DENVER, COLORADO

在丹佛工业中心 20 年的历史里，没有土地是像班斯巴克房地产那样密集规划的，并包括公众参与的内容。班斯巴克位于丹佛工业中心的活动中心（该名称由丹佛区域政府议会所订）的西北角，由 165 英亩土地形成，区域划分为低密度住宅（大约每英亩六单位），区划前作农业用地。丹佛工业中心虽然是低密度的豪华住宅开发地点，却有着弹性的增成，可使土地的价值增加到适合更密集的商业、办公室和住宅的开发的状态。拥有该土地的班家，为求更密集的开发，和在芝加哥市的都市投资开发公司以及在丹佛市的米勒·戴维斯（Miller Davis）公司，联合规划开发该块土地。

开发密度的原始构想，集中在主要地点上的 1100 平方英尺的建筑空地上。该地点位于 25 号州际公路和 225 号州际公路交会点以西；南端毗邻州道路贝尔维尤（Belleview）路和通往丹佛市工业中心的主要入口。丹佛市工业中心大部分在 25 号州际公路东边。越过贝尔维尤路往南走即是格林伍德村（Greenwood Village）和格林伍德广场商业公园。班斯巴克位于密集开发且沿着有著名的开发方案，像在丹佛市工业中心的康科迪亚（Concordia）、格林伍德广场、因弗内斯（Inverness）、阿拉珀霍（Arapahoe）县机场商业公园区和默里迪恩（Meridian）等的州际公路 25 号的东南丹佛走廊，办公室和商业区的预期开发，显示出一亿平方英尺的办公和商业空地将在未来几十年内得到开发。

班斯巴克坐落于丹佛市内，而该地点向西的土地则在樱桃山村范围内。樱桃山是一个低密度的豪华住宅区，除了一块作为未来旅馆的土地外，不准作多户区划或商业开发。班斯巴克地点北边和西边的土地位于丹佛市内，大部分已完成开发，作住宅和商业混合使用。

开发初期主要目标是依照丹佛市条例来规划一块整体区域内的地产。该区称为 B-8 地块（地板/区域比为 4:1），允许作密集开发和混合使用。设立为期三个月的时间表，准备必要的文件和成立一个由 HOH 联合公司所领导的顾问小组，包括规划者、建筑师、工程师和环境科学专家。开发所必须上交的文件包括一项市场计划、一项工程可行性研究、一项财务影响研究和建筑原型。因此，规划阶段有50多位专业顾问参与。

上述时间表只允许有限的时间和邻里团体交流，不过，这一问题并不重要，因为早期的研究发现并无人反对。后来举行了几次信息性的会议。而主要计划和重新区划的申请则交给规划委员会作最后的审批。

当邻里团体开始发现开发的规模时，他们立即组织反对，并采取适当的策略，最后导致市议会拒绝重新区划。拒绝的主因是开发方案未能顾及规划和交通对四周邻里的影响，以及规划审批通过后没有任何地方政府或邻里来控制开发。

在开发方案遭到否绝后，所有者决定让事情平息几个月，然后再努力使业主或其他有兴趣的组织，在规划过程开始就参与到项目中来。当项目在几个月后重新开始时，所有人订出了一个更富弹性的时间表。为了对规划作全面性的协调，在其职员中增加一位建筑师，这位建筑师对公共参与规划和设计问题的经验相当丰富。所有者重新召集顾问小组，虽然仅剩核心小组，包括一位规划者、一位工程师和一位城市设计师。

所有人和顾问在谨慎从事下，开始建立实际的目标。换言之，在考虑到邻居关心的交通和道路形态、以及市场和地点的经济可行性等实际情况下，用作开发的合理面积数应为多少；对交通形态和可能的公共改善作了广泛的调查后，所有人发现对该地最实际的开发，是一个用地为600～700万平方英尺的开发方案，而不是之前所预计的1100万平方英尺。

规划者认识到上述情形后，开始接触八个来自周边地区的相关的邻近团体。这八个邻近团体均在丹佛市政府注册过。规划过程也允许邻近市政府参与；可是，市政府的目标和邻近团体所关心的问题不同，因此，市政府部分另作处理。

大众参与的方法是邀请八个业主团体，各派二位代表参加开发方案的民间咨询委员会。该委员会和开发团体成员举行一定次数的会议。此外，来自委员会的三人要每周和开发商及顾问小组会谈，讨论每天的开发进度。开发团体成员亦必须将其进度和计划报告给业主协会。

规划者和上述团体共事的方法，是要求团体成员具有相当程度的开发知识和管理开发所用的地方法律。这些团体在接受一定的教育之后，即参与创造开发概念和一套适当的开发控制办法，以增加市民的信心，减少疑虑,并使开发方案顺利进行直到完工。

除了上述教育层面外,顾问和开发商作为期一周的实地采访,以观察多伦多、华盛顿特区和巴尔的摩等都市的现行混合开发,并和这些都市的开发商会谈,以了解开发方案是如何兴建和分期的,以及如何和大众沟通。他们特别注意到高密度的开发地点和低密度住宅邻里的关系,开发方案、大众运输和高速公路的关系,以及所运用的开发控制方式。他们搜集了一套广泛的幻灯片、参观报告和笔记,准备提交业主委员会审阅。

业主最关心的事之一是现行区域划分法对开发数量的控制十分有限,大部分的业主代表相信计划单元整体开发区将提供最佳的控制方式。然而,开发商期盼的是一个长期的（15~20年）开发时间表,因此无法满足丹佛市有计划的单元开发和邻里的种种要求。计划单元整体开发的重新区划申请中有许多项目,要等到开发真正进行时才能确定。因此,开发商举行了多次会议,来讨论对传统区域和计划单元整体开发的正反方的看法。在每周会议中,顾问和开发商准备作控制类别和范围的报告。现行区划条例下的控制,包括地面和区域比率限制、建筑高度、梯形后退、用途和平面大小的限制。开发商提供草图、幻灯片和使用控制等有关资料。

市政代理人和开发商建议可以在已有的构架下修改现行的条例,但不可增列新的控制。例如,不能作景观计划要求,因为标准区不作此要求。因此,开发商和业主在协商过程中,估计如何将会减少现存法规的限制或取消法规作为控制开发提案来满足业主的手段。

例如,虽然现行条例不对超过大平面角度限度作高度的控制,开发商同意一项高度限制。后退梯形距主干道由30英尺改为50英尺。两个例子均对开发作了比现行条例所要求更大的限制。此外,对某些开发使用的充权者,譬如成人书店,则限制只能做高品质使用。

此外,开发商愿意建立一套契约、法则和限制,以建立一个委员会来审查开发地点内的建筑设计。该委员会可以包括业主协会的成员。

在开发提案讨论进行时,顾问制作了一个50平方英尺的场地模型,并有代表性的建筑模型。此一模型使邻里团体和顾问小组,能对建筑物的高度、大小、通道、交通系统和停车位置等影响,作立体的评估。该模型允许规划者在模拟眼睛的帮助下,拍摄许多的幻灯片,以说明完工后的开发情形。

业主团体随即感觉到开发过程符合他们的要求,于是无法对规划结果加以合理拒绝。虽然该区许多居民依然相信,没有开发是最好的开发,而稍具知识的邻区成员则认为开发势在必行。此外,业主团体知道只要他们坚持和开发商作沟通,市议会通常会支持业主的,然而,如果废止契约,市议会则比较倾向于赞成开发商的申请。很显然,业主和开发商均欢迎居民参与规划,以满足各方的要求。业主团体领导人采取的态度是,与其避免开发,面对另一位业主和未来的变数,还不如和他们达成共同合作的协议。开发地点的新主人可能不愿意让业主团体介入太深,然而政府的态度可能会使其改变。

开发商在开发开始后,就会发现业主主要关心的问题,是现在邻区内的生活品质。而次要的问题是居民希望开发能比其他传统式的办公建筑有特色。

例如,居民希望能有一个购物和社交的地方,以代替地区性的购物中心。他们想在晚饭后"做些事",譬如逛街(只看不买),这样会使该区成为行人导向,且 24 小时内均有有人的地方。他们希望一项包括高、中收入家庭的开发项目,这些家庭可以在同一开发项目中工作、生活、购物和社交。该方案是家庭导向的,有社区活动如娱乐设施、图书馆和在中心地区的游泳池。

在开发方案和邻居沟通期间,丹佛地区的经济呈现衰竭,于是引起了规划过程延续问题。居民要开发商促进开发,并继续沟通。居民担心经济衰竭会使规划中止,而他们投入开发的许多时间和心力终将白费。规划若延缓或中止,会使反对开发商获得好处。(在整个邻区讨论过程中,反对者表示要迫使重新区划同意付诸投票,要将开发施工延长到 18 个月,或最后不能作重新规划。)开发商在经过考虑之后,同意继续开发,只是放慢了开发的脚步。

此外,接下来的几个月中,开发商也尽心竭力和过去数个月来参与工作的各方人士作开诚布公的沟通。

由于这些协商的结果,顾问向开发商建议采取新的区域划分法。简言之,区域划分的概念决定了办公室、零售和居住使用的塔霍最小的地板空间,分别位于开发地点的四个部分。此方法允许开发商对市场波动进行调整,使业主团体得到他们所追求的开发控制。在提供业主新的开发方法,并经过几次会议和方法试验后,各方均对此方法表示赞同,市议会也予以批准。结果在14个月内完成了重新区划，各方均深表满意。

本案例作者：
布拉德里·尼尔森是内华达州亨德森县的美国内华达公司之副总裁。道格拉斯·波特是美国城市土地协会（ULI）开发政策部的主任。

历史古迹获批准开发的过程：华盛顿特区的迪蒙尼特案例
THE HISTORIC APPROVAL PROCESS: THE CASE OF THE DEMONET, WASHINGTON, D.C.

迪蒙尼特（Demenet）的新旧建筑位于华盛顿特区闹市区康涅狄格大道上，现在向世人开放。该开发方案由韦金（Viking）房地产公司所开发，是一个结合历史古迹保留和新的商业办公建筑开发的成功案例。根据华盛顿特区严格的历史古迹保留法和复杂的批准和许可过程，该方案显然是比较容易获得批准的，因为在该特区内很少有涉及历史古迹保留和新开发的案例能够如此顺利过关的。该方案能为开发商和建筑师提供一些参考的原则，特别是必须从地方负责历史古迹保存的机关获得正式开发审批的开发商和建筑师。

迪蒙尼特方案包括一栋新的96199平方英尺的12层商业办公楼，和一栋市政府指定为历史性地标建筑，以前是迪蒙尼特所在地的四层精致维多利亚式的城市住宅（Townhouse）。在指定为兴建历史地标的说明书中，国家首都地标联合委员会称赞这栋建筑为"雄伟的建筑的佳例，充分表现了内战后的华盛顿。"

这栋建筑位于 M 街和康涅狄格的罗德岛大道的十字路口，这两条街道是该市爱尔芬特（L'Enfant）计划的两大要素。这栋建筑位于闹市区的办公区中心，扼守了全市最繁忙、最突出的十字路口。而且紧临旅馆、餐厅和主要的零售商店，并有便利的通路通往大众运输和该市的地下通道系统。联合结构提供了中央大厅和一楼独特的零售空间，以及十一层楼的办公室和租房者的地下停车场和储藏室。

韦金公司的迪蒙尼特历史古迹保存和开发地点上新建筑相结合的决定，使得结合地点有更大的容积率，而在大众看来，这一结合保留了历史性的建筑。同时这一决定也形成了开发小组历史古迹保留审查会和历史古迹保留社区间的关系的特性。一开始韦金小组即认为，与审查会和社区相处最有效的方法是鼓励开诚布公的谈话和合作。这一方法需要耐心、合作和协商，而其结果远胜过一厢情愿的做法。

依据第二英美房地产公司的合约，韦金房地产公司开发迪蒙尼特开发方案。合约中制定了实施要求，加紧设计和开发的时间表，并且要求提高获得区域划分、历史古迹保存和建筑许可证批准等的效率。

整个开发涉及到许多不同的人，然而只有一部分开发和设计小组的主要成员直接参与历史古迹保存批准的事。韦金公司的乔弗里·贝茨（Geoffrey Bates）代表小组接待国家首都地标联合委员会。SOM（Skidmore, Owings & Mearill）公司的合伙人理查德·盖格克（Richard Geigengack）是建筑小组的发言人。而韦尔克斯·阿提斯·海克及克和雷恩（Wikes Artis Hednck & Lane）公司的怀恩·奎恩（Whayne Quin）为韦金公司提供法律顾问。

迪蒙尼特新旧建筑物形成了华盛顿特区主要十字路口之特色

强有力的房地产市场

韦金公司在1982年从地方开发商多米尼克·安东尼利（Dominic Antonelli）买到迪蒙尼特地产时，该市的房地产市场繁荣到了极点，而后市场开始跌入1982年和1983年的低谷。韦金公司的购买正是时候。在该公司得到必要的设计审批，而建筑也实质完成时，华盛顿的商业房地产市场正迈往景气之路。

一个艰辛的开发审批过程

在华盛顿特区要获得建筑许可，需要经历一个复杂且费时的过程。开发商必须通过种种十分复杂的机关和社区团体的关卡，才能获得建筑许可。近年来，在马里奥·巴里（Marion Barry）市长的领导下，区政府一致努力加速开发方案的批准过程，尽管有了改进，但开发商仍必须面对全国最复杂的开发过程之一。

华盛顿特区的开发基本过程和其他城市相似。在获取开发许可之前，开发方案的计划必须交给区划行政部门、建筑检验部门和其他各机关作审查。至于要求特别例外和差异申请，则交由一个区域划分评议会和区域划分协调会来作审查。

华盛顿特区不像其他许多城市，它将社区批准开发过程的角色加以制度化。除了私人团体在对某些问题特别关心时，可以参与开发的过程外，区政府也成立以社区为基础的组织，在开发过程中扮演正式的角色，包括审查开发提案。这些"邻里咨询委员会"由选出的成员所组成。一些邻里咨询委员会比其他委员会来得活跃，他们的参与使本已严谨的社区参与更是雪上加霜。此外，尚有许多有影响力的特别团体，能对历史古迹有关的案子发表意见。

华盛顿特区批准的过程和其他城市最大的不同点是有联邦政府的参与。华盛顿规划成为全国的首都，整个计划，连同各栋建筑和石碑纪念像，要设计成全国性外观的象征。美国国会制定法律，并设置许多不同的机构，扮演规划和开发的积极性角色。美国国会企图将华盛顿开发为小规模的城市，全特区均受到1910年建筑高度法的限制。国家首都评议会全心准备作联邦土地的计划，并审查可能影响到联邦政府利益的开发提案。美国美术评议会负有审查联邦建筑设计的责任。其他机构，例如首都建筑师办公室和宾夕法尼亚大道开发公司，若开发在他们所属地理管辖范围内时，则也在开发过程中扮演批准的角色。

迪蒙尼特开发方案的开发商不必经过华盛顿特区所提的复杂的批准程序，但却要面对一个强势且活跃的评议会。当韦金公司结合开发地点上两块相关的土地，并决定将新建筑和旧的迪蒙尼特建筑合并时，这一决定即将此开发方案送交国家首都地标联合委员会审核。该委员会要求该特区作历史古迹保留，并应整理需要维护的一份重要建筑物的清单。依照1972年该特区通过的规则，该委员会的职权增大，包括市长的任命和扮演市审核会角色。1979年，历史性地标和历史性区域保护法案更进一步加强了联合委员会和市长代理人在历史古迹保留上的角色。1983年，市长任命新的地方历史古迹审查会的成员，取代了国家首都地标联合委员会。市长可以延缓，甚至禁止拆除历史性地标，并可在适当的环境下禁止作新的兴建、外形更改或在历史性区域作土地的细分。

保护性的地产分别列在华盛顿特区的历史性地点和建筑的清单上，

而地方上的地标和历史性区域建筑，则列在国家历史性地点的登录册上。联邦（即地方的相对）登录的历史性地点的建筑和区域，由联邦保留规则加以保护。历史古迹保留评议会负责标示历史性地标和市内的区域，并推荐这些历史性地标和区域划国家的登录册。该会亦对市长的代理人作咨询，并监督历史性开发方案的批准过程。

大部分的开发商喜欢在将开发方案送交区域划分行政部门之前，先经过审查董事会这一关，征求他们对开发方案的意见。开发商可以采取两种方式：一是概念性的设计审查，此项审查为约束性，原则上也用到新的建筑上；二是初审，初步审核可以导致开发方案的初步同意，初审是开发方案经区划行政部门同意后进行的。由于概念性设计审查和初步审查，均有不同的团体参与发表意见，他们会给开发商关于开发方案可行性的意见。审查会的批准是依照开发方案的建筑许可证的最后设计文件，是否符合初审时的草图确定的。

获得开发许可

在申请执照、调查和检验部门的建筑许可时，开发商必须缴交制图给历史古迹保留审查会，这一步骤应不成问题，除非开发方案受到强烈的反对。迪蒙尼开发方案受到青睐的一个原因是韦金公司一开始即表明要力图恢复旧建筑的意愿。因此辩论的焦点转向如何尽力恢复旧的和增建新的建筑。

历史古迹保留会确有权力向市长的代理人建议作历史古迹保留，而不发开发许可。在那种情况下，申请者有权举行听证会。市长的代理人有权拒绝发改拆建、外形改变、新建筑或影响地产的细分等的开发许可证。市长的代理人必须拒发许可证给涉及改变、拆建或细分的开发提案。当所提的案子和1978年法案的历史古迹保留的目的相符，或是为了达到"特别优惠"所必要的，或是拒发开发许可会导致所有人"不当的经济困境"时，就可能产生例外的情况。

新的开发案例兴建则另有处理的方式。若新开发的设计和历史性地标或历史性区域不符时，市长必须发给许可证明。市长代理人具有相当大的权力，尤其在"特别优惠"和"不当的经济困境"两点之上表现出来，但是这两点应由开发商负责提供证据。

开发策略

韦金公司在代表第二英美地产公司购得迪蒙尼特地产时，要拆除原有的建筑显然是不可能的。建筑的方向成为大家争议的焦点，使得地方上保留历史古迹者和先前的地产所有人相对抗。所有人希望清理土地以作新的办公室和零售建筑开发。建筑历史专家艾利森·鲁奇斯（Alison Luchs）代表一个名叫"杜邦集团管理委员会"的社区团体，在他决定协助之下，保留者申请建筑地标的地址。1979年初，当地标联合委员会指定迪蒙尼特为地标时，即中止拆建工作。虽然土地所有人控告联合委员会，不应作此地标指示，但区请愿法庭在1982年7月判决土地所有人败诉。

旧有的建筑显然要加以保留，但韦金公司仍必须设计一个复杂的、有技巧的开发策略。该策略有三个基本的要点。首先要联合两块土地，并视旧的和新的建筑为单一的合成的建筑。其次是设计新的建筑作为旧有的基础，新的建筑成为美观且和谐的邻居，但不压倒历史性建筑的气派。第三是以一种开诚布公的态度来进行设计的过程。

开发商将开发方案作为整体考虑，是基于经济和设计上的因素。从区域划分的观点来看，合并能产生容积率和高度。然而韦金公司视开发方案为一个整体，也是基于基本技术的考虑。该公司审慎地限制迪蒙尼特开发方案的修护和保留，并试图密切预防新建筑使之不侵犯天空的领域或迫使旧有建筑做基本设计改变。

上述方法使韦金公司在审查会之前获得比较有利的立场。开发小组乐意接受审查会的管辖，并将合并地点且修复旧有的建筑，此一策略使得新的开发方案不必完全依赖保留。虽然此项事实在开发批准过程中从未明确显示出，但那些奋力挽救迪蒙尼特案例的人士深知，他们若太过分迫使韦金公司对新建筑作设计，他们可能会失去延长旧有建筑的大好机会。

韦金公司的策略的第二个要点是设计新的建筑，使之成为迪蒙尼特的适当背景。这一要点一开始就由理查德·盖根克（Richard Giegengack）所倡导，他为SOM（Skidmore, Owings & Merrill）公司主持此开发方案。此外，审查会和历史古迹保留的社区无疑地想寻求一种相称的设计。

韦金公司的第三个基本主张是和审查会人员以及保留社区，保持一个开放且包容的对话。自最初的概念性阶段到兴建的最后阶段，该公司和审查会、"反对拆建"的代表、杜邦集团管理委员会和杜邦人员协会等举行过数次的非正式会谈。这一公开的做法有助于开发方案通过正式的审查步骤和批准过程。从开发过程中的主要步骤看来，即证明了上述策略是成功的。

概念性方案设计审查

韦金公司的开发小组决定呈交开发方案作概念性方案设计审查，以加速批准的过程，并能获得更确定的结果。该公司因此可以清楚获知初步审查听证会上的获胜原则。该公司需要这些原则，以确保开发方案能获批准。韦金公司在了解这一重要性之后，即决定尽早接受方案审查。

方案审查听证会是在1982年10月6日，在审查董事会面前举行的。韦金公司在听证会上的报告策略，是对开发方案作一详细的说明，并强调开发方案是初步阶段并需要作弹性修正。

在韦金公司的乔弗里·贝茨介绍了公司的背景和迪蒙尼特开发方案的其他参与者之后，便集中在两个主题上：开发方案的目的和影响开发的经济限制。他强调韦金公司在英国有过类似的开发经验，并指出融合新旧建筑的优点。他说将新旧建筑结合在一起，从都市设计和历史古迹保留的观点来看是有益的，而且从市场的观点来看也是有利的。这一做法为韦金公司在华盛顿的第一个开发项目，留下了一个深刻的印象。

为了要保留旧有的迪蒙尼特，韦金公司的开发方案少了许多可用于其他开发使用的空地。而经济上要求该公司尽可能在区域划分的变数下，兴建更多平方英尺的新建筑。贝茨向审查会的成员说明，韦金公司当然想和该公司密切合作，以达成新的建筑的美好计划，但该公司不能不坚持开发的基本底线，如果逾越此线，就会被迫放弃整个开发方案。贝茨的实在的且不具威胁的强调方式，以及他对保留历史古迹的热心，均有助于建立一个良好的基础，作为未来和董事会的讨论。

在听证会的报告上，乔弗里大致说出设计的概念，他指出开发方案的大致布局和高度、地点计划与都市的环境等的计划构想。他提出了一份开发方案的初步透视图。乔弗里试着作详尽的报告，同时也令会员相信设计小组具有灵活性，且有和地方历史古迹保留人士合作的意愿。由于开发方案的计划均已仔细考虑过，且事先和董事会人员以及杜邦公司的艾利生·鲁奇斯先生讨论过，提案显然已被接受了，无须再做重大的改变。韦金公司的开发小组这种顺从且合作的态度，奠定了往后批准过程的成功基础。

乔弗里也说明了新的设计将会如何反映迪蒙尼特建筑影响和形象。两种主要的成分结合在一栋五层楼的建筑上。一栋历史性的都市住宅，具有红砖的外观和突出的铜面的八角形圆顶，其外表完全恢复原状，而内部的结构则加以重修，以符合结构法规和设计要求。新建的建筑在旧建筑的后面，西北面略有角度，为地标建筑提供了优美的背景。

在乔弗里的报告之后，听证会的讨论集中在新建筑的高度之上。有些审查会的成员担心旧建筑可能会变小，他们也关心新建筑较高处的楼层和旧建筑的衔接处理问题。

上述的担心是审查会在对概念性设计作审查时所作的书面反应。审查会同意"土地的后面部分开发作为办公室和零售建筑"，但建筑开发商做进一步的研究，并要求建筑师"修改一下设计和新建筑所剩下的细节……以补偿迪蒙尼特的建筑，并尽可能少侵犯到视野的广阔和地标的美好印象。"

审查会的评论成了韦金公司开发小组在正式的初步的审查前的指导原则。在概念性设计审查和初步审查期间，设计小组和审查会成员和社区代表作不正式的谈话，共同谋求一个审查会所提问题的解决方法。在1982年12月15日当韦金公司开发小组接受初步的开发审查时，审查会成员、社区人士和开发方案的建筑师等，即对开发设计达成了共识。

初步审查

初步审查的听证会是批准过程的关键，审查会对于开发方案的最后制图和初步审查所同意的设计相符时，给予开发方案正式的许可证。若审查会同意开发方案，韦金公司即可笃定地购得迪蒙尼特的地产。

开发小组在构成初审听证会策略时，必须考虑到两大问题。第一是如何将开发作成最好的报告，并有效地反应出开发设计小组对概念设计审查的反应。第二是如何满足审查会的要求，该会的批准是依照区划行政部门的批准而作决定的。这一要求常困扰开发商，因为获得区划同意的开发要求和技术等细节，通常比满足历史古迹保留审查的要求还多。很少有开发商在不能确定开发方案是否已通过历史古迹保留审查，就轻易地让建筑师和工程师作深入的开发工作。此外，在华盛顿特区，区域划分的同意通常需要数周的时间，审查会的要求往往成为开发商的负担。开发小组成员和审查会成员倾向于找寻要求比较少的解决方式。

韦金公司的开发小组所需要满足区域划分批准的要求，是找出区分区域划分过程和历史古迹保留审查过程的方法，同时也要提供证据，证明开发方案符合区域划分，且在初审和得到建筑许可期间，不会作实质改变。法律顾问怀恩·奎恩所设计的解决方法，是要区划行政员以出面的方式确认，呈上作初步历史古迹保留审查的开发方案，在区划同意之前未做任何实质的改变，即符合了区划分的要求。

提出初审开发方案的策略，反映了考虑的拖延和公开过程。提请初审包括整个开发方案的细节，并审查设计研究和技术性评估。技术性评估是在概念性设计审查后，针对审查会的行动所作的反应。开发设计小组在仔细审查各个设计的决定后，相信审查会会认定各个开发有关的问题并仔细考虑过。设计小组也试着说明开发方案和都市环境和四周环境的关系。设计小组在送审时不用经常使用的详细的模型，改用一组完成的建筑的精确的照片。他们认为模型会曲解新建筑的全部和高度，使得新建筑有压倒迪蒙尼特和其他在康涅狄格大道上较低的建筑的趋势。然而拼接成的相片是由一位实际观看者从同一地点拍摄的，可提供一个比较实际的观点。

初审听证会在 1982 年 12 月 15 日举行，该听证会十分成功，审查会的成员一致投票通过认可初步的建议，而韦金公司的开发小组不必完成所有建筑文件，即获得建筑许可。

开发的批准

在审查会作初步批准之后，建筑师和审查会的人员协同好所用的各项建筑材料。他们将所选建材的列表摆在审查会的审议日历上，在 1983 年 1 月 15 日获得批准。韦金公司的开发小组的人员不必和审查会作正式的会谈，不过他们在将开发方案呈给审查会做批准之前，先要和审查会人员解决许多和新旧建筑融合及历史性建筑复建有关的问题。这一过程要一直进行到设计的最后阶段。在审查会同意开发之制图之后，华盛顿特区在 1983 年 5 月颁布了迪蒙尼特的建筑许可证。

结束语

我们不易模仿此开发方案参与者的经验和态度，但它对其他类似的开发方案，却具有启示的作用。韦金公司本身从事许多涉及地标地产的开发方案。他们认为修建迪蒙尼特历史性的建筑具有相当大的商业和审美的价值。同样地，SOM公司的开发哲学倾向于尊重重要的历史性建筑，和融合新旧建筑的开发。历史古迹保留审查会也倾向于协商解决的方法，而不是坚持完美的设计。此种态度不容易转移到其他的情况上。然而开发商试图接触历史性的建筑，并且结合了设计小组的技术和想像力，成功地将这些历史性的建筑融入开发方案。

本案例作者：
怀特·阿莱斯堡是一位私人规划顾问，曾是位于华盛顿的SOM公司的合伙人。本文首次刊载在《城市土地》上。

政治与开发的关系：旧金山的歌剧广场
POLITICS AND DEVELOPMENT: OPERA PLAZA, SAN FRANCISCO

歌剧广场（Opera Plaza）是旧金山西部新增区的一个以住宅和混合商业功能为主的开发项目，由450栋公寓大厦单位和83500英尺停车的商业、零售和办公用地所组成。该广场也有为居住者和公共地下停车场。歌剧广场是由一合伙公司所开发的项目，合伙者包括太平洋联合开发公司和太平洋联合公司。开发占地2.75英亩，这块地多年来由旧金山再开发局所有，紧临一个包括市政大楼、现代艺术博物馆、民用礼堂、交响乐厅和歌剧院等的公共和文化建筑群。

开发方案的选择

当旧金山再开发局数次试图开发一个菲律宾文化中心和办公室大楼力量失败后，在1978年初即争取此块地作开发。菲律宾中心有相当多的政治支持，尤其是因为市政其他主要的外国团体均有此类似的设施。结果是再开发局的人员和许多其他的菲律宾团体，多年来密切合作，发展出一套可行的方案，且找到一个有能力的开发商。各个不同的团体无法得到足够的资金，来开发他们的提案，但却已花了相当多的钱在顾问、规则和其他初步的工作上。这些钱主要是从私人投资者或组织所募来的。由于上述这些问题，以及菲律宾社区本身的其他问题，再开发局在1978年决定另谋新的提案。

1978年5月，太平洋联合开发公司的首脑人物汤姆·卡利纳（Tom Callinan）和建筑师约尔根德·克萨达（Jorgede Quesade）将歌剧广场的开发方案交给再开发局，同时，来自菲律宾社区的少数派团体，则和一位顾问提交了另一个文化中心和办公室大楼的开发提案。在5月和6月间举行了许多次的听证会，申请人被要求将开发提案报告给名为"西部新增政治行动委员会"的邻里团体。

最初，菲律宾文化中心的提案得到市长和市府督导员和再开发局人员的支持，"西部委员会"也支持此案，主要原因是文化中心是社区的一项重大新建项目。该团体反对太平洋联合开发公司的提案，虽然此案包括住宅单元。"西部委员会"指出，社区迫切需要的住宅，但歌剧广场开发方案只包括市价的拍卖的住宅单元。可是"住宅和都市开发部"表示，西部新增区要等到兴建一些市价的住宅单元，才准予作补助住宅的开发。西部新增区深受历年来所建的补助住宅的影响。再开发区和全美其他再开发区并无多大差异，惟一所不同的是兴建的住宅单元是有补助的。

"西部委员会"的代表强烈反对太平洋联合开发公司在许多听证会上对此开发方案所做的建议。事实上，有些听证会沦为"西部委员会"的成员和某些局委员之间无休止的吵闹。在这段期间，委员会和申请人举行过许多次私人会议，而对太平洋联合开发公司的建议愈发感兴趣，他们感兴趣的是混用的想法和债券资金的使用。菲律宾团体和顾问显然没有经验和能力，来开发他们所提出的开发方案。

同时，委员会和再开发局深信太平洋联合开发公司有能力执行所提的开发方案。此外，"住宅和市场开发部"公开表示支持在该区作市价的住宅开发。市内对提供住宅的压力也越来越强烈。由于在西部新增区兴建市价的住宅的可行性受到怀疑，于是混用的概念尤其受到欢迎。最后，在经过五个月的听证会和讨论之后，委员会表示要支持歌剧广场的开发方案，而政府官员也改变了他们的看法。这时，委员会和政府官员参与协商，以减轻选择歌剧广场而不是菲律宾文化中心提案所带来的政治后果。太平洋联合开发公司的开发小组不直接参与这些协商，而被迫履行会谈所达成的协议。

协商解决办法

会谈中所达成的最重大的条件，和多年来参与文化中心开发方案的菲律宾社区的成员有关。在这种政治情况下，在歌剧广场提案可以进行开发以前，必先拟定一个计划，来弥补这些年来为初步工作和提倡各种文化中心的开发方案的个人和团体的花销。此项计划是由再开发局的人员所拟定的，列入太平洋联合开发公司和再开发局的开发合约中。

该项设计为太平洋联合开发公司付赔偿费给菲律宾人，建立了一个以金钱抵押金钱为基础的办法。此项赔偿的条件是不能作控告。此外，委员会要求开发方案内的一部分空间提供给菲律宾社区，作为一个小型文化中心。太平洋联合开发公司同意提供2000平方英尺的土地作此项用途。最后，各方均同意此项计划和补偿计划，此项补偿支付达32500

美元,由再开发局的法律人员负责办理。

提供资金

开发合约中的一项主要条款,是再开发局乐意使用免税的资金用作开发。由于在该区已有几处未来兴建市价的住宅,且由于濒临一个显示低收入的邻里,因此,出借人不愿意提供建造像歌剧广场那般大小和品质的开发方案的资金。可是,8300万美元的免税债券发行的实收金额,将由再开发局来发售,可用来作成营造成本的一部分资金,也可作为低于市价的抵押基金,用来购买住宅单元。由太平洋联合开发公司付给再开发局的低于市价的土地的211.6万美元的成本,对开发方案的可行性也有帮助。由于上述因素,开发商能够说服一个由美国银行所领导的地方银行的国际借款团提供开发资金。

美国银行也发行了一张24700万美元的信用状,以保证债券的本金和利息。这是美国银行有史以来发行过的第一张且最大的类似信用状。这张信用状有助于提供债券发行额的资金。开发商透过发行债券,可提供30年9.125%的固定比率的资金给住宅单元的买主。

开发的批准、施工和市场

以歌剧广场的规模和复杂情形而言,其开发过程并无多大的耽误。再开发局选择开发方案和订立合约之后,太平洋联合开发公司的再开发小组,开始和再开发局协商开发方案的一些特别的问题。概念性的设计受到再开发局标准的控制,这些标准包括特别的高度、大小的限制,以及第一二层楼不可有住宅的规定。建筑计划在1979年5月和12月间根据这些标准作成定案。施工图在1980年初开始绘制,这时开发方案受到了再开发局和其他市政部门的鼎力支持。因此,开发许可可望在通常的时候获得。开发的施工始于1980年8月,于1982年8月按进度完工。开发方案动工时,施工图只完成了50%,因此开发过程中的兴建成本有了一些增长。

歌剧广场设计的特色是有三个十二和十三层楼的住宅塔楼,两栋楼是由一个六层楼的建筑所衔接的,该建筑环绕广场的四周。地下有二层停车位,地上一层有零售空间和露天广场。第二层楼是办公空间,而住宅单元是在三栋建筑的三楼起。该开发方案的设计是焦吉和约翰·瓦尼克二家公司联合经营的。

歌剧广场于1980年开始进入市场，集中在提供自足式的、高品质的生活环境，同时这也是旧金山文化活动的一部分。该项计划必须克服许多负面的因素，包括在四周街道和开发地的靠近一些低收入邻里的噪声和拥塞情形。尽管有这些缺点和受到1980年到1982年经济不景气因素的影响，4500个住宅单元在1983年7月几乎售完，即大约在完工后12个月。工作室和有一个或两个房间的住宅单元的价格，从109000美元到300000美元不等。

结　论

歌剧广场的开发具有多方面的意义。首先，就选择太平洋联合开发公司的开发方案而不选择菲律宾文化中心的提案而言，再开发局委员深知，此举对西部新增区和人民中心区长远的市价的住宅有实质的利益。因此，他们在政治压力下，仍支持此开发方案。其次，让开发的合约说明了各方合作的表现，也避免了采取法律行动来抵制开发。最后，在毫无拖延的情况下顺利进行。此开发方案的成功，完全在于市价住宅在该区是受欢迎，不管是市价或补助的住宅，均能帮助解决西部新增区的住宅问题。

本案例作者：
托马斯·卡利纳是位于旧金山的太平洋联合开发公司的负责人。

与社区董事会共事：纽约市的林肯西区
WORKING WITH A COMMUNITY BOARD: LINCOLN WEST, NEW YORK CITY

　　林肯西区是一个大型的住宅开发方案，位于纽约市西城的下面。该方案是在和邻区团体密切且严谨的合作下规划和设计的。保罗·韦伦（Paul Wilen）是该开发方案的建筑师，他在近期的《城市土地》的一篇文章写着：

　　在1982年9月当纽约市评估委员会同意十亿美元的曼哈顿林肯西区的开发方案时，该会为期20年的为该岛剩下的最大一块空地开发，寻求到一个经济和政治上的解决方法时，使进入一个高潮。这一寻求过程反映出交通、经济、社区政治和住宅市场等的重大改变，也为城市土地使用的决定创下一个显著的纪录，同时也明确显示，今日重要的都市土地要做重大开发时，需要相当多的时间和精力资源。

　　自从1960年起，他们开始注意到沿着哈德逊河的26英亩的一片铁路调车场的平地。一连串的计划均说明了需要有大型的月台，来隔开铁轨和支撑庞大的房子和机关设施。迄今为止这些建筑的成本是十分高昂的，然而到1970年代，铁路调车场大部分均被废弃，该地点则准备拍卖。1975年纽约的一位重要开发商川普（Trump）公司，看上了这块地，试图在三年内提出一个开发方案。这个开发方案符合邻里团体的意愿，邻里团体所关心的是自外地新来的人，和对河流景观可能产生的阻碍。在川普公司放弃这块地之后，纽约的开发商亚伯拉罕·赫斯菲尔德（Abraham Hirschfeld）在1980年购得了这块地。不久，赫斯菲尔德的三分之二的股份被一位阿根廷人弗兰西斯科·马克里（Francisco Macri）得到，他将铁路调车场建立为林肯西区，成为公司的主要开发。

　　这时，有许多重要的开发因素逐渐明朗化：

- 因为有许多的业主，市政官员和邻里团体意识到，开发的规模和复杂性，以及和开发所在地附近的邻里关系。
- 纽约市地方社区董事会期望能参与详细的规划，他们并不重视开发的规模和密度。该市有组织的社区董事会体制，在开发规划上扮演重要的角色。
- 由于该地未做过开发，因此需要主要的地下结构和大量的直接投资，以支持开发方案。
- 必须详细设计,以解决该处的内部交通和地面上的问题,并反应各路的连接和保护邻近的地区。
- 纽约市正需要市价的房屋,因此导致开发地点附近的地区的实质提升并确保开发能够获利。

上述因素说明了邻里的关系在构成最后的开发计划上扮演一个重要的角色。同时,由于市场的潜力巨大,开发商愿意接受艰难的开发批准过程。

原本的开发计划需要4850个住宅单元(包括1200到1400个出租用的房屋),4500000平方英尺的零售空地,一座500个房间的旅馆,10000平方英尺的办公用地,和127英亩的沿着湖畔的公共公园。据估计建筑成本超过十亿美元,而建设工期需要十年。建筑始于场地的北端,北端的地值已经固定,然后再往南兴建,南边现存的住宅价值较低。

原先的设计概念需要将现有的格子式的街道系统,扩建为一个新的月台,月台可容纳服务用的道路、停车和其他的地下结构。填充一部分河岸能产生额外的14英亩的土地。建筑集聚在场地的南北两端,为邻近的地区建筑形成了一个五街区的景观的走廊,这一空间将开发为公共公园。

介绍开发计划:第一期的协商

1981年1月开发商将原始的总计划展示给社区,接下来作了一系列密集的协商,协商的主要内容是关于社区董事会的规划顾问形成的九个关系目标。这九大目标包括场地上的通道、湖畔到邻里的距离、现行建筑所适用的规模以及街道交通和转接点等的解决。

邻里的讨论结果,对开发方案作了一些修订。尤其是要重新安排两个塔楼其中一个的位置,以产生两个比较易于管理的公园空地,以重新设计中央公园。社区人士一直担心中央公园会成为犯罪的温床。计划在1981年5月正式呈交给规划委员会,该会对穿过该地的行人和沿河畔的通道表示关心。该会还担心会使开发地点形成一块孤立的、被包围的土地,而比较喜欢一个非正式的河畔和河岸的散步道。

另一个意外出现的问题是要保留铁路调车场,以确保有来自曼哈顿的制造业的工作机会。开发商为了响应强大的劳工理论的支持者,赞助了两个独立的研究，来研究铁路调车场的需要和保留月台下调车场的可行性。为使批准过程能持续进行下去，开发商必须同意接受研究的结果。

在1982年1月，社区董事会开始正式的审查过程，会议动用了六位委员并举行多次重大的听证会。直至1982年春末，才算解决了一些问题。货物运输的研究显示，它需要有一个更坚固的铁道调车场。环境影响研究是由市政环境保护部门所批准的。社区董事会的委员们虽然对开发计划的细节仍持保留的态度，不过他们对开发的一些基本概念表示支持。

该计划在规划委员会和社区董事会的讨论后作了一些修改，即除去一个三十五层楼塔，并将住宅由4700减为4300，其中一些住宅单元是老年人用的。此外，除去旅馆的部分，公园的预算予以了一些提高。开发商也付了一亿二千八百万美元作为所有场地内外的娱乐设施和改善的使用资金。华尔街日报说，这一让步"恐怕是纽约建筑史上最昂贵的一件事"所缴纳的税款有3400万美元，作为修建附近的两座地下道的车站。该计划在1982年7月由规划委员会批准，而1982年9月市府评估会也批准，奠定了下一期进一步协商的基础。

第二期的细节

1982年评估会同意以下三点做法：
- 将该地重新规划，由制造业区变成住宅区；
- 颁发一项特别许可执照，规定住宅单元的数目及其地点，密度和建筑高度及后退红线等；
- 批准一项有关街道和公共设施的布局的地图更改，并制订一项条款，在两年内达成特别计划同最后共识，包括建造和维护责任。

此外，开发商同意一项规划条件的要求，这项规划条件由社区董事会和林肯西区共同制订的，即要"重新检查"计划的一些层面，包括公园的公共通道，行人的进出、建筑的高度和布局、公园的改善，以及街景的保留等。

在评估会作最后同意之后，有一个名为反林肯西区的联合组织，在法庭上抗议影响环境报告。该团体是由有异议的人士所组成，其目标十分明确，其中有些是持反对意见的社区董事会的成员。这个反对组织宣称环境影响报告并未充分审查所提的开发方案中的低密度的情形。法院判决该团体胜诉。开发方案陷入完全停顿，因为开发方案的出资人对开发方案能否顺利进行表示紧张。后来，开发商向请愿部门作了上诉，再向纽约请愿法庭作上诉，终于在 1983 年 10 月判决反林肯西区的团体败诉。可是诉讼仍持续不断进行着。开发商哈利·荷尔姆斯里（Harry Helmsley）在 1984 年 9 月控告林肯西区和规划部门应赔付六千万元，指称规划的街道对一块他有权购买下来的土地有不利的影响。

主要人物：社区董事会和开发商的人员

由七个小组组成的社区董事委员会在九月份达成共识前，将重点放在区划、住宅和交通等问题上。接着又组建了另外二个小组，一个进行城市设计指导，一个进行全面的停车设计。社区董事会主席专程来面对此开发方案，成为代表社区和开发商相处的"关键人物"。她和董事会代理人和规划顾问（由开发商支付薪水），和开发商的专业小组进行讨论，以达成开发行动的方向的试验性协议。然后，他们和相关的小组举行一场听证会，以表明他们的看法。社区既然已经由社区董事会的主席和顾问共同参与，因此社区和开发方案发生了利益关系。社区代表和开发商比较容易相互遵守各项决定。此外，由于社区董事会主席不断和开发商人员联系，因此更了解开发过程和地点及市场的限制。

开发商的协商小组由开发商政府官员中的一个人，开发商的代理人、一位都市设计顾问，以及建造小组的一位提供瞬时成本估计的成员所组成。这些人员负责和社区董事会和开发批准过程某一部分的官方机关进行沟通。

三方的协议过程

在开发方案获得基本同意之后的 18 个月当中，林肯西区的代表进行三个相互平行的有待解决的问题，各项问题均需要多次会议，其活动包括：
- 和社区董事会的附属委员会共同商讨都市设计的指导原则；
- 和附属委员会共同商讨停车场的设计；
- 寻求开始兴建第一座塔楼所需要的最后协议。

同时，林肯西区也在法庭上为林肯西区的组织辩护反对他们的环境影响报告。

城市设计

城市设计的问题包括人行通道、建筑物的布局和结构、之前在协定中所认定的交通和运输问题等。林肯西区已事先和社区董事会达成协议。书面的报告包括对许多项计划的修订：一些人行道的拓宽；特别的后退红线用来减少一些建筑的占地；在一些街道上配置一些三至四层楼的建筑物，以延伸邻区的城市住宅环境，减少街道设置，以及建筑种类和树木等。

社区董事会再次提起高建筑物可能受风影响的问题，这一问题在纽约市的许多开发方案中被提及。虽然开发商在技术上不必进行深入的研究，因为环境影响报告已经说明了这一问题，但林肯西区最后同意使用两位风力学的顾问、一位代表林肯西区、一位代表社区董事会。两位都有风力学方面的专长，所得的结论是可能会有一些不良的影响。然而顾问不主张缓和的方式，因此这一问题仍然继续讨论着。

公园的设计

公园设计附属委员会不赞成 45 英亩的规整公园的设计方案，而是要求一个更像阿姆斯特丹市的自然公园。因此，开发商必须另聘开发方案的景观顾问。设计问题因为两个主要的理由而越发复杂：一是所牵涉到的人事和机关，包括市府公园、规划和海港及终站等部门，以及两个主要的利益团体；二是第一期塔楼的布局和减缓风速的策略，以及城市设计等的影响。此外，因为海港和终站继续要求在河边建一条散步道，开发商因此必须花 50000 美元作该案的可行性研究。该研究尚未完成，可是公园设计已获得初步的同意。

最后的协议

第三项活动是确定第一期兴建的最后计划，连同其他方面的事项同时进行。开发商想兴建一栋 38 层楼的建筑物，包括在 72 街和河边道的 240 间公寓。然而，为了获得建筑执照，林肯西区必须获得第一期公园设计的批准，并得到规划委员会检验，证明建筑符合最后城市设计原则。本质上，社区董事会虽然没有批准权，却也可以参与审查建筑设计的细节。

1982年11月林肯西区揭示了初步建筑的图纸。从那时起，开发方的人员已讨论过许多的问题，包括广场的面积、大众进入广场的权利、残障人士进出的方便情况、街道边界的地点、计程车停车位及树木的数量等。他们在讨论中还决定大街对面河边公园的正面，将不设零售的空地。他们还和公园设计委员会商讨关于周围建筑物的部分的设计问题。

宝贵的一课

要满足上述三方面的活动，以达到成功的开发的开端，是极其困难的。但由于社区董事会主席的不断参与和规划评议会人员积极出席社区会议，因此，协议显得更容易达成。规划人员充当协议的纪录，而在开发商和社区董事会无法达成协议时，出面协商。

许多情况下规划人员充当仲裁者，在开发商和董事会无法达成一致时，作出最后的决定。其中一个例子是将一个塔楼往南移再重新定位。社区人士以为这一改变可以加大公园面积，因此可以省却公共广场。林肯西区则反驳说，这一改变增高了开发的密度，却减少了景观的数量，因而影响了开发方案的市场。此外，塔楼的延缓兴建，对开发方案的现金流通也有不利的影响。规划人员出面仲裁上述难题，决定站在开发商这一边。这一经营方式有助于开发过程的顺利进行。

开发商学会了在会议中要达成有效的决议，这需要有一个特别的议程，这一议程不容许有太多的外在的——即使是重要的——事情来干扰讨论。开发商也安排了一系列的会议，使参与者能确认他们所关心的问题。在会议中，开发商还请求董事会出席指导，以协助他们发表意见。

一个常见的难题是许多董事会成员不会看建筑图。开发商特别为会议提供看得懂的图。然而董事会的成员必须能看懂比较详细的建筑图，才能对建筑物和公园设计的细节做判断。此外，建筑师坚持其喜欢的设计，而此设计必须能获得社区的同意。最后开发商的建筑师提供其他的设计，试图使"正确的"设计获得批准。在公园设计方面，在公众会议上并没有提供其他可供参考的选择的方法，一切的细节在附属委员会会议上获得解决。

追溯一下林肯西区开发的历史，我们可以看出一个开发公司必须走一段漫长的路，才能开始进行工程开发。起初是强硬的社区反对，继而是各种利益团体的轻视，以及许多意见不一致的公共机关混淆的情形。这个开发方案还显示出从事大规模且突出的开发方案的巨大困难和高成本。尤其是在地方邻里团体对开发方案具有决定权的政治压力下，更是雪上加霜。对林肯西区开发方案而言，这些困难还未完全克服。

本案例作者：
诺曼·莱文是纽约的北美 Sidico 公司的项目经理。道格拉斯·波特是美国城市土地协会（ULI）开发政策部主任。

开发商灵活处理的优势：华盛顿州金县的怀尔德尼斯湖
ADVANTAGES OF DEVELOPER FLEXIBILITY: LAKE WILDERNESS, KING COUNTY, WASHINGTON

在开发受严格管理的环境下，开发商只注重开发方案的目标和要求是不够的。他还必须明确开发方案可放弃的部分是什么，以下定正确的决心和作适当的调整，并使目标下的开发方案能通过有关单位的审核。

西北太平洋（The Pacific Northwest）公司的开发商以善于使用土地和环境控制，且具有谨慎的开发心态而出名。开发商学会如何应付政府的管理和环境问题，可以得到不少的好处，包括审批过程的缩短、较少和政府机关发生摩擦，以及达成开发商想要的开发目标。此外，在建造建筑受雨季延误时，延误两个月即损失一年，因此缩短批准过程，即有助于开发方案的开发。往往开发商必须牺牲对设计的控制，以避免开发管理和审核所带来的拖延。

怀尔德尼斯湖乡村俱乐部位于西雅图的东南郊区，是一个能使开发灵活性配合管理者所关心的问题的案例。在此案例中开发商想建一些经济适用房和娱乐设施。为了降低开发成本，开发商决定尽快获得开发执照，以期能在1985年将住宅单元推入市场。几乎在经过所有的考虑之后，开发商所订的时间表决定了开发过程。

当许多原先的设计概念不符合规划局的开发期望时，开发商选择开发方案的一些层面作协商，以保证原订的开发时间表和经济适用房目标。

开发的背景

怀尔德尼斯湖高尔夫球场大约建于1960年，占据了距离西雅图约45分钟车程的全县的大部分的高原地。该地西边不到1000英尺的地方即是怀尔德尼斯湖，那时湖的四周由第二住宅的小区所围绕。这些住宅已大部分改建为全年的住宅，且又增建了一些。165英亩的地点包括高原上十八个洞的高尔夫球场，而在平原下有额外的40英亩的土地，作为高尔夫球场打击练习场地和行车轨道使用。

尽管附近地区的人口普遍增长，1970年至1980年高尔夫球员和场地的使用却减少，因此球场继续存在受到了威胁。1983年中，高尔夫球董事会接洽了在西雅图地区的餐厅业和开发业者罗伯特·潘特利（Robert Pantley），商讨关于联合重新开发该地区的计划。

该地区重新开发有助于偿还高尔夫球场地的债务和减少日益增加的经营费用。高尔夫球场附近的增建住宅，可提供新的打球者及费用的来源。由于土地的成本受限于平衡高尔夫球场地的债务，开发商以为有机会兴建廉价的住宅和显著的娱乐设施，以符合市场的需求。

该地点的部分区划，允许7200平方英尺土地的开发，然而原有的球场土地必须再作区划。自来水、地下水沟其他的公共设施不是在该地已经具备，就是可延伸到该地点上，可是海拔较高的部分则必须和地方的自来水区相连接。

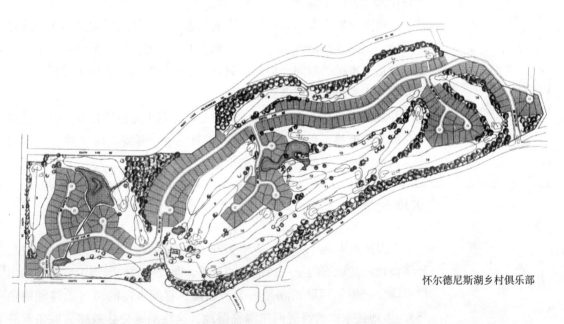

怀尔德尼斯湖乡村俱乐部

怀尔德尼斯湖的开发商因为地方居民和县府人员的反对原先包括194个独立家庭的地段和97个城市住宅（townhouse），而另草拟一个新的场地规划（如图所示），新规划图中包括258块独立家庭的地段，没有城市住宅，而道路加宽

开发的过程

特里德（Triad）规划工程公司负责准备设计并审查开发方案的批准

过程。但这一开发审查过程分几个方面同时进行。例如，在某一方面，和县府人员作初次的接触，以便在采取社区计划之前决定重新规划的可能性。在另一方面，开始进行开发方案的环境影响研究，包括湿地和水力的研究。此外，还应草拟一个概念性的地点计划。

基于开发地点的地形和邻近大部分地产相隔离、开发受地形上的限制、开发方案中空地的数量和开发商欲兴建的住宅区种类等因素的考虑，这个开发方案似乎有机会使用县内很少使用的有计划的单位开发的条例。条例允许高密度的红利、与混合住宅的类别和降低道路的标准，以换取更多的空地和分散行人的流量。

在开发方案送交县政府作审查时，该县不常使用计划单元整体开发的意见逐渐明朗化。在开发方案进入听证会之前，开发商撤回了有计划单元开发的要求，而采用平常的细分过程，主要是因为政府官员坚持所有的道路应按照公共道路的标准来兴建，且不太愿意接受单户用地作为计划单元开发的一部分。

就这项开发方案而言，政府官员认为若要在计划单元整体中包含单户用地，则必须提交两份分开的又相关的申请书。提交两份申请书不一定是加倍了审批的时间，但却比只有一个开发申请花费更多时间，且会使开发过程变得更加复杂而不确定。

开发商没有要求密度红利，而只要求计划单元整体开发，目的是希望获准兴建更狭窄的私人道路和附加的住宅。开发商决定放弃一些要求，以免因政府官员的反对而产生拖延。

环境的审查

开发地点有几个特色，影响了开发方案的设计和开发方案的进度。环绕高地的陡坡影响了一些地区的交通，而较低的地区则由荒野湖的出口所均分。怀尔德尼斯湖是一个产卵湖，有溯水性的鱼（如鲑和鳟鱼等）。该地区东边的河流两岸濒临湿地，这块湿地受县敏感区域条例的保护。

该地区上的湿地可由县地图查出来。县政府摘记下各块湿地的特色。该地区上的湿地在水流能力和外观方面的排名较高，但变化程度和居住的排名则较低，总体而言，这块地的排名在三级中排第二。

开发商请一位华盛顿大学的野生生物学家，来制作一个比县政府摘要表还要精密的地图，并审查开发计划对湿地的影响。这位野生生物学家得到的结论是,一些提案的建地和较低部分的高尔夫球场的草地,侵犯到现有的湿地。他也指出,提议作为保留设施和开发娱乐的池塘,可用来提升该地的居住特性,不过这需要选择适当的湿地植物和排水设计。湿地人居水平增高后依据县草拟原则可利用较低价值的湿地,不过开发商要以能增加湿地的面积和提高其价值作为赔偿。

通常,这种呈规模的开发方案可能需要作一项环境影响报告,该报告可能使开发方案增长六个月或更长的时间。然而如果及早发现环境的问题,譬如:河流和湿地、开发地点附近一个十字路口的交通问题,和想作区划的土地使用的问题等,则不必作环境影响报告。环境的问题一般可由遵守县土地侵蚀控制的规定和有关湿地的草案或由开发商同意作交通顾问所提议的改进的方法,而获得解决。

土地使用的问题,因缴交开发申请时正准备中的社区计划,而更显复杂。社区计划的初期草案显示出,独户的开发是每英亩四到六个单元。一些参与社区计划的人士反对该区作任何密度的多户开发。开发商豁达的决定放弃提议的城市住宅单元,以修正原先的计划,表明其乐于解决县府人员所关心的问题的决心。

县政府人员监于开发商有意减少开发方案所带来的影响力,决定不要求开发商提交环境影响报告,而根据开发商和顾问所提供的信息,作为决定开发方案的依据。如此一来至少省下六个月环境影响报告的准备以及大众审查环境影响报告的时间。

设计的改变

最初的概念性设计是将高尔夫球场地的五个洞移到比较低的40英亩的土地上,它可以容纳291个住宅单元,194个独户宅地,大约有一半有草地,而97家城市住宅单元分为两个聚集区,许多也面对草地。开发地点上的道路是根据私人道路标准来设计的,即40英尺的道路有28英尺的机动车路。

为了解决县政府人员和地方居民对道路标准和多户开发所关心的问题,开发商草拟了一项关于所有单户土地和56英尺通行道的计划。开发单元的总数减少了,然而开发地点南边的未用过的碎石地增加了一些开发单元的数量。

道路的拓宽使许多工地变小,有些减少到只有6000平方英尺,即区域划分所要求的最低限度。道路的拓宽也增加了开发费用,这一增加的费用可从修订的计划中所得到的更多的独户土地数目来抵销。

在这项开发的布局下，一位高尔夫球场的顾问负责审查所提的场地。他建议将其中一个移至高地的顶头，并拓宽大多数打击可能落点的"目标区"的草地。因此，需要从高尔夫球场的一边推进一些土地。开发商因为和县政府作了妥协，不能采纳顾问所有的意见。他们的意见有些会导致更少的土地，而且会影响开发方案的效益。

为了保持合理的建筑区域，开发商要求改变原先已经同意的土地的前院的后退红线。依照区划条例，这一改变只要促进了空地的使用情形，就可以同意。梯形后退的减少使开发单位后面的高尔夫球场的草地更加宽广。

在 1984 年 7 月的开发方案听证会上，有一些在开发地东边的邻区人士，反对在他们土地后面兴建住宅来代替草地。在立法行动可能拖延开发方案的干涉下，潘特利（Pantley）决定再次改变地区计划，使现在的土地能够继续后退到草地上去。

开发商在考虑作细分要求时，申请地区坡度的批准。在细分被批准后，就可以立即开工。在高地的工作开始前兴建四个洞，这样可以避免开发项目中断。

结 论

如上所述的，该开发方案在 1984 年 10 月即在交出开发申请后的 10 个月获得该县听证会检察官的批准，这在全美的一些地区似乎是很漫长的一段时间，然而在金县却是相当突出的成就。往往在金县同样的开发提案需要二年以上的时间才会获得同意。

开发工程在 1985 年初，在州策划部门（Department of Game）的精心安排下开始进行。当局对开发地点上的河流具有管辖权。该局允许河流暂作转换，而设置一道路渡口。河流四周的施工通常只能在夏季干燥的月份进行，但由于防止沉淀物掉入河流和保护河流中的鱼类，需要特别谨慎的建筑技术，该局特发给冬季工作许可。这是开发方案的另一个层面，由于开发商能妥协且提供额外的利益，所以能保持按原订时间表的进度施工。

最终兴建了一座 18 洞的高尔夫球场，球场四周环绕着 258 所住宅，售价在 8 万到 12 万元之间，比原订少了 33 个单元，减少的主要原因是由于删除了联体住宅的部分。

由于开发总预算基本上不变，而预期的独户占用土地的税收比城市住宅单元的税收高出许多，于是现在的开发比当初提出开发案时更加有利可图。在 1985 年初春的 3 个星期内，开发方案第一期的 61 块地段中有 16 块地段已售出。

这项议案成功的原因之一是由于开发商专心一致，开发一开始就要求其顾问选择施工的日期，还包括开发成本和适时将开发推入市场。除了专心努力以外，开发商也认识到要遵守开发时间表上所订的进度，必须注意到开发审查单位的要求，同时也要简化不重要的项目的审批，提供更多的开发信息，努力作好开发方案。

本案例作者：

汤姆·豪格尔是在华盛顿州的克尔克兰的 Triad 联合公司的项目规划师。本文首次刊载在《城市土地》上。

哈莫克·达尼斯的开发：佛罗里达州的弗拉格勒县
GAINING APPROVAL FOR HAMMOCK DUNES: FLAGLER COUNTY, FLORIDA

佛罗里达州是美国20世纪80年代第四个人口最多的州，并预计在进入21世纪时升到第三位。在这段期间，预计佛罗里达州必须容纳大约五百万的新居民，或相当于现今北卡罗莱纳州的人口。在城市扩大时，人口增长会影响到地下结构、娱乐、社会和大众安全的服务和环境保护等。在佛罗里达州面临如何容纳这一人口增长时，州和联邦政府则倾向于限制佛罗里达州海岸线的开发。

在人口不断增长和限制海岸开发逐渐增多的压力下，阿德默勒（Admiral）开发公司在1983年4月提交了一项在弗拉格勒县（Flagler County）为期20年的2250英亩的海岸开发计划。该公司在注意到佛罗里达州人对海岸的开发所提的一般性问题和佛县的居民所关心的特殊问题后，设计了一个计划来指导大规模的通过开发审批的过程。这一计划包括原始计划——市场研究、土地使用计划和环境工程研究——到公众的评审、听证会和批准等。这项计划反映了开发商有解决困难的诚意，并能积极和官员作接洽，和大众联络接触。

开发提案

阿德默勒开发公司的主要计划包括一个娱乐/游览的住宅社区，预计有6670个住宅单元，基地是在沿大西洋的2258英亩的土地上，开发预期为20年。该地长5.5英里，东滨大西洋，西有1英里宽，正对着内海水路。

该计划包括了3个18洞的高尔夫球场地，有9个球座或开球区面对海洋，十个独立的社区以娱乐或自然风景为开发的重点，一个海岸海滩俱乐部，一个网球社区，以及海洋和水道上的公立学校可提供环境教育的机会。此外，有两个自然的休闲区，一个是230英亩的淡水湖，一个是介于开发地和南北州公路间的森林保留缓冲区。这个计划包括四个公共沙滩公园和另一个在内海岸水道的公共公园。一座横跨水路的新桥梁，直接将开发地区连接到州际公路95号以西大约3英里的地方。

开发商订立条款来保留有用的湿地，并提出计划对受危害的动物重新设区，并保护野生动物。此外，还准备在沿岸 20～22 英尺高的沙丘系统上重建多个人造沙滩。

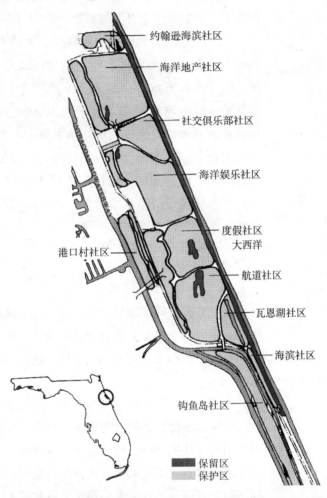

佛罗里达州的哈莫克·达尼斯计划需要有 10 个社区，各社区有其自然或人造的娱乐设施

对开发方案的反应

在提交了开发申请之后，大众对开发方案的议论包括以下几个主要团体：现在海滩边居住的人们；棕榈海岸社区的居民和其他的佛列格勒县的居民；棕榈海岸的商业人士；州和地区的官员，包括海岸开发环境保护者；州环境团体；以及比较小的团体，例如联邦官员和特别利益团体的代表。

虽然州和联邦的利益团体对新的海岸开发表示不赞同，但佛列格勒县的居民则认为开发和海岸开发是不可避免的事。开发地点以西、越过内海岸水道的8000名居民和四百名棕榈海岸社区的住宅所有人，通常是欢迎海边开发的。然而，在开发方案地点附近，有一个小的邻区团体却希望一开始就中止开发过程。

开发地点附近地区的居民稀少，大约有400个住宅单元分散在大约6平方英里的土地上。一半的房屋实际上是低成本的带车库的房屋，位于一片宽50英尺、长100英尺的土地上，而另一半是最近兴建的住宅，靠近内海岸水道，平均100000美元。此外，有与观光有关的商业，例如，贝壳、商店、水果摊、小吃店和汽车旅馆，以及邻区支持的商业，譬如，五金行、便利商店和加油站。从住宅可以看出社会的混杂情形。地区上的住户依赖15~20英尺深的取水井和私用的有污水净化设备的净水槽为生。开发商担心开发方案会给本已经缺乏的地下水资源带来更多的问题。

公众传播

开发方案由阿德默勒公司人员主持，该公司召集了一个9人的顾问小组，还包括一位专职的公众传播专家，和小组、媒体和社区领导人等共同合作。通讯主任处理演进中的问题，并对必要的计划修饰提出建议。

该公司准备了一项全面性、长期的传播计划，以提高大众对开发方案的认识和支持，并使政府能批准这个开发方案。详细的计划包括了每一个细节，从提交一份地区影响开发申请书，到最后的批准。计划中还包括教育住宅、工业和商业团体的意见领导者的目标。此外，教育的目标还包括媒体、签约者、公司员工及其家人。

传播计划包括以下几个要点：
- 计划开发方案以服务大多数人的长期利益为目标。
- 开发将会带来新的税收和新的消费能力，提供新的工作和有助于建立一个长期的经济基础。
- 充分注意并解决环境品质和水供给的问题。
- 新社区的居民将成为其他县民的邻居。

若必须二者择其一，与沿岸的个别地区的开发相比，其情况可能会更糟。

分工合作

组织对于使大众参与开发计划是很重要的。阿德默勒开发公司认识到时间的重要性。搬运费仍然继续付出，而州海岸批准却变得愈来愈严格。每一开发步骤都必须成功。开发商发展出一项重要的时间表，许多工作都要在预计的时间内完成。该开发公司还密切注意到公司内部的问题。和州以及地区官员的各种会议之前都先举行一次会议，以澄清需要解决的问题。开发过程的最后六周则保持每两周和县政府人员联系一次。最后，各项努力都有金钱的资助。该公司这一切的付出是基于一个前提：" 你可以做九倍的努力，却不能在9个月内生一个小孩。"

至于反对的团体，开发商则尽力包容他们的影响力，同时在其他地区提前建立支持。开发商仅和地方性的媒体作接触。开发商为地方性报纸的编辑董事会所作的简报，导致强有力的地方性报导，并使争议性的问题仍保留在地方上。开发商认为重点是建立一个正面的形象，或可以一笔勾销过去的一些不利的新闻报导。

社区和邻里团体的参与

阿德默勒公司的目标在和每一位有兴趣的弗拉格勒县的居民讨论哈莫克·达尼斯的开发方案，因此每个人在出席听证会之前，都能对开发方案有所了解。从1983年4月提交区域性影响力申请书以来，该公司的工作人员见过超过3700名县民，占总人口的3%。

实际上，大众在更早就参与哈莫克·达尼斯计划的过程。开发商在1977年与公共官员作初次的会议，当时棕榈海岸的土地全面使用计划正在作修改，而哈莫克·达尼斯的地点即包括在此计划之内。ITT社区开发公司在完成了上述计划后，即指定了阿德默勒公司专门指导海洋边的开发。相继地，阿德默勒公司召集了一个顾问小组，来考量取代现状的方法，并准备一个营建点计划。

大众在1983年年初即首度参与哈莫克·达尼斯的计划。阿德默勒公司和县政府人员讨论过初步计划之后，即开始和社区的团体会谈，讨论所提开发方案的取代方法。哈莫克·达尼斯最后的计划反应了超过200名县民的建议。一年后，阿德默勒公司在交出开发申请书后，便加强并扩大公众参与的努力。

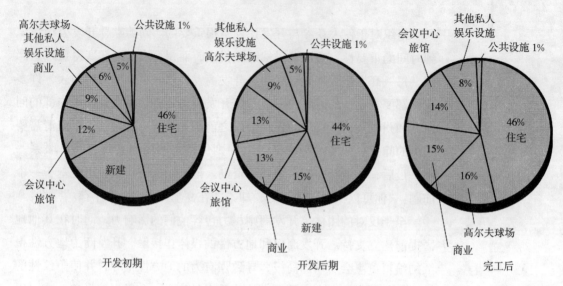

开发商预估项目的利益将随时间而改变

想不想和我们分享一些看法?
不知道阿德默勒开发公司在海滨的开发，对您、您的家庭和您的社区带来什么影响？
不少您的邻居友人会参观本公司的开放住宅，对敝公司的开发提出了宝贵的建议，并获取了更详尽的信息，包括海滩公园的提案、新的就业机会、自然资源保护，尤其是地区水源。
诚挚邀请您来参观，也许可以更进一步认识本公司的开发提案，以及为您服务的机会。
本周四，即12月15日，下午2：00～4：00时，本公司在棕榈海岸社区中心等候您大驾光临。
有任何问题请打阿德默勒公司：445－4900

报纸广告阿德默勒的开放住宅时，强调开发商的沟通诚意

规划要点

阿德默勒公司依靠以下计划要点来推销哈莫克·达尼斯的开发方案：

- 在交出开发申请前，为各类观众制作不同的幻灯片，然后再放映给民间和社区团体，以及地方机关等来观赏。
- 一本有关开发海滩社区的40页的全彩色的手册，传发给社区领导

人、新闻记者和政府官员。另一本更小的手册则散发给一般的大众来说明开发方案的经济和环境利益。

- 每周在全县各地开放住宅，使大众和阿德默勒公司的人员见面，提问题并参观开发地点。
- 向特别利益团体，例如弗拉格勒县历史学会和奥都邦学会，作说明性谈话。这些谈话的重点集中在一些特别关心的问题上，例如，水资源、野生动物、历史等谈话常由一位顾问专家来主持。
- 撰写文章介绍主要的环境顾问，以帮助建立开发信用。并举行开发顾问和规划者与外界记者的会谈。在规划过程中召开定期记者简报会。在计划公诸于大众前以及审核和批准的整个过程，均应作记者简报会。
- 经常在地方报纸上刊登广告，邀请大众来参观开放住宅，必要时，参与公开争议问题或即将面临的事情的讨论。
- 哈莫克·达尼斯顾问小组也参加全县各地的主要会议，以帮助阿德默勒公司的代表和大众作沟通。在各次会议中，顾问小组展示了开发地点的地图和主要计划，并发送手册。为鼓励大众参与，小组往往会在民间团体和政府聚会通知之前，先在地方报纸上刊登会议通知。超过2200人参加过这些会议。
- 设计一个类似的公共关系的计划，主要是针对主要的地方官员和其他的社区领导者。举行简报以帮助他们熟悉重要的计划内容。
- 寄送给大众礼貌性的信息邮件，信中写道："我们相信您会对信中所附的信息感兴趣"。
- 棕榈海岸自己的刊物和幻灯片则是为了给员工、居民和地产所有者观看。

教 训

开发人员在完成批准过程后得到的结论是：民主是艰难的，却仍是最好的方式。民主的开发过程接纳不同观点的合理性，并鼓励争议性问题的讨论。在发生疑问时，开发小组即多作准备、少作实行。

例如，在安排和佛罗里达州的主要环境团体的代表会谈时，开发小组发现，虽然环境问题值得注意，但基本的社会价值冲突才是争议的主因。开发方案原来是想吸引广大的新来者到开发区，但开发区有价值的土地仍未充分利用。改变之声已经吹起，现有的居民对未来的远景并不表示满意。

阿德默勒公司拒绝筹组一个支持开发方案的团体。于是，由开发小组和十几个人来组成开发方案的支持者。最后，自然而然地成立一个团体来支持开发方案。这些支持的人认识到开发对他们社区是有益的，只担心少数居民的反对会破坏整个开发方案。

后见之明

可是，有些事应尽早采取不同的做法。例如，应更周详的计划初期的简报，而取代早期的讨论，应更密切地配合各位参与者的需要；计划应多集中在人们的动机上，而少集中在开发方案的"基本要素"之上。开发小组体会到，因谣传或秘密情报而屡遭拒绝的问题，不应再被提出作为大众讨论内容。例如，有一度政府曾明白表示不愿开发第190分社的社区开发区。强迫大众讨论遭到拒绝的问题，只会导致委员会透过决议的方式将开发商的企图定为法律。最后，应及早将公共事务管理局引进开发过程，以了解问题和所涉及的人，并做出特别的计划。

本案例作者：
亚伦·沙勒威是在佛罗里达州棕榈海岸阿德默勒公后司的副总裁。

历史古迹保留区的清理过程：路易斯安那州新奥尔良市的卡纳尔广场
HISTORIC PRESERVATION CLEARANCE PROCESS: CANAL PLACE, NEW ORLEANS, LOUISIANA

在 1981 年 1 月，卡纳尔广场 2000 号，透过新奥尔良州的计划申请一项六百万美元的"都市开发行动补助"，作为支持卡纳尔广场第二期的大众改善资金。这一行动涉及许多有关的单位，然而开发商将重点摆在历史古迹保留上，以缩小开发方案的范围。

卡纳尔广场位于新奥尔良三个主要的活动中心的十字路口，在一块约五英亩的主要商业房产地段上。三个主要活动中心：中心商业区、维也克斯·卡尔（法国区）历史区和密西西比河区。开发所在地的交通可由州际公路十号进入波以得拉斯（Poydras）和卡纳尔街（两条闹市区的主干道），或是其他的主要干道和运输系统。

卡纳尔广场实际上是一项五个阶段的开发项目，但这里只讨论到前三个阶段。前三个阶段可视为开发方案的一个单元。第一期包括一栋 70 万平方英尺的办公建筑，占有 5 万平方英尺的零售空地。第二期的开发是卡纳尔广场商业中心的一部分，是全市第一个高品质的商店集中区。商业中心包括 20 万平方英尺的 3 层零售用地，一个 1525 辆汽车的 7 层车库，以及在 18 层楼的 127000 平方英尺土地上拥有 460 个房间的豪华旅馆［即在卡纳尔广场的艾伯维尔（Iberville）旅馆］，时装中心在 1984 年 9 月开业。

第三期仍在考虑中，预期将包括 4 万平方英尺的三层楼和零售空地、七层 425 个停车位，25 层 52 万平方英尺的办公用地，以及面临密西西比河的 150～200 个住宅单元（15～20 层）。

卡纳尔广场的开发商约瑟夫·卡尼扎罗（Joseph Canizaro）试图作特别规划，使整块地能作三期按照预订的占地率来作平均分配，加上一个 15% 的红利。区域划分批准过程需时 6 个月，并需在市规划评议会所举办的公开听证会上作报告。开发过程中开发商同意容积率比为 13∶15，而不是所允许的 13∶8。

由于建筑的复杂性和卡纳尔广场所要求的各种不同的法规等因素，第二期建筑许可的过程持续了 18 个月（从 1981 年 9 月至 1983 年 3 月）。

辅助都市开发行动的获取

卡纳尔广场小组寻求"辅助都市开发行动"（UDAG）的基金来支付许多不同的公共改善设施，包括新建公共设施和改进公共设施（自来水、排水以及地下水沟线等）、修补现有的街道和兴建两条新街道，以方便通往开发地的交通。还有提升人行道，包括街灯和景观质量。补助金还用来支付一个公共广场、一座自卡纳尔街渡船终点到开发地的人行桥梁，以及其他的设施。接下来的开发批准过程，一直到真正获得补助金而达到高潮。

新奥尔良卡纳尔广场开发方案，从左起分别为第一、二、三期工程

由于地方历史古迹保留人士对开发方案很有兴趣，且由于听证会通知的时间很短，市政府和卡纳尔广场的官员决定为第二期都市开发行动补助的申请举办两次听证会。然而举办两次听证会的参与情形均不踊跃。

开发过程一部分是将"辅助都市开发行动"的申请，送交路易斯安那州的历史古迹保留官员作审查和评论。

有一些开发方案的反对者写信和打电话给州历史古迹保留办公室和总统的"历史古迹保留顾问会议"，后者是一个独立的联邦机关，审查联邦资助可影响全国的历史性地点或地区的开发方案。

州历史古迹办公室做出的最初反应，是一封对开发方案作大体上同意的信：

开发方案第一期所建的52层的办公建筑，对维也克斯·卡尔历史性区域产生了视觉上的影响，第二期工程并未产生任何其他的影响。因此我们并不反对第二期工程。我们建议在新奥尔良新建的项目上，均要注意到是否对该区的许多历史性区域有视觉上的影响。

"第一期建筑是32层楼，而不是52层楼的高度。

可是在四月初，州历史古迹保留办公室撤回其信函，而作了以下的要求：

- 根据过去土地使用的信息来决定可能的考古情形，或许必须作考古的研究。
- 对传导线、塔、分站以及其他必要的改善的布局、高度和设计等的澄清。
- 建筑高度的细节。
- 第三期工程的说明。
- 正立面图的蓝图。
- 开发方案模型的相片。
- 市政府和卡纳尔广场的代表和历史古迹保留室作会谈，以审核开发方案和上述问题。在搞清设计的意图和"辅助都市开发行动"基金的使用情况后，历史古迹保留室发出第二期的最后决定和"辅助都市开发行动"的申请。在作了广泛交谈、地点参观和开发方案的正反辩论之后，历史古迹保留室下了一个结论，即第二期及有关的公共改善对维也克斯·卡尔历史区或重要考古遗迹并没有不良的影响。

维也克斯·卡尔（Vieux Carré）委员会的权利

在1981年4月13日，市政府接触"辅助都市开发行动"申请的

600万美元的初步同意的通知。这是开发过程中，市府和开发商的第一个法律约定，市府和"住宅和都市开发部"的第一个合约。新奥尔良市规划评议会继续准备住宅和都市开发部所要求的运河改善的环境评估。

都市开发行动辅助申请作为环境清除的目的是一件有趣的事，因为开发点位于维也克斯·卡尔历史区内，该历史区被列在全国历史性地方登录册上，而开发地点则位于地方历史区之外。因此，州政府许可的维也克斯·卡尔委员会的责任是保留维也克斯·卡尔稀有的、鲜明的特性，而对第二期的工程没法作管制。评议会被迫倚赖历史古迹保留顾问会议所做的决定。

然而，委员会虽然没有管辖权，对第二期的濒临法国区的工程部却持有积极的态度。因此，评议会要求第二期的辅助都市开发行动，在1981年5月19日的会议中作审查。为了准备该次会议，评议会的主席草拟了一个关于辅助都市开发行动申请的备忘录给评议会的会员。他指出地方上维尔克斯·卡尔内第二期的惟一工程是兴建电动传导线支撑塔和三根支撑杆。

评议主任注意到第二期兴建的高度（约330英尺）和地点（在运河和伊伯维尔街之间，属于中心商业区区域划分的种类），作了一个结论，即所提的辅助都市开发行动的营建，对历史区并没不良的影响。

在讨论开始，开发商展示给州府官员4月21日的信函、评议会主任的备忘录，以及已由市议会批准的第一至三期的区域划分申请。市议员接着审查第二期和辅助都市开发行动。可是在冗长的讨论之后，评议会未对辅助都市开发行动的申请采取任何否决。

稍后，在不为市府和卡纳尔广场代表知道的情况下，委员会在邻区历史古迹保留组织的要求下，将这项开发方案列入6月16日会议的议程。在作了一些一般性的讨论后，评议会将辅助都市开发行动列为7月的会议议程，并通知各方。

在7月的会议中，市代表宣称市政府正筹划一项和州历史古迹保留办公室和历史古迹保护咨询会议的会议，试图解决高度的问题。然后运河广场的代表审查第二期的开发，尤其是立面的设计和建筑高度的问题。然后，一位邻近的商业所有人、一位熟悉法国区的房地产代理人/开发商、商业部的经济开发会议的临时主任和零售商业局的执行主任等，均表示支持该开发方案，并宣读了一封来自新奥尔良观光和集会评议会的支持信函。

会议中对第三期规划的 750 英尺的办公建筑作了一番讨论。此办公建筑不是都市开发行动补助申请的一部分，但已获得区划的批准。评议会投票决定，最终以 5:3 认为第二、三期的开发超量，而且在视觉上有碍维吾卡尔市。因此，的确有五票反对此案，不过评议会也通过一项决议，认为传导线的新塔架的建筑具有美感效果。这一票在某些方面较有意义，因为这一票把握到评议会所具有管辖权的事项，而办公建筑不在评议会的管辖范围之内。

同时，市政府和卡纳尔广场的代表继续为住宅和都市开发部所要求的环境清理的法律问题而努力，他们还完成了市政府与住宅和都市开发部的合约，以及市政府和卡纳尔广场的合约。

1981 年 6 月，市政府交给州历史古迹保留室和历史古迹保护咨询会一份文件，文件中证明对全国登录的地产"无不良影响"，这项证明是住宅和都市开发部根据国家历史古迹保留法所作的要求。文件中说明第二期开发、开发地点和目标、审核的过程、"不良影响"标准的不适用的原因，以及减缓负面影响的措施。

历史古迹保留咨询会的疑虑

稍后在 6 月，历史古迹保留咨询会的西区分部主任通知住宅和都市开发部在新奥尔良地区的办公室，指出任何环境的证明都言之过早，因为该分部发现市政府文件不能完全评估该案。电报中指出必须作地点检验和举行公共信息会议。历史古迹保留咨询会还陆续要求许多不同的资料：

——可能的考古资料；

——交通量增大对维也克斯·卡尔市可能的影响；

——澄清传导性的重新安置、其必要性与现有结构的关系；

——澄清计划中所提出是开发的一部分的"滨河大道"和第三期开发工程。

第二期开发工程为卡纳尔广场开发的一个重要的部分。开发商试图将第三期工程和卡纳尔广场的都市开发行动辅助相结合。

在一项措词谨慎的反应中，市政府宣称第三期和都市开发行动辅助申请的审查毫无关系。市政府举出实际情况（第三期的不确定及其只是区域划分的一部分）和定义上的争端（第三期并非所提的开发方案的一部分，因为都市开发行动辅助基金只辅助第二期）。历史古迹保留室咨询会在答复时指出，文件中未提及第三期的工程，却有另一个意想不到的困难。历史古迹保护咨询会反对"无不良影响"的决定，是因为所提的旅馆和车库建筑的高度和维也克斯·卡尔的性质不符。历史古迹保护咨询会建议市政府进行商讨，包括举行一次大众的会议，试图解决各方不同的意见，并达成某种约定。市政府和卡纳尔广场因此合力草拟一个规定列表，作为历史古迹保留咨询会审核用。该规定列表包括卡纳尔广场第二期的设计和都市开发行动辅助的地点改善。

复杂的演变过程

在7月29日，历史古迹保留咨询会宣布要举行一次有关卡纳尔广场第二期都市开发行动辅助大众信息会议，这一行动是维也克斯·卡尔市评议会的提议所促成的，这个评议会提议说第二、三期的工程和维吾卡尔市的建筑在规模上不成比例。

为了避免举行这一会议，市长打电报给历史古迹保留咨询会说这类会议是多余的，因为最近才刚举行过听证会，而市政府正在和咨询会共同协议。在8月初，市政府再写信给历史古迹保护咨询会，说明避免视觉上不良影响的方法（例如：重新设计维也克斯·卡尔市的高度限制或者完全放弃开发，二者均非审慎或可行的办法），与减轻视觉上的不良影响的方法（例如：建筑物梯形后退、相称的建材、景观和街道照明等）。

同时，市政府安排和历史古迹保留咨询会作一次会议。在开会前一天，市府和卡纳尔广场代表以及住宅和都市开发的代表前往华盛顿特区去和路易斯安那州的参议员朗（Long）和约翰逊会谈。次日，历史古迹保护咨询会主任通知大家将不举行任何公共会议。而且没有协议的制约，因为还没有找出大家满意的解决办法。他还向咨询会建议，要解决环境审查过程最迅速的方法是召集一个历史古迹保留咨询会的小组，来审查卡纳尔广场第二期的都市开发行动。结果由五位人员组成该小组。在9月集会中，议程包括地点的参观和由各有关人员作报告。

在8月中旬，市政府和卡纳尔广场代表会面，讨论他们要向小组所作的报告。他们认为市政府应将重点摆在卡纳尔广场第二期的工作和税收的利益上，还注意到维也克斯·卡尔市的历史古迹保护、1984年万国博览会的旅馆需求，以及坚持都市开发行动辅助的历史古迹保留和环境审核过程。卡纳尔广场的报告将重点集中在开发方案的历史上，1978、1981年的设计改变，以及"不良视觉影响"的问题。此外，市政府和卡纳尔广场安排了一些支持开发方案的发言人，包括代表维吾卡尔市的市议员、主任和数位维也克斯·卡尔市评议会的成员、商业部的总裁、零售商业局的总裁，以及前任运河广场开发方案的经理。此外，全国知名的历史古迹保留顾问罗素·莱特（Russell Wright）同意给历史古迹保留咨询会的小组作演说。

卡纳尔广场第一期工程和美国海关大楼在规模上对比十分悬殊

卡纳尔广场小组准备了从维也克斯·卡尔市内各种不同地点，拍摄的430英尺高的第一期建筑的系列照片。照片显示第一期比第二期的建筑高出100英尺，建筑只有在沿河边的部分才能被行人看见。

8月后整个过程进入另一复杂的过程。运河广场小组得到一份历史古迹保留咨询会主任为小组会议所准备的报告。在开发商看来，报告本身有不少误导和不确实的部分，而且报告亦包括一项延缓第二期工程到可预见的未来的建议。

在期盼上述那份报告时，卡纳尔广场也准备了自己的报告，更正或澄清误导或不实的叙述。卡纳尔广场代表希望不要采信历史古迹保留咨询会报告的内容，所以咨询会小组会认为主任的建议是不切实际的。

在报告的第一天后，小组的主席展开第二天的会议，对卡纳尔广场的正反意见作讨论。他作成了六点的结论。他希望这六点将来导出一个历史古迹保留咨询会、州历史古迹保留室、市政府和卡纳尔广场间共识的规约。经过三个小时的审思之后，历史古迹保留咨询会小组成员和卡纳尔广场的开发商一致同意卡纳尔广场第二期工程可依设计进行，但受下列几个条件的约束：

- 市政府应和州历史古迹保留室和历史古迹保留咨询会商讨，以规划沿维也克斯·卡尔区河边的行车路线。
- 卡纳尔广场开发商必须和州历史古迹保留室和历史古迹保留咨询会审核第三期工程的高度和大小，并试图在经济和可能的范围内减少其高度和大小。
- 卡纳尔广场的开发商应和维也克斯·卡尔市评议会、州历史古迹保留室、历史古迹保留咨询会和市规划评议会等商讨第五期的设计；以确保和维也克斯·卡尔市的性质相符。
- 卡纳尔广场沿河边的部分，在可能的范围内应和河边研究所的建议相一致。
- 市政府应提交所有的问题文件和最后的研究报告，给历史古迹保留咨询会作审核和评论之用。
- 市政府和卡纳尔广场的开发商应尽力增加通往河边的公共娱乐的通道。
- 市政府和卡纳尔广场的开发商应尽力保留维也克斯·卡尔和卡纳尔广场的文化遗产。并在可能的范围内，提供关于卡纳尔广场第二期中的维吾卡尔的信息。

上述条件使开发商获得重大的胜利，因为历史古迹保留咨询会主任所提出的限制，已经改为商讨和修饰。历史古迹保留咨询会、市政府和卡纳尔广场的开发商尽快会谈草拟一项大家共认的条约，这项条约为州历史古迹保留室所认可。所草拟的条件指的是符合第 106 项和第 110 (f) 项的历史古迹保留要求，这些条项通常是作为法律诉讼的基础。

在 9 月中旬之前，历史古迹保留咨询会主任将条约送交市政府，市政府再将条约转给卡纳尔广场的开发商签名。在市政府、开发商和历史古迹保留咨询会主任和小组主席等作了额外的妥协之后，卡纳尔广场的开发商和市政府即签了规约，市长也签了。可是，在 9 月底，州历史古迹保留室写信给历史古迹保留咨询会主任，说他们不能履行约定。咨询会主任认为州历史古迹保留室可以"最后认可卡纳尔广场第三期兴建高度为 750 英尺。"

历史古迹保留咨询会主席（同时也是小组主席）写信给市政府说："虽然州历史古迹保留室所签署，市政府和卡纳尔广场的开发商，在他们可以掌握的范围内，采取一切步骤，来遵守坪议会的建议"。他结论说："市政府符合第 106 和 110（f）条项要求，不必再采进一步的行动了。在 12 月 4 日，住宅和都市开发部正式通知市政府已赢得了辅助都市开发行动的基金。"

12 月 2 日出现了最后一个可能的复杂问题。两个地方历史古迹保留组织控告市政府与住宅和都市开发部关于卡纳尔广场第二期的辅助都市开发行动。卡纳尔广场代表市政府和住宅和都市开发部介入此事，之后由市政府和卡纳尔广场的开发商为都市和辅助都市开发行动提案作辩护。几个月后，在 8 月 9 日，美国地区法庭拒绝发行一道临时的禁令，而发给住宅和都市开发部、市政府和运河广场的开发商一个摘要的判决。该项控告上诉到美国第五区的请愿法庭，在 1983 年 11 月 21 日巡回法庭认定了地区法庭的判决，赞成由市政府和运河广场胜诉。巡回法庭的结论是："论述明白显示"，依据国家环境保护法和国家卡纳尔保留法，市政府已尽了责任，"谨慎考虑第二期开发的环境和历史古迹保留的各种问题。"

本案例作者：

伦道夫·格雷格森二世是位于路易斯安那州的新奥尔良的坎尼扎罗公司的信息部经理。本案例细节，详见 Jane A. Brooks 和 Deborab H. Weeter 全著的一篇文章"卡纳尔广场开发方案之价值冲突，"期刊《城市土地》（1982 年 7 月号）。

第 五 章

修改体制：规章的改革
OVERHAULING THE SYSTEM: REGULATORY REFORM

　　前几章讨论到开发商营造一个良好的开发气氛和特别开发方案获得同意的方法。这两项开发活动都需要开发商协调公共政策以及有关的规则和法规。本章即在建议开发商也可采取适当的策略，来改进公共政策、规则和法规的品质，以使开发过程更顺畅，而且还可以达到一个健康安全的社区福祉。

　　州和市政府的政策和规则影响开发方案的可行性，且影响到市场价格和土地成本、使用密度、地点准备、住房和商业开发方案成本。同时，建筑法规影响建筑成本，限制了建筑材料和施工方式，以达到最低的安全和质量标准。规则的解释和在规则下获得开发同意所需要的时间，都影响到开发方案的成本，最后也影响到土地的价格和租金。

在许多社区里,最常见到的具体例子是大块土地区划比较普遍,而新的更高密度的住宅区域划分则比较少见。规划委员会和市议会所绘制的区域划分地图,常使得想兴建更大密度的开发商,必须对地点设计、税款或其他细节作协商,才能达到重新区划的目的。这一限制是为了促进开发的品质,并减少开发对社区的不良影响。可是,事实证明这一限制不仅曲解了地方土地市场,造成更高的土地价格,而且也拖延了开发的过程,增加更多的开发成本。结果是带来更高的住房价格,使消费者无力承担。其他的公共政策以及其他的规则、建筑法规和条款,也会增加开发的成本,为开发商增加额外的负担。尽管这些负担有时是合理的,但有时却是不必要的。

公共政策和规则足以影响开发的品质、形式和成本,因此原则上公共政策应作定期的审查、更新和合理的修订。开发商可以主动要求对开发管理规则作改革,一方面是因为他们可以因此减少开发的风险,另一方面他们比较知道管理规则的弊端和缺失的地方。以下将讨论到一个管理改革的实例,提出进行改革的技巧,以及对改善政策、标准和程序的特别方法的概述。

为政策改革制定方案
MAKING THE CASE FOR REGULATORY REFORM

沿 革

20世纪60年代末和70年代初,开发管理系统变得愈来愈复杂。为了使开发商对环境保护和兴建的质量负责,开发管理规则越来越严格。同时,在开发商的要求下,开发政策和规则开始脱离了典型的"欧几里得式"区域划分的严格要求,而采用各种不同的更富弹性却更复杂的开发标准和程序,允许更多的人民参与开发过程。

这些更具约束力且更复杂的方法,在1970年代中期已逐渐为人所知。事实上,在1976年,大圣路易区的房屋建造协会的房地产公司做了一项研究,研究显示出圣路易县的开发法规的更改,使得一栋1600平方英尺的房屋成本在1970年到1975年间提升了平均约3029元。根据罗杰斯(Rutgers)大学的都市政策研究中的说法,新泽西州单身家庭的住房在1970年代中期的开发,需要有38个许可证,而住宅开发方案平均过程所需时间,从1970年的5个月增加到1975年13.3个月。[①]而新住宅土地获取限制,和繁多的环境问题方面的法规也使得1970年后期加州新的和现有住屋的价格有所提升[②]。例如,在圣何塞(San Jose),一位承包者所建的标准房屋单元价,由1967年到1976年升高了80%,其中32%的增加是来自市政府的新的开发经营政策[③]。

如大卫·多瓦(David Dowall)所指出的,上述现象的主要原因之一是大部分的地方规划局忽略了对居住土地的供需保持正确的评估。他

---

① 见 Dan K. Richardson,"环境保护的成本"(New Brunswick. New Jersey:罗杰斯大学,都市政策研究中心,1976);及 Stephen R. Seidel,"住宅成本和政府规则:面对管理的迷宫"(New Brunswick. New Jersey:罗杰斯大学、都市政策研究中心,1978)。两书均引用在都市土地中心说明"由管理改革减少住宅成本建议",此说明系1980年5月所采用的。
② 见 Bernard J. Frieden,"环境保护之工作"(Cambridge, Massachusetts:麻省理工学院出版,1979)。
③ 见 Gruen & Gruen Associates 和 ULI,"规则对住宅成本的影响:两个个案研究"(Washington. D.C.: ULI-美国城市土地协会,1977),P.8。

说：若没有这些评估，"土地使用控制的发展和实行便没有办法充分实现其对土地和住宅市场的可能影响。"①

公众关心的成本

除了环境问题之外，社区也逐渐关注在快速开发的市郊提供公共服务和地下结构的高成本。某些社区的反应是应该将税收用来资助建立完善的资金改善计划，而为继续开发奠定基础。其他社区则允许地下结构的容量的问题暂时缓和下来，甚至停止开发。事实上许多在20世纪60年代和70年代所成立的繁复的开发经营系统，是根据对新开发现行地下结构容积率的限制，而不是根据对规划和经营的地下结构的改善。在任何一种情况下，新开发时均会对捐地的要求更严（或是对费用取代土地的要求更严）以便兴建学校、公园和开发地点之外的道路和公共设施。虽然市政府可以为了公共设施，而得到比开发商处更容易获得的较低利率的贷款，但现在新房的买主通常要承担造福整个社区的公共改善设施的成本。

目前，居民主张保留社区的邻里关系，反对浮夸的建筑新样式，希望由提高住宅密度来减少开发成本。他们反对的原因包括交通影响开发设计和对现存地产价值的保护等。他们反对的结果导致修订条例和重新绘制区域划分地图，使得更高密度和多户的住宅更不容易兴建。

即使是有计划的单元式集合开发，原来是要给予大规模开发方案应用的灵活性，不久也成为开发权利的协商工具。这些新开发规则的行政混淆情况，更增添了开发商本已够多的开发风险，更不用说还增加了消费者的负担和租金，最后消费者还要承担风险的成本。此外，开发批准过程的长期拖延也影响了开发商对市场状况的改变作适当的反应。

拖延和不确定所消耗的成本

虽然开发条例的款项本身不是十全十美的，但即使是最新的规则只要以适当且专业的方式进行，也能奏效。在大多数的社区中，开发提案必须经历漫长的批准程序，有些过程是同时进行的，有些则是分别陆续进行的。开始的审批过程所需要的时间，按照重新区划或特别使用执

---

① David E. Dowall, "减地方土地使用管制的成本效果", "美国规划协会期刊", 1981年4月, P.145。

照、更高阶层的政府或特别行政区的批准要求、规划或区划人员的技术、人民对地方开发问题参与的情形、其他的开发活动需要政府官员和官员的时间，以及其他许多因素等决定。

冗长和迂回的行政程序引发了两大难题。开发商在未能确定开发方案能否获批准，便必须冒风险，而更大的风险则代表更高的开发成本和更大的利润要求。此外，在开发程序受到拖延时，开发的成本也增加，尤其是高利率时期。时间对开发商而言的确就是金钱，而金钱最终还是出自空间使用者的钱包。一位芝加哥的建筑商对上述前二项难题作了以下的叙述：

某些市政府有组织健全的建筑和区域划分部门。建筑商可以来此部门，事先得知他的开发计划是否会被接受，或和社区的总体计划相符。他可以清楚地了解到他在开发地产上所能做的事。如果不是因为这个部门，开发商可能必须买下地产或订下契约，在进入一个冗长的程序后，才能确定开发哪种建筑……在其他社区，开发过程中有不少的疑虑，开发商可能不去建筑和区划部门。这些地区的开发方案比较少些，建设者倾向于提高价格，以减少在那些地区兴建所冒的风险。[①]

5-1　住宅要素的隐含成本对住宅价格的累积影响

单位成本	住宅要素		
	低价住宅	中等价格住宅	高价住宅
土地	$19,500	$29,600	$43,100
地下结构	1,000	6,500	12,000
建造	31,000	35,000	39,000
资金供给	8,755	12,100	16,000
总经费/收益	12,754	17,650	23,250
小计	$73,000	$100,850	$133,450
拖滞（每月1%）	无拖延	拖延一年	拖延两年
总价	$73,000	$114,600	$175,600

资料来源：加利福尼亚州人的住房，"住宅的隐含成本"（Sacramento: Cali fornians for Housing, 1985）。

增值的地价、地下结构的成本和开发过程的拖延对住屋成本有何累积的影响？本表摘记一项加州房屋的隐含成本最近的研究发现。

低价住房反映的低价土地和地下结构的成本，而在开发同意过程中少有或无拖延。同样的住房在拖延一年和中等价位的地价和地下结构成本的情形下，则比低价住房高出41600美元，拖延占了增加成本的12%。在拖延两年、高价位的土地和地下结构的情况下，则住房成本更大幅增高。

---

① Steven Morris，"各种法规下之隐含成本"，"芝加哥民众报"，1985年1月19日，第三版，P.1.

而另一位芝加哥的建筑商则描述了开发时间延误的问题:

在某些城镇,得到施工许可证,需要一周的时间,而其他城镇可能需要六周。得到许可后,一些城镇则立即对施工过程期间再作十几或更多项的检验……。一些城镇的检查人员习惯于拖延或负担太重的,则无法立即检验,于是,在等候检查时,开发商不得不支付土地的利息[①]。

冗长的政府审核和重叠的官僚权威带来的行政成本,对每个人都是一项负担。开发批准的过程变得复杂时,开发商必须付出昂贵的成本资源,作为政府官员的薪水和总经费,以及顾问和律师的费用。这项负担尤其影响到开发条例已逐条修订过的社区,政府官员的沮丧程度加深,而拖延情形再度发生,开发商也变得焦虑,不是决定放弃开发,将其移往别处,就是用更高的价格或租金来弥补心中的愤慨。

过时的、拖延的或不必要的、复杂的开发规则和批准过程通常会产生负面效果,降低设计的品质和有创意的土地使用规划,反而提倡没有创意和投机的开发方案的诞生。

影响住房建设的规定

迂回的开发规则对住房消费者构成相当大的影响。房屋用的土地成本显然是依土地的可获得情形而定,例如,在农业保护区或耕种区,一般就是根据限制开发密度的最小的土地大小条款而定。在许多社区,开发商可能因为成功获得相当大的区域划分,而拥有一个几近垄断的地位,因此他的价格可以调得比其他人高。此外,土地成本也影响到梯形后退、后院的其他开发标准。街道的高度(以及铺面的成本)、人行道、路面的高度、街灯的间距和消防栓设置以及公共设施线的安置等有关的细分法规,同时也改变了开发的成本。而为防洪保留的土地、娱乐用地或未来的公共设施等,都影响到开发成本。

土地开发成本受区域划分和兴建法规的条款的影响,犹如建造一栋房屋受区域划分影响一样。区域划分法规规定了最小的地块面积和远离街道的停车要求。建筑法规则规定了所使用的材料、窗户的间隔、电路出口、管道的铺设等。此外,由于在同一区域和社区,法规可能有极大

---

① Morris, P.2。

的差异，各社区必须修订规范住宅计划。

买不起产品的消费者

许多新闻媒体和房地产规划买卖刊物，大肆报导典型的新住宅成本和典型的住家购买力之间日益加大的差距。直到1970年代，各住户收入的增长等于或超过住房的价格和利率的增长。然而到了1979年，一个中等收入家庭不再有资格作中等资格住宅的抵押了，这一情形对于双职工家庭也不例外。

在1972年和1976年间，中等收入家庭每年平均上升7.05%，而中等价位的新的独户家庭的住宅上升12.49%①。如所预料的，家庭收入花在住房上的比例也急剧地上升。1980年都市土地中心在经济适用房宅政策报告中指出，许多美国人付不起像样的住宅和高水准生活的其他条件。

其他的决定因素

抵押利率上涨说明了买不起房屋的部分原因，而住宅土地和建材的上涨，也是原因之一。而且后者比利率更直接地影响消费者的购买，因利率是根据国内和国际的经济状况而定的。（抵押比率也上涨了，即使利率没有普遍上涨。财务机关现以市场比率的利息来付储蓄款，因此索取市场比率的利息作为抵押贷款。）

除了降低房屋成本外，规则的改革还可以为各个经济阶层的消费者提供更多的房屋选择的机会。美国现在的家庭组织比较多样化了。已婚的夫妇有两个或更多就业年龄的小孩，不再像从前那么普遍。只有极少或没有区划作为多户住宅（由业主或出租人所占用）的社区，限制了进入劳务市场的年轻人、无小孩的小家庭和不想保有单户独栋的房子的居民而只想维持居住在同一社区的老一辈的美国人。同样地，不允许在小块土地上保有单身家庭住宅的社区，限制了选择余地，且提高了付不起大块土地的中高收入家庭的住房成本。理想中，应该有新式的住宅来满足新的小家庭的需要。

规则的改变也有助于提供由修复非住宅的建筑而得到住屋。北卡罗莱纳州的罗列市在研究提升其闹市区住宅的方法时，得知是其区域划分和兴建法规使旧的工业或仓库建筑不易成为高级的公寓住宅。②

---

① 美国住宅和宅市开发"*Final Report of the Task Force on Housing Costs*"（Washington, D.C.1978）。
② 星字记号表示在本章末或本书他处附有相关之案例研究。

5-2	政府规则对住屋成本的影响					
	政府级次					
规则种类	未改良土地	土地开发	土地开发资金	建造资金和工人	建造材料	抵押资金及让与成本
联邦政府						
空气清洁法	×					
海岸区管理法	×		×			
消费产品安全法				×	×	
抑制噪声管制法				×		
联邦水污染管制法	×	×				
抵押计划				×	×	
国家防洪保险计划	×	×	×			×
工作健康安全法				×	×	
房地产授予程序法				×	×	×
州政府						
建筑法规				×	×	
海岸区管理	×	×	×			
危险区的限制	×	×	×			
土地开发法	×	×	×			
排水沟的延期偿付	×	×	×			
地方政府						
合约要求			×			
建筑法规				×	×	
能源法规				×	×	
工程检验		×	×	×		
环境影响审查	×	×	×			
机械法规				×	×	
地区图审查		×	×			
排水沟之联结之同意和费用		×	×			
树荫许可		×				
地点计划之审查		×	×			
土地防碍测试		×				
设施联结费用		×	×			
自来水连接之同意和费用		×	×			
区域划分	×	×	×			

资料来源：Stephen R. Seidel，"住宅成本和政府规则"（New Brunswick，New Jersey：罗杰斯大学城市政策研究中心，1978），P.20。

规则对经济发展的影响

关于房屋价格管理改革的需要，已普遍获得大众的注意。而法规的条款也可能改变一个城市或郊区的实力，以吸引非住宅的开发。有些社区的区域划分地图并不能反映市场的实情。有不少土地保留作为大的地区性购物中心用地，而少有新的中心正在被兴建。同时，在其他地方从1950年和1960年起，大型长条式的广告看板，形成了数英里的视觉障碍，土地普遍未充分利用和危险的交通组织。土地常为高科技使用者作区划，即使是在比较不吸引人的地区也一样；而这些地区往往是不能够提供现行的、比较传统的扩大的商业地点。当过时的经年累月的区划条款允许在比较密集的工商业区兴建时，即使是高品质的开发方案，区域划分也变得愈来愈困难。

不幸的是过时的和不充分的规则太常见了。许多城市和郊区多年来都未能对规则进行一个全面性的审查。例如，德州的比蒙特（Beaumont）市在1955年采用了一个区域划分条例，三年后，该市认为这项条例有缺点，而直到1981年该市议会才通过一项新的条例。在这段期间，政府官员和开发商一方面必须克服一项和州法律直接冲突的法规，而另一方面也必须克服一些过时条例对该市的工业吸引力产生不良的影响[1]。这种情况并非不寻常，例如，过时的条例不能反映混合开发的重要性。当这种开发类型变得越来越普遍时，尤其在市郊，许多的社区都应该更新条例以符开发的需要（混用式开发方案可由共同停车场协议来减少停车的要求。）

一些市区若能改变传统式的区域划分，可能会增加填入式开发的机会，以加大税金。填入式开发方案是净税收的来源，可以产生更多的税金。住宅和商业的填入式开发可能比其他的开发类型更能有效地利用现有的地下结构，因此可收服务成本，并为更多的消费者作必要的修理或品质提升。当然也有不少居民反对这类开发方案，他们希望能留下有"居住特性"的社区，并反对交通量的增加。然而其他市民却欢迎能有更多的变化，希望对闲置用地或未充分利用的土地作开发，以增加税收。

---

[1] Bruce Mc Lendon，"改革区域划分规则以鼓励经济开发：德克萨斯州的比蒙特"，《城市土地》1981年4月，PP.3-4。

改革的阻碍：开发商的观点

虽然一些开发商可能会抱怨开发限定及其行政效率，但这些人不一定是改革的先锋。许多开发商，不管是持何种信念的开发商，都感到开发法规和条例的数目太庞大了，或是感到开发过程中所牵涉的机关和单位太多了，包括州和联邦的机关，以及市政府和特区等。他们也因一个市场所在区的管辖缺乏一致的规则和法规而常感到沮丧。即便是使用同一建筑法规的社区，也会有不同的解释。因此，大部分建筑者最后只好选择一些他们自以为适用的管辖权，和政府官员以及选出的官员建立起合作关系，而将开发活动局限到他们所熟悉的开发系统上。开发商的同事若认为某一郊区或城市不易作开发时，他们另寻他处求谋生路，不愿花时间在那里发动改革。

住宅的建筑仍由小规模的企业家所主宰，他们欠缺专职人员和市民、公共的政府办公人员和官员共事，总是席卷式地修改开发法规或程序。有时，区域性的建筑者团体会团结在一起，反对一般开发管理的势头，或指出节约成本的改革，但这些团体很少将目标放在各别的社区，来作全面性的改革。例如，在芝加哥住宅兴建者支持在杜帕吉（Du Page）县修订细分法规，而现在和县政府官员共同修订建筑法规。然而这些努力却不适用于杜帕吉县的一些相关的城镇，这些城镇建筑情形比其他地区更为活跃。

5-3 不同密度区新住宅开发每户每年的公共成本和税收[1]

	乡村分散区[2]	乡村聚集区[3]	中密度区[4]	高密度区[5]
年总成本	$4,960	$4,517	$3,529	$3,463
随密度而异的成本	4,052	3,609	2,621	2,555
经营学校的成本	3,046	3,046	2,256	2,256
学校交通成本	187	153	67	33
道路维护的成本	110	55	38	26
自来水和排水沟的经营成本[6]	709	355	260	240
不受密度影响的成本[7]	$908	$908	$908	$908
年总税收	$2,728	$2,671	$2,859	$2,758
随密度而异的成本	1,252	1,195	1,383	1,282
房地产税收	892	892	846	782
私有财产税	255	250	240	235

	乡村分散区(2)	乡村聚集区(3)	中密度区(4)	高密度区(5)
给水和排水管的税收(6)	—	—	260	240
道路维护/修理转移	105	53	37	25
不随密度而异的税收(8)	$1,476	1,476	$1,476	$1,476
净公共成本（超过税收的成本）	$2,232	$1,846	$670	$705

(1) 各项开发包括1000个住宅单元和3260位居民。
(2) 此项开发包括每五英亩一单元的住宅。
(3) 此项开发包括每英亩一住宅单元。
(4) 此项开发包括每英亩 $2\frac{2}{3}$ 的住宅单元。
(5) 此项开发包括受每英亩 $4\frac{1}{2}$ 的住宅单元。
(6) 乡村分散和聚集式的开发系使用水井和污水净水槽，给水和排水管的成本代表每年的分摊，包括20年后安装公共自来水和排水沟系统的成本。而中高密度的开发的自来水和排水沟的成本，代表卫生当局的营运和维护成本。税收则只征收中、高密度区的开发。
(7) 公立学校的成本为$243，法律执行为$165，救援和消防为$58，健康福利服务为$295，一般行政为$147。
(8) 其他的地方税为$276，其他地方税收为$162，得自维及尼亚州政府的移转税收为$984，两个联邦分项计划支出为$54。
资料来源：《鲁顿县之住宅开发——与密度有关的公共成本》。1985年4月的《都市土地》期刊中翻印。
住宅开发的净公共成本随密度而异。重点是华盛顿特区边缘的郊区的快速开发县之一，结论是新的、大规模的住宅开发，其公共税收区均不足。最低密度社区每户每年平均税收的短缺额约是最高密度社区的三倍。本研究只测量直接的成本和利润。未探讨住宅开发的间接影响，例如，商业活动的增加、农地的减少或就业机会的提高。

改革的阻碍：市民的观点

民间的牵涉到的区域划分和建筑争议通常是对某一开发提案的反应。参与和持续参与过时的开发政策与条款整体的审查需要多年的努力。即使是训练有素的规划者，也很难了解规划和条例的文字。开发的支出应足以聘请律师和工程专家，在土地使用政策和新的管理条款进行审核时，代表开发商的权益。然而西岸却是例外，民间团体很少拥有这项资源。

居民通常会怀疑开发商要求改革的动机，目的是否是针对单一的停车条款或是整个区划标准的改变。因为开发商很少居住在他们兴建的社区里，这些社区的人们视他们为外人，追求的只是提高他们的利益，而不惜牺牲社区的安定、安全和地产的价值。同时，人民和民选官员可能怀疑政府官员、规划者和建筑检查员等所支持的改革，因为这些改革可能会为政府官员和顾问增加额外的费用。

规划评议会、区域划分董事会和市议会中的外行的成员，通常并不熟悉其他社区成功的开发程序改革所作的努力，且不确定管理的改变会如何影响市场的状况、土地成本和完工时的建筑品质、外观和安全。直到最近，公共官员对于改变管理效果和如何达到改变的方法的知识仍十分缺乏。然而，近年来，关于程序改革和示范开发方案的结果的信息却逐渐增多。①

改变的机会

尽管人们对开发规则影响建筑成本的同意意识逐渐加强，改革仍是一件困难且费时的事。一方面必须要说服大众改革，另一方面又必须建立如何改革的共识。例如，不易说服公共官员改变规则，以减少土地或建筑的成本，并允许有更多的经济适用房。现在的公共官员即使认识到经济适用房的差距，仍畏惧变革。不幸地是，未来的住宅买主，尤其是首次的买主，在选民中是一个未充分得到代表的团体。改革者发现修改建筑法规条款或不易见到的细分标准，比用小块地或保留地点作附加房屋更加容易。

改革的支持者　　在有经验的房地产和规划专业人才的协助下，有不少的拥护者支持改革。这些拥护者可由开发商和建筑者组成，也可由以下人员所组成：

- 面临第一次购房财务困难的年轻夫妇的家庭。他们可能希望留在他们长成的社区，且希望停止租屋，但他们无法找到付得起租金的住宅。
- 面临高昂租金且稀少的公寓租者。排外的区划做法和出租房屋所附带的土地价格增长增加了这类租房者的人数。
- 久居的社区居民和商人关心的是保持低税率，他们追求的是多变的经济基础。
- 足不出户的居住者和退休者可能想留在他们现在的社区，不想保有大的单户住房，但住房可能找不到太多负担得起的取代方法。
- 建造业的利益集团，包括承包商和工人。较低的建造成本对零售商而言，可能意味着新的工作和更多的工作时数。（不幸地，建造工会尤其是在大都市的工会，抵制修改建筑法规的努力，他们惟恐新的

---

① 例如，见美国规划协会的《土地使用规则》。

法规会减少他们的交易量。）
- 能够确定的买得起的住宅的业主，规模是工厂扩建和选址的决定因素。

改革的目的　　土地使用和建筑政策改变的改革必须注意以下几点：
- 更广泛认识改革的优点，包括土地使用的混合住宅形式和开发密度的变化。
- 认识分配可开发土地作各种不同使用的市场需要。
- 决定符合执行标准的弹性。
- 法规的文字和内容应清楚、简单，以减低开发商的风险，增加整个社区的保障。
- 有效率且恰当的开发计划，可省下开发商和地方政府的开销，最后也为消费者省钱。
- 公私双方共同为地下水沟、水源和交通改善等设施成长而募集基金。

　　致力于改革的人们应熟知社区居民关心和恐惧的事。1950年和1960年愚蠢和粗心大意使开发商做出了过分的举动，导致了1970年开发管理的极端化。我们必须注意：（1）确定高品质的设计和施工；（2）保障社区不受混乱使用的影响。

落实改革规定的策略
DEVELOPING A STRATEGY FOR EFFECTING REFORM

　　开发商要在某一地区寻求开发规则的改革，没有必要走出他的办公室。许多合理改革规则的出台，可由开发商激励其他的开发商、建筑商、顾问和公共官员，用新的眼光来看待地方计划和规则得出。刚开始时不一定能如意。通常地方制订开发规划和有关规则的工作人员，十分了解规划和规则的不足，且乐于更新和修改。

开始修改规则

　　合理修改开发规则的第一步是要对工作的性质进行定义，同时辨认有关的因素和引起政界的支持。乍看一下，初步工作是获得信息和找出办法。开始的方法之一是召集一些有见识的人，他们可以以第一手方式,促进一个长期性的改革过程。

改革的筹划者可与圈内的友人和商业人士组成一个团体,这些人包括代理人、规划师和工程顾问、规划室的专业政府官员、开发商、兴建者和其他投入开发方案的人。而现有的团体或组织,譬如地方商业部或建筑者协会,可形成一个改革行动小组。有时,要求政治领导者形成一个特别的团体,可能是最直接的方法。有时却又要按照传统的方式,而各社区有其特别的传统方式。

关心的问题　　这一改善团体一旦成立,其首要的任务就是借着决定基本问题和使用的要求,想出一个进行改革的过程。首先,要决定的是那些问题激起了对现行开发规则的关心?这个问题不难从会议上、地方市民的抱怨和疑虑中得到答案。在表 5-4 "开发规则改革的评估"中,列出了一些典型的为人们所关心的问题,这些关心的问题通常包括以下几个要点:

- 整体的开发经营政策。即不能保留足够土地以容纳开发或开发和重要的自然资源达到合适的均衡的公共政策,如规划和条例中所制定的。
- 土地使用、交通和其他规则。过时的、不切实际的或完全过时的区域划分、地下结构的条款、住宅类型和其他重要的社区架构等的计划。
- 区域划分条款。区域划分条款不能满足区域性市场需求下合理的使用弹性、与增长经营政策和规则不符或显示出的不一致的内在混乱。
- 细分的规则和建筑法规。忽略了现行良好做法以及限制使用功能、密度、地点和设计形式的多样性的要求和标准。
- 同意程序。许可证的申请和听证会的过程所带来不当的审核和拖延。审核和同意必须对每一个许可逐案协商,却无法确定将来不会对现在的决定作任何改变。
- 地下结构的条款。必要的地下结构的短缺作财务和兴建的规划。不合理或不公正的依赖私人基金来改善开发的资金。

改革团体一旦认清了开发管理者所关心的问题,就试着问自己一些问题。所关心的问题是遍布整个管理系统还是只集中在其中一、两个程序上?所关心的问题主要是环境特别开发类型的标准还是要求、特定的程序或整个过程?所关心的问题是对个别条款的更新或修饰还是完全缺乏一个全盘的计划、条例或规则?是否仍需要某些工程、人口、经济或其他的信息,以对现行开发规则作一个完全的评估?这些问题的答案有助于定义出工作的规模和所需资源的性质,以进行适当的评估。

关键人物　　其次，改革团体必须对特别管理过程中的主要人员加以辨认和评估。在对整个管理过程作一般性的审查后，改革团体要制定一份主要的公共专家的名单，加上对开发事务作建议的评议会和董事会的名单。因为改革团体只针对部分的区划条例作判断，故只需列举出主持开发活动的政府官员和顾问的姓名。规则的全面性审查可能稍嫌繁琐，却有助于及早辨认具有技术专长、实用的见解和熟悉资料的决策人物。这一过程还有助于找出支持改革的人员。事实上，这时邀请一些重要人物参与评估是十分有帮助的。

改革的背景　　最后，改革团体必须考察改革规则的政治环境，并开始建立政界对改革和未来建议的认识和支持。管理上的改革策略应由正确的公共团体来提出建议。

　　私人团体不能独立形成详细的提案。实际的政治评估有助于私人团体决定范围、起点和能协助改革的团体和个人。基于这些政治因素的考虑，私人团体应将特别委员会的进度的通知者名单，缩小到主要市议会或规划评议会的成员，或者只邀请一、二位官员参加规划。有时现实的政治可能会使改革成为正式的公众活动，包括一个特别评议会组织或一个特别委员会，并有正式任命的会员。

　　这一初步工作，当改革团体要提供给地方政府的提案完备时，即告结束。给地方政府的提案应该：1）提出重要的管理问题，2）制订一个判断和修订规则的程序，以及3）必须描述进行改革活动的组织。提案必须包括以下几个要素：

- 监督评估和决心行动的团体；
- 上述团体的任务或目标；
- 应有的会员数目，以及他们应该代表的组织或利益团体；
- 成员的选拔和任命的方式；
- 应进行作报告的官员或机关；以及报告的时间；
- 还有必须提供的政府官员和支付预算的种类。

从备选者中选出工作人员

　　实际上搜集和评估资料以及达成实在的建议的责任，可能落在一个特别小组、一个公共机关或一位顾问的身上。三者的联合可能是最常见的方法，因为成功的开发规则的改革需要牵涉到许多政治和技术层面。

特别小组　　将工作指定给一个特别的委员会或特别小组，可以使开发人员直接参与，并接触到有经验的专门人才和建立起政界的支持。有时，这些团体成立的主要目的在于缓和政治热度，而不在实行重大的改革，但通常这些团体表现良好，他们的建议会获得尊重。通常由许多利益团体的组织作出的结论，要比某一特别利益团体所做的建议更使人信服。此外，一个有广大成员基础的团体，可以增进对团体建议的支持。另一个好处是团体成员对于政府管理开发的方式和规则影响开发的方式愈来愈熟悉，这一好处在未来几年可以得到回报。

政府官员的支持对于一个特别小组的有效运用是不可或缺的。这一支持可能来自地方政府、专门聘请的顾问，部分来自参与的政府官员。

在马里兰州乔治王子县成立了一个类似的团体。这个县位于哥伦比亚的郊区。该县在1979年成立了特别经济开发和政策审查委员会，针对一些开发问题作审核和建议，也"简化获取许可和执照的过程……"。县议会共任命了32位成员，其中5位是议会的会员，3位是议会的政府官员，13位是工业和人民的代表，以及11位来自4个公共机关的代表。此外，县议会则选出代表私人的成员——建造者、区域划分代理人、工程和民间的代言人——来代表特别的团体和利益。委员会负责对县的区域划分条例和细分规则改善提供建议和协助。①

在1977年，伊利诺伊州凯恩（Kane）县的开发商和顾问在县董事会议上抗议以后，成立了细分规则和程序委员会。规划主任主持并选出了六位具有不同专长的私人代表小组。规划政府官员则协助委员会，并草拟修订成员所关心的规则。②

5-4	管理改革的评估

　　最近在市办公大楼可以看到一位开发商，心灰意冷地从一间办公室跑到另一间办公室，他似乎在寻找一位对简化开发规则以降低住宅成本有兴趣的公共官员。的确，市长也承认住宅价格是一个问题，他刚建议一套解决整个问题的方法。他说，"我们将要求每个开发方案中的建筑者提供一些低成本的住宅"。不得已的情况下，建筑者去找了市议员。市议员说，"我当然知道住宅在涨价，但这样却可以改进我们的税收。此外，我们也想使住在这里的低下阶层的人们离开，让我们能保持原状。"

---

① 在此提醒读者注意，凡有星号出现者，即表示在该章或本书他处附有相关之案例研究。
② 例如，见美国规划协会，《土地使用规则》。

建筑商摇着头，对着规划办公室的友人说话。这位规划者对改进规则表示出极大的热情。"喔！是的"他说，"我刚刚规划了三个新的区划区域，包括所有的新城市住宅和公寓。我们将有一个特别的委员会，在规划评议会和市议会作批准之前，审查各个开发方案。"开发商在市办公大楼的所有友人中，找不到一位同意该社区减少或合理化土地使用规则的人选。

我们不难知道这位朋友无法得到改进规则的原因是大部分的社区在开始作管理改革之前，要克服的主要障碍是使社区认识到改革的必要性。许多社区认为他们辛苦获得且艰难形成的规则，不会助长房价的上涨。我们只需做一个"石蕊试纸"的测验，或至少一些加以定义过的征状，即可得知一个社区何时需要对规则作合理的修改。

以下列了十九个抽样问题，或许适用您所在的社区。当然您还可以增加其他的问题。您的"是"或"否"的答案即提供了所谓"管理改革的评估"的分数。在住宅价格下降时，肯定的答案愈少就愈需要作改革。例如，十个以下肯定的答案就暗示需要采取立即的改革行动；十五个以上肯定的答案，则意味着您的进行顺利。

　　　　　　　　　　　　　　　　　　　　　　　　　　　　　　　　　　是　否

1) 未来五年要求作住宅用开发的所有土地，现在是否作区划且可以得到开发？ ＿＿ ＿＿

2) 是否至少有 $\frac{1}{3}$ 的作为居住用的土地，可作为除单户独栋住宅之外的住宅？ ＿＿ ＿＿

3) 在您的区划条例中，是否有任何住宅，不经过特例或其他的同意过程，而享有建造都市住宅和多户住宅权利？ ＿＿ ＿＿

4) 是否有允许独户家庭独栋同时也允许附加房屋的区域？ ＿＿ ＿＿

5) 是否至少有一块住宅区划区提供一个最小的、小于 $\frac{1}{4}$ 英亩（11000 平方英尺）的土地作为单户独栋的房子？ ＿＿ ＿＿

6) 是否所有的住宅区计划分区允许小于 1 亩？ ＿＿ ＿＿

7) 去年同意的住宅细分是否有少于一半的要求先做重区划？ ＿＿ ＿＿

8) 是否有比较多的住宅得到批准？ ＿＿ ＿＿

9) 重区划或细分申请的原来提议的住宅单元数目中，是否有超过 $\frac{2}{3}$ 被批准作开发？ ＿＿ ＿＿

10) 在第一次申请后，大部分的细分批准（不包括重区划），是否需要少于六个月的时间？ ＿＿ ＿＿

11) 为获得除了单户独栋住屋之外的开发同意，正常的程序是否需要两次以内的听证会？ ＿＿ ＿＿

12) 是否少于 10% 的住宅开发申请是由区划或细分的行政人员或由规划委员会所做的决定（由邻区或民间团体所请愿）？ ＿＿ ＿＿

13) 完成一次细分的申请，是否从初步申请到完成只需少于 10 个个别的执照或批准？ ＿＿ ＿＿

14) 细分或其他标准是否允许正常的住宅街道小于 30 英尺（从一边街肩到另一边街肩）？ ＿＿ ＿＿

15) 区划或其他标准是否允许个人的住宅聚集在减少的土地上，且减少对房子的正面、侧面和后院土地的要求？ ＿＿ ＿＿

16) 若有其他方式提供人行道时，街道的一边或两边的人行道是否可以去除？ ＿＿ ＿＿

> 17）低洼地、池塘和其他的自然特色是否可以作为排泄水系统？　　——　——
> 18）开发商是否只要求提供开发批准中的道路、排水沟以及自来水系统、公园、学校地点和其他的公共设施？　　——　——
> 19）是否根据实际的服务和所提供的设施申请手续费和公共设施的费用？　　——　——
> 附：我们这位开发商朋友发现他的社区分数十分低（据说他考虑提前退休），不知您的社区如何？
>
> 资料来源：《城市土地》，1981年11月。

行政人员　　另一可行的方法是由公共行政人员通过公共政府官员来进行管理改革。在形式上这种方法可任命一个或更多的政府官员来审查和建议规则的修订，或任命一个比较正式的跨部门的工作小组。政府官员所作的改革努力，可以得到简化组织和迅速取得成果的好处，而且可避免在政治敏感的情况下所引起的公共争议。可是，政府官员作评估的缺点是其建议只反映了一个单一的利益团体的看法，即公共行政人员的看法，很可能忽略了对其他开发参与者很重要的问题。为避免这些缺点，政府官员可以通过开发商、顾问和外行的民众，通过非正式的面谈或小型的顾问小组得到信息。

顾问　　以合约方式聘用的专业人才和公司，在开发规则合理化方面也扮演重要的角色，他们或者参与改革小组或进行技术评估并给公共机关作建议。在公共政府官员时间紧迫时，或者需要外人客观的看法或需要特别的人才时，还需要聘请一位顾问。此外，顾问可能从他待过的管辖区带来有价值的信息和忠告。

顾问在聘请他的公共机关和他本身都充分了解的工作和自身角色时才最能发挥功效。例如，聘请一位规划顾问来全面修订一项特别条例的原因和结果是与请一位区域划分代理人建议听证会的过程是有很大的差别的。因此有关机关会尽力去聘请一位顾问，使他或她在开发过程中和不同的社区公共机关参与者进行交流。

新墨西哥州的阿尔伯克基（Albuquerque）作出了非常有效的管理改革，在1978年，大约有30个地方上的顾问公司和个人成立了阿尔伯克基都市顾问议会，这一非党派的组织目的是鼓励高品质的开发。经过两年和市政府建立了良好关系之后，顾问议会和市政府签了约，对改进开发条例、政策和程序提出建议。五位议会顾问平分微薄的费用，他们那时作了一项研究，对程序的改变、新的行政规则、当时使用的条例进行了全面修订，并为其他的修改提出建议。议会帮助市政府官员编制一本市级审查和开发协议的手册。

判断问题

改革小组一旦成立，接下来就是要对规则或管理系统的优缺点作详细的评估。这一评估步骤很不容易。首先，有许多因素影响到管理过程的运作。譬如，书面规则和规则的清晰度、规则对现行开发和所认知标准的相关情形的影响、地方顾问和公共政府官员的能力，附近工作的开发商的经验和品质，以及社区对开发的态度。第二、管理系统并非在真空中运作，而是需要对社区的外在和经济内容作审查。此外，大部分的管理系统实际上根本不是系统，只是历年来各种条例和条款增加的结果，而且很少有人了解这个系统的各个层面。

情况因协助兴建的人对现行体系作了相当的投入而愈来愈复杂。公共官员长期努力希望能订出一套必要且公平的开发规则，他们努力的过程需要多次的草拟和修订、付出许多的时间、赢取政治的妥协以及对已完成的结果进行讨论。时间、精力和忘我的投入才能致使开发规则的诞生，难怪有些人宁愿不去改变规则。

搜集失调系统的资料

修正失调的系统需要作深入研究，并对该系统的正误点加以定义。诊断问题就是找出本来应该公平、合理、有效、迅速或运作方便实际上却未能正常地运作的部分。诊断根据对象而定，可以包括以下内容：

- 估算规划更改、重划、特别例外和差异的申请等的数量和型态，以及所采取的行动，作为现行政策和规则依照市场的趋势和公共目标的指示。
- 细分审核和后续行动的数目和种类，包括对原始提案所作修饰的情形。
- 规划、条例、规则和资金改善政策之间的连贯性和相关的情形。
- 自开始申请到同意或发放许可为止的过程平均所需的时间。
- 建筑和占有一栋建筑所属的许可证、同意、听证会和行政审核的平均数目。
- 必须审核申请案的地方、州和联邦政府等各级有关的机关、部门、董事会和其他团体的数目。
- 计划方案或者许可所需要的申请格式、规则、报告和其他资料等。

对上述这些要素作个别的详细说明，即勾绘出管理系统的现行性质和功能状况。现在一位改革者如何依上述情形分辨开发规则的对错？对改革团体所作的抱怨和关心列表可提供一些提示。其他得到提示的方法是和制订开发规则的人直接会谈、检验最近的开发行动、观察现行开发方案的申请程序、评估开发规则对市场的影响力，以及和其他城市的开发规则作比较。

和使用者面谈

也许找出开发规则需要作改进的一个快速方法，是直接向使用者咨询。和使用者面谈可采取个人或团体的方式，但两者又以团体方式比较能容易认知更多的问题。会谈人员包括技术政府官员及其处理档案的人员或其他的人，此外，应和开发商及其顾问和代理人会谈。最后，也应和评议委员以及审查开发申请的市议员会谈。

任何处理过开发规则和条例的人，都可以辨认出开发规则中的错误概念，并有改进这些错误概念的想法。由于这些人参与开发规则，他们能够明确指出开发管理的各部分关系。

行动评估

政策和规则的申请可通过对最近开发行动的分析加以辨认。应该可以通过记录得知申请的各类批准和数目——计划改变、重新区划、差异等等——以及真正实行的数目。"赞成"或"反对"的决定可以加以计算和分析。最初申请和最后同意的日期可用来推算出过程所需的时间。如果记录以抽样方式对选出的几年作观察，则可以测出这一过程是否比过去还长。

观察开发申请记录还有额外的好处，就是许可证上的证明或签名显示了审查开发申请的机关或部门的数目和种类。这一详细的历史分析也可以显示，案头上作业的数量或是审查机关的数目已经增多了。当然，如果无法追溯申请过程所经过的路线，那么这一结果就说明运作系统欠佳。

观察现行申请的情形

另外可以观察的是开发申请项目的横向过程或目录。各个机关或部门会报告出目前尚未决定的申请行动、各申请行动入档的日期、可能发生的行动的日期，以及某些拖延的原因。这一资料一旦建立，即可以显示出管理系统是否实际可行或症结所在。

分析经济结果　　管理系统的运作还可以透过对市场的经济分析进行评价。这种评估应考虑到系统对成本和土地使用的影响，特别是要就所观察到的和显示出的情况进行来考虑。

例如，原始开发和重开发的区划的房地产经济要求是什么？那种新的、重开发的住宅是否最能符合可行性的标准？缺乏较高密度住宅是否会引起土地价格暴涨？还是随更高密度的开发成本的比例增加而上涨？还是土地价格比大面积的住宅爬升得更快？是否可能在现行制度下平衡某一区域性的住宅和非住宅的土地使用？更确切地说，是否在某一区域或附属区域的通车距离内有足够的住宅，来供应地方需求？是否已经在合理数量的工商业区兴建房屋？

和附近系统作比较　　进一步的策略是与附近地区的管理系统比较，最好是地方开发商工作的社区。通过比较管理系统的异同，开发商可得到对开发管理进行改进的提示。

上述调查方法并不十分周全。评估某一特别系统或部分系统的机构，往往自己有看待问题的方法。该团体最重要的功能是尽可能精确地辨认管理系统中需要"修理"的要素，然后再决定是否要作全盘或附加的修订，确定形成和本质是否有问题。

认识问题　　不论管理系统中所诊断的问题情况如何，某些问题在追求改革的过程中会一再出现。问题往往无法获得完全的解决，而开发参与者会持续对所谓"正确的"解决办法表示异议。任何试图改进开发规则的团体，应该认识到这些层出不穷的问题，并且要公开、公平地处理这些问题。简言之，管理的过程总是受下列因素所左右：

- 政治总是在土地使用规则上扮演重要的角色。开发商及其他私人的参与者不能认定他们可以在开发批准过程中运用政治力量来写下繁复的开发规则，或运用政治力量除去繁复的批准过程。开发规则跟其他法律和条例一样，是需要用政治来解决问题的一种方法。
- 地方政府并非独立管理土地使用，区域、州和联邦机关，以及所有的法院体系，还扮演决定建什么和在什么地建的角色。因此，虽然改进了地方的开发规则，但却未考虑到政府间整体的开发，仍会为开发带来困扰。
- 确定和弹性的两极化产生了管理过程的紧张情势。原则上，对于可做什么和如何完成的确定程度愈大时，则规则的弹性就愈小。想获得更多的弹性就必须作行政上的审慎的考虑，因为弹性减少的结果是确定的。不管采取何种方式，都有为难之处，最后可能必须达成某种协定。
- "效率"对开发过程中的每位参与者都有不同的意义。效率暗示着对某一目标作评测，然而参与者通常有不同的目标。"迅速的"审核对某些人而言似乎是有效率的，但对其他人也许是不充分的。
- 态度也许比一套理想的规则来得更重要。如果公共行政人员、民选官员、民间团体和一般的大众均反对开发、开发条例改变，管理和改革将是徒劳无功的。

上述几个因素值得注意，不是为了阻止管理改革，而是为了说明改革和管理是在政治环境下产生的。许多不同观点的人会试着平衡各种不同的目标。管理改革的困境是没有"正确的"答案的，却有一个适合某一社区某一特定时间的答案。

解决政策问题：发展管理的两个原则
RESOLVING POLICY PROBLEMS: TWO PRINCIPLES OF GROWTH MANAGEMENT

追求合理的平衡

尽管目前的作者不能给发展经营的问题做政策上的解答——这些解答由各社区按照自己的和区域的需要及期望来获得——本章仅提示两个指导原则，作为开发商改革发展和政策的参考。首先，发展经营应试图在一方面是开发的压力，而另一方面是保留和保护重要自然资源、敏感环境及优良农地的压力下，使两方面保持一种均衡。

开发的公共经营应考虑到发展和改变，对适于开发的土地作充分的调整，并计划支持开发地下结构。同时，公共政策应该保护稀有的或不可取代的自然特色和土地。要使这些通常是冲突的土地问题获得合理的解决是十分困难的事。但仍应该正视这个问题，对土地的需求和现存的资源作详实的分析，并认识最新的缓解冲突的策略。

符合市场的需求

第二个重要的原则是公共政策应将区域和地区的经济和人口所决定的基本市场需求列入考虑范畴。考虑这个因素，应不致给现存的社区品质带来不良的影响。

这里还有另一个问题：即如何平衡不同的土地使用、房屋开发和期望保持吸引力的社区特色的密度等的需要。要平衡这些需要，必须认识到改变是不可避免的。社区必须适应演进的需要，也需要一些想像力和资源，以形成开发政策和实行的计划。透过设计和其他渠道使这些开发政策和实行的计划达到减少一些不必要的土地使用效果。

规则的流程
STREAMLINING THE REGULATIONS

改革开发管理系统除了对发展经营的过程作政策上的选择外，还包括采取明确行动、修饰基本的条例、简化同意和许可过程、减少案头工作、程度化、合理化和改进听证会的过程。社区已发展出以上各项改进办法的技巧，这些技巧可供其他社区借鉴，作为修改和加速开发批准的过程的参考。

规则的明确

开始使开发规则合理的最好方式是更新和改进制定开发协议的基本标准、要求和程序的条例和规则。应该对能改进的方式详细考虑。

重组和重写　　首先，明晰条例、规则的组织和文字不是一件有趣的事，而是一件重要的工作。许多社区的开发条例深受繁琐且不连贯的修订、拚凑式的组合和律法式的深奥的英文条例困扰。虽然要求正确的措词和意义的统一，是件次要的事，不过提高条例的可读性却有助于未来的了解和合作。最主要的改革目的是要使从事开发工作的人容易易阅读和时使用开发的条文，以至于一般拥有住宅的人在想要增加房屋进行申请，也容易阅读和使用它们。开发条例的组织和形式最好是结构工整且统一的，并有足够的图表、标题、索引进行说明。开发条例应该遵守"平实的语言（Plain Language）"的原则，并应该提供一个词汇表，将所有技术性的文字和术语加以定义。条例和规则中的定义、格式和语言应力求统一。

一套书写整齐和组织完整的开发规则，可为开发参与者省下不少时间和金钱。不常使用开发规则的人，例如小规模的建筑者和一般住房所有人，可以不必依赖顾问和律师来为他们解说法规的款项，而新任的公共官员和政府官员也会更快了解条例。

删除过时的条款

其次，管理改革者必须准备定期更新条款并删除不必要的条款。在社区发展、改变和引进新的技术时，开发的性质和形式就会有所改变。开发规则反应这些改变，并淘汰没有用处的部分。例如，过去十年以来，许多城市已对混用式的开发方案，写下附属房屋、能源节约、蝶式天线和太阳能的利用等新的条款。

规则更新可能还使一些较新的规划、区域划分、细分规则和其他开发经营设计形式，或将开发选择种类列入考虑（例如大的住宅细分或较老旧的商业土地）甚至根本改变控制开发的基本方法。渐渐地社区尝试用不同的奖励和红利条款来促进某一选择的种类或性质的开发。实行的开发标准，现在已经比较松弛了，通常适用于住宅区，有时也适用于整个社区的开发。其他方法，例如，可转让的开发权和分数名次制度，在其他地方也有人采用。

在认识这些革新规则对开发和开发过程可能的影响后，就可以采取行动。这一采用需要许多社区成员的投入。革新的规则不应视为自动自发的"万灵药"（cure-alls），而应视为某一特殊背景下理智且审慎的考虑方法。革新的规则是建立在急剧改变的条款之上的，有人认为必须将其送入开发批准过程，试验一下看看会对开发方案产生怎样的效果，在新的条款下开发方案究竟会如何改变，还有新的条款会对现存的地产价值有何影响，以及这些影响的公平性。

删除过时的或不需要的开发条款，有助于减少条例的混乱情况。往往过时的或不必要的条款阻碍了新的设计而延长了开发过程的时间。此外，没用的或非强制性的条款还可能会引起本应该可以避免的问题。

程序的解说

第三个改进开发条例和规则的做法是澄清条例所列的程序。程序必须加以解释，包括各个步骤所需要的信息种类、申请人的责任和申请的面谈者以及开发同意的条款。各种条款的相关程序应力求相似,并尽可能加以合并。

如果有一个特别困难的程序,就必须对术语和要求作反复的解释。即使是简单明了的条例,也需要作相关解释。因此,建立一套可以得到迅速且一致的决定的办法,变得十分重要。这一困难的程序可能包括从给政府官员委员会、市或县议会指出问题到将所有责任委派给一位行政人员。

5–5　　　　　　　　经济适用房的特别小组

圣菲市的策略

1982年12月圣菲市议会在得知该市只有8%的家庭买得起平均价位的房屋后,立即成立了市长经济适用房特别小组。经过六个月的调查后,特别小组发出了总结报告,包括激励买得起住房开发政策的建议。其中一些建议如下:

政策与计划

市长特别小组对市政府的政策和计划作了以下两点建议:

- 建议市政府立即采取一套经济适用房政策的办法,正式认清危机的状况,并说明市政府对买得起住房的立场(见本报告的第二部分)。
- 建议市政府发起一项经济适用房的计划,建立一个全新的、针对可经济适用房方案的住宅开发计划(见本报告第三部分)。

管理事项

关于管理事项,市长特别小组做了下列建议:

- 采取特别的行政奖励,使审核过程合理化,并使住宅方案符合经济适用房计划标准。
- 称赞市政府并促使其继续完成现在的计划,以改善开发审核的过程、开发设计的标准和行政程序。
- 将所有兴建和开发法规、程序、标准、规则和条例落实成简便、易读的书面方式,并使大众垂手可得。
- 在采取任何额外的建造兴规要求时,分析并仔细考量买得起住房的成本影响。
- 成立一个由地方房屋建造协会任命的委员会,来和政府官员共事,以解决建筑法规解释的问题。
- 分析所有的建造法规的设计标准,以估计其对住宅成本的影响,并于地方建筑者协会审查后,交给市议会正式采用。
- 由市政府决定修复住宅的特别建造法规所要求的实际情形。
- 在可能和适当的情况下,市政府应考虑改变以下土地开发标准:
  1. 公用的公共设施沟渠:应指示公共设施会议研究安置不同的公共设施于同一沟渠的方法,然而这一做法必须和法规安全要求相符。
  2. 使用卷起式路边和水沟。
  3. 增大排水沟口的空间和增加排水沟渠的设置弹性。
- 圣菲市政府应规定所批准的开发计划未能于期限内动工者,即取消其许可的住宅密度。
- 在四周的公共设施、道路和市府的服务所及的住宅区,可作更高密度住宅的开发。密度的增加应出于需要,以保护圣菲市的环境。市府总计划,即第83计划,所提议的修订,应根据上面的标准说明住宅密度。

> - 符合经济适用房计划标准的方案,在符合地形经营规则且得到市府的支持者,即享有住宅区划区内的密度优待。
> - 市政府应扮演主动的角色,协助改变高密度住房对社会和经济价值的负面影响。
> - 经济适用房政策应和现行的填入式政策相吻合。
> - 市政府应研究修正住宅区划区,在符合健康、安全和停车标准时,提供附属的住宅单元,对独立家庭土地的影响。
> - 对符合经济适用房计划标准的开发方案作任何地点外的改善要求时,市政府应考虑共同分担成本。
> - 市政府应鼓励公共设施公司,在公共服务委员会所规定的范围内,不要征收符合经济适用房计划标准的开发方案地点额外的费用。
> - 市政府应考虑不收取符合住房计划开发方案的住宅开发费用。

简化行政程序

将开发条例改得更易懂和更易使用是一项十分有价值的改革,但任何改革的努力都应注意到行政的程序,即申请开发协议和许多的人应遵守的程序。为了简化程序,改革者应达成以下的目标:

- 记录要求和过程的扼要信息;
- 得到最初发起人和主要决策人员的直接帮助;
- 建立一个合作和联合的审查过程,目的是解决问题和争端,而非制造问题;
- 做到快速的审查和迅速的决定;
- 提供一个定义完整的申诉过程。

理论上,任何行政办公室均应试着达到上述目标。然而,理论和实际往往不能一致,有时是由于不当的经营,但通常是由于系统未曾"系统化"(Systematized)。但以下所述的几项技巧在许多社区都已试用过并已奏效。

传播信息

改进管理程序的基本和初期的步骤,是沟通过程的运作方式和某一具体事务的责任明晰。申请人在审核初期尤其需要最新的信息,不管他是抱着期盼的、认真的或是充分准备的心理,都需要知道规则、规划和地块的情况,以及相关的申请程序。为满足上述需要,申请人应获取容易理解的书面资料和主要的资料来源。

清楚、简洁和适时的书面材料可避免要求、标准和程序的混淆,并为政府官员节省宝贵的时间。书面资料应包括给首次使用者的简单说明,和其他人使用的比较性技术性的说明。政府官员和审查者可征求顾问、开发商和其他正在使用规则的专业人员的意见。这些人可能会建议并立即得到下列信息:

- 各种规则所需要的许可证的一览表，以及各次申请所需资料种类的摘要；
- 所有许可证费用明细表；
- 得到许可的程序说明，包括正式的时段和截止日期，以及预估审核时间；
- 在审核过程中政府官员所使用的原则和标准检验表（这些检验表可成为一本指南或手册的主题）；
- 正式条例和规则的副本；
- 批准过程摘要；
- 地方政府编制和主要人员资料，包括姓名和电话号码。

由阿尔伯克基都市顾问会议和市府开发部门为阿尔伯克基市所准备的开发过程手册，就载有详细的开发过程指南。手册包括适当程序的决定、细分规划、地点和景观规划、部分开发计划、区域划分、地图修订、合并和特例等。手册大部分篇幅是一个"决定树"的模式（decision tree），用来帮助使用者评估批准所需的时间。最后是申请格式的样本。

一个给大众传播建议意见的信息中心，则提供有用的服务，读者可在该中心得到基本的资料。该中心缓解各部门的工作，并引导大众到正确的部门办理手续。此类中心可以采用简单的形式，譬如一个中心电话交换处，接听例行的电话，或是一个参与桌，上面摆放资料，且由服务人员回答一般性的问题，并指引其他的人到适当的政府官员处。将这个简单形式加以扩大，即成为一个申请中心，可以提供更多的服务，接受和协助开发申请，并发出最后许可；另外，一个中心许可办公室则可履行大部分审核和批准例行开发的职责。中心许可办公室从各个部门召集政府官员中的专业人才来回答问题、审核计划和发出某些种类的开发方案许可证。

加速开发过程　　简化政府官员的审核过程是改进开发过程的另一方法。申请一旦送交重划、细分审批、建筑许可或其他种类的开发审核后，政府官员的审批可能需要数月或数年的时间。然而通常只有一小部分的审核时间是实际用来审查申请的，大部分的时间则是将申请由一个人或办公室，传至另一个人或办公室，或是放在某人的办公桌上，或是因政府官员不同意而申请者在努力。当然有时政府官员或申请者会刻意停顿下来，或者因为所需资料的数量和种类有所误会，均会造成拖延。可是，开发申请过程中的拖延，可以由以下简化或加速政府官员的审核的方式而予以避免：

- 举行政府官员和未来的申请者申请前的会议，以培养对开发范围的一般认识。安排有关的审核程序，并注意特别关心。此类会议可视为"早期预警的方法",在问题扩大之前予以解决。
- 设立一个联合的审核委员会,由几个相关部门在看法冲突时进行协调。这个委员会能对开发问题有比较广泛的看法,且在各部门忙于进行各项要求的过程中,避免申请中断。
- 允许对需要几个不同机关的许可或批准的开发方案作联审。例如,要求作区划细分的同时进行审核可加速批准过程。
- 缩短或加速无争议或例行的开发方案申请过程,例如次要细分。缩短的方式可由减少听证会的次数给只需一或二个单位的申请优先权和删除一些开发方案种类的行政同意而不必经过委员会或议会而达到。
- 指定专人督促高度优先的开发方案并尽快获得许可。通常这位督促者集中在商业或工业开发方案上,他只控制个人申请的进度和必要时的调解。
- 设定审核期限有助于订立审核时间表,虽然往往截止日期内不能实现目标。
- 提供更多且更好的申请处理资料。追踪申请流程,同时做记录,以减轻整个过程的负荷。

有不少社区已使用上述这些技术,例如,马里兰州的巴尔的摩市的开发方案,因为由一个建筑商和市政官员组成的特别小组来改革开发管理程序,获得一本批准过程的指南,并且得益于一个筹备会机构、一位督监者,一个联审委员会和一个信息中心,而迅速获得开发许可。加州在圣荷塞30英里外的一个郊区中心发行了一本员工行政手册,和解说过程的小册子。该中心设立一个联合审查委员会通知一个电脑化的经营系统、一个申请前会议和授权的自助中心,且指派政府官员作一些批准。市政府也鼓励商业和工业开发,并准备这些开发方案的主要环境影响报告。此外,还发行了一本设计手册,并任命一位工业开发许可督促员。

标准合理化

定期审查开发标准应可删除不必要条款,更新过时的标准和调整要求达合理的程度。建筑法规、区域划分条例和细分规则标准需要经常进行审查。这些标准包括下列要求:
- 电、水管、暖气和通气系统;
- 建筑材料;
- 土地和庭院大小以及土地使用密度;
- 建筑物质量、设计和街道、排水沟总管、沟渠及其他地下结构的设置;
- 停车和交通设计;

- 场地设计。

修订标准可有多种方法，例如，参与管理审核的人口可以从六个模范法规协会获得模范的建筑法规，这些法规时常会作更新。州地方建筑法规通常来自这些法规之一，虽然大多数社区改变一些条款并增加或去除其他条款，以符合地方需要。此外，地方政府有时忽略进行定期修改的必要性，这些定期修改是由国家法规协会所作的建议。因此，地方法规不一定代表最新的方法。

区位设计和地下结构的标准——庭院大小、街道宽度等等法规却不是像上述的方式来拟定的。大部分的标准是从地方用法和传统演进而来的，或是从其他的管辖区借来的。许多标准是以较少的理性和资料做基础的，因此需要比平常做更多的修饰，以符合目前的需要。

最近，全国对经济适用房兴趣大增，鼓励了许多城市和地区审查和修订他们的开发标准。在1981年，美国规划协会认定了171个在最近5年内已完成开发标准全面修订的社区。[1]通常这些社区已决定放宽良好的但不必要的地点的设计标准，诸如道路宽度、人行道、停车位和排水结构；将密度修订到允许范围和住宅式样可以有更大选择（因此对线型的公共设施和道路要求减少）；有效提供能源的地点和对建筑设计的鼓励；以及更新建筑法规等。

最近由美国都市开发部所赞助的开发方案展示了一个标准合理化的具体例子。1982年，亚利桑那州的凤凰城和一位地方建筑业者合作设计了一个使住宅开发成本减少的标准。他们改变了街道的宽度、路边和人行道的设计、地面排水、自来水、排水沟水管大小、排水沟管设计和材料、行车道和景观等一系列设计，一共每个住宅单元省下3676美元。[2]这些资料至少显示了标准必须作必要的修改的理由。

案头工作

良好的行政管理依赖于良好的案头工作。在许多地方，掌握申请、研究、计划、地区图和开发过程中的请愿过程等，均可能出现问题。通

---

[1] Welford Sanders 和 David Mosena，"改变买得起住宅的开发标准"，规划咨询服务报告，第371号（Chicago：美国规划协会，1982）。
[2] 美国住宅和都市开发部，"个案研究：亚利桑那州的凤凰城（Washington, D.C.：HUD, 1983）。请注意到改变凤凰城一英亩或大些土地的区划政策，即能产生重大住宅成本的影响。

常格式和记录系统每几年必须进行更换,所以历史性资料已不合时宜了。此外,申请所要求的资料项目,也常常会增加,有时是由于市政府各部门之间缺乏联系。(细分开发商必须上交15份地区图,他们对于这15份要交给谁,深表怀疑。)

负责管理的审核者可以作以下两种改革:减少每个开发方案所要求的案头工作的数量;改进各个案例中所搜集到的资料的质量。

5-6 采取较少规定的社区,1975~1980年

区划标准	数目	百分比(1)
密度(土地大小,地板/面积比率)	79	46%
梯形后退	70	41
庭院要求	67	39
正面(土地宽度)	65	38
停车场地	50	29
建筑面积和高度	44	26
空地	24	14
细分标准		
土地改善	3	2
街道	49	29
人行道	36	21
排水和暴风雨排水沟	2	1
公共设施	1	1
扣除	10	6

1981年之前5年完成了开发标准的全面修订的171个社区。

资料来源:Welford Sanders 和 David Mosena,"改变可买得起住宅的开发标准",规划咨询服务报告,第371号(芝加哥:美国规划协会,1982)。

努力达到简化案头作业的要求

减少案头作业的数量即指将申请表格和支持文件,以及内部报告表格和多种许可证明合理化。减少案头作业数量可有两种方法:设计表格专作普通申请之用,即改进表格以适合特别情况所要求的资料;在一份主要表格上落实各种类型的申请。

通常在使用许多表格时,可采用相似的格式,另外各个不同的部门亦可使用相关的表格。

值得注意的是申请者的支持资料的手册。往往不需要太多背景报告和研究资料，而多余的几份地图和计划似乎只会令修订的情况更混淆而已。

格式和文件应力求精简

资料的品质是相当重要的，架构良好的表格亦十分重要。一份好的表格可以使申请者易于了解到要提供的信息，雇主易于检查申请是否完整，决策者可快速得到一致的结论。对于某一行动偶发的信息，应不必作要求，因为不必要的资料只会使整理相关的资料更加困难。

其他的文件和表格上所提供的信息一样，应力求精简、准确。背景的规定和支持性的研究必须清晰地用所需资料的种类和需要的原因说明，注意这点可避免浪费每个人时间的文件。开发方案的各层面的冗长问题列表，只会得到相反效果。而申请前会议的一部分工作，是依据特别开发方案种类及其环境列出所要提供的资料。

改进听证会的过程

批准过程的一些最困难的瓶颈出现在听证会的阶段。在听证会上公共官员、特别利益团体和市民能有机会对开发方案发表意见。显然愈来愈多的开发方案——尤其是主要的开发方案——需要举行一次听证会。此外，开发商需要采取重新区划或有条件的使用吻合的法律，或开发方案的设计或其他部分需要作特别审查时，均需要举行听证会。在听证会期间，开发商和公共官员可能花上数个小时，甚至数天参加会议，而听证会本身可能延续几个月，或反复在几个董事会面前持续。所有这些需要耗费双方的金钱和时间，通常对任一方均无明显的好处。此外，处理不当的听证会可能会破坏开发提案的正常审查，且引起不同的利益团体的反对。因此，改进听证会的过程有助于平稳和加速整个批准的过程。

听证会程序的合理化

在许多听证会上，参与者往往浪费许多时间在误解和程序问题的争端上，例如，参与听证的人、时间的长短和何时等。这种争议不仅耗时，且产生敌意，也可能违背了适当的程序的准则，甚至会引起日后案子提起诉讼。

听证会的规则应列在相关的条例中，或在正式采用的一套附则或程序之中。这些听证会的规则规定提案应如何做报告，哪一位政府官员应作反应，以及由谁来作评论。必要时可对说话者做时间的限制，或是要求各位发言人代表一个团体。此种程序"规范化"的做法，可增加听证会的复杂性，但却可提供一个连贯的过程，比较不浪费时间和精力。

多种听证会的联合　　有些开发申请需要由多个政府单位来参与听证会，例如，一个涉及重新区划的细分申请可能需要一些管辖区6~7次听证会。开发方案常有待解决的问题，而各个问题需要举行听证会，至于一些无争议性的开发方案，可能会在联合听证会团体采取一致行动之前，从联合听证会上得到益处。联合听证会除了加速过程，也允许需要对数个协调的开发批准程序作更合理的考虑。

任命听证会的官员　　任命的听证会检察官可改进听证会的过程。听证会的官员主持听证会，然后交出一份报告和建议给立法部门和评议会，而不做任何决定。这位官员代替被选出的或任命的官员出席听证会，通常对听证会的优缺点采取折衷的看法，将不确定和管理上的问题带入程序讨论中。虽然在有检察官参与的听证会申请者需要作更多的准备，听证会本身却可能带来更多有关开发方案的信息。正如一本律师的教科书所说的，"检察官不像外行的董事会或评议会一样，他需要有研究、训练和经验而熟悉许多的知识，并且能分析和探究事物……。"[①]

许多管辖区设有听证会检察官，进行某种特例、差异和特别许可等的审核，或是为了重新区域划分和细分的主要听证会。一些管辖区，例如巴尔的摩和丹巴（Tampa），甚至由一位听证会官员来决定重划事务。[②]

行政决定代替听证会　　在一些社区里是以行政决定代替听证会的，这在次要的开发方案的例行决定特别有效。通常此种做法在行政人员内部赢得了民选官员的尊重和信任，而且活动量大，足以确保在审核开发申请的管辖区能奏效。因此，规则评议会或立法部门可以更自由地将心力集中在政策问题和主要的开发方案之上。

训练公共官员　　许多新上任或委任的官员可能对程序仍不熟悉，他们必须作一些土地使用和开发问题的培训。这些问题他们将在听证会上面对。此外，他

---

① Frank Schnidman, Stantley D. Abrams 和 John J. Delaney, "掌握土地使用案例"（Boston: Little, Brown and Company, 1984），P.186。
② 关于听证官员的社区名单，见"合理化"，P.35。

们也必须接受通常所遵循的特别程序的培训。这些教育能使公共官员知道如何表现，且能提升他们分析提案和评审的能力。

会见邻里居民　　最后，在听证会之前举行的邻区会议，对改进听证会的过程有很大的帮助。开发方案首次在听证会上呈现给大众时，可能会有数种反应，大部分是耗时的。对开发提案感兴趣的邻里居民和其他人，可能会集体出现在听证会上，而谣言可能会影响开发方案的正面形象。因此，可能必须浪费不少宝贵的时间在解释开发方案的细节，这些细节不一定和开发批准决定有关。听证会结束，至少对公共官员而言，有些事情已经明朗化，必须作修订以符合听证会上所反映的意见，而这些修订可能需要作更进一步的听证会。在听证会之前，和民间团体共同解决反对的意见，可以避免一系列冗长、令人沮丧和繁复的听证会。

各级政府间的沟通

　　管理过程中最后一个可能改进的方法，是政府间的协调。许多开发小组必须从一个以上的政府单位得到许可，有时是因为他们的开发方案位于或靠近两个地方性管辖区，通常是因为州或联邦机关的冲突。例如，开发方案可能需要美国陆军工程兵团的挖填许可证，或是州健康部门的水供应许可证。有些开发商最后要接触各机关，各机关有不同的规则和获得许可的时间表。因此可能产生额外的费用和冗长的拖延。这些同意过程往往未能进行协调，并且常和开发商的时间表和预算有冲突。

　　对一位不在行的私人而言，要协调许可过程中的几个不同的管辖区或机关，是件困难之事。为了个人的开发方案，开发商可借着将有关的人员召集在一间"充满烟火味"的房间，来谈问题并决定一套可行的办法，而赢得协调的策略。佛罗里达州的几个开发商发现这个技巧是有用的，可以避免机关间的争执和随之而来的拖延。然而对于管理过程的基本改进，则需作更密切的参与，甚至某些创造性的解答。一般可从评估各机关的规则和程序开始着手。

　　例如，华盛顿的雷蒙德（Redmond）的埃弗格林广场的首次提出开发方案时，发现必须经两个城市和一个县和批准。三个管辖区的规划主任同意共同成立一个非正式的指导委员会，因此批复过程开始时虽有困难，最后却成功了。

　　圣布鲁诺（San Bruno）山区保留计划是另一个案例。当靠近旧金山市的区域开始作规划时,自然学家发现在该区的广阔草原上,生存着受危害的一个蝴蝶品种。最后,保留和改善此蝴蝶栖息地和开发草原产生了冲突,该冲突在一项保留计划中获得了解决。此保留计划允许作一些开发,以弥补经济的损失。在美国渔类和野生服务处、2 个州机关、4 个地方政府和 5 个开发公司同意执行此项保留计划后,即依"濒危野生动物法"发放了开发许可。这一协调所作的规划和协议的过程后来成为"受濒危野生动物法"的修正案。[1]几个机关和政府间的协调所作的类似的努力,为未来的开发活动创下了宝贵的先例。

以上管理过程的合理化和改革的想法,在许多社区已达到成功申请的目标。然而,合理化并不是件容易的事,需要努力工作、仔细分析和坚定的恒心,才能得到结果。开发管理改革的成败在于开发商和社会团体能否合作。

立法以减少诉讼
LEGISLATION TO REDUCE LITIGATION

许多开发商在得到提案的同意和许可证之后,即想到要集中精力在建筑上,而不是在规则上取得突破,但亦有例外。由于土地使用控制的增加,公共官员有更多的自由来判决提案,如此一来常会产生诉讼的开发问题。

诉讼的问题常源自于开发是否有授权,可以不受未来管理或政策改变的影响,而完成开发方案。若有此权利的话,应注意何时可以获得。另一个难题是开发商对所面对的自由裁决法的挑战。上述两个难题可由法律手段来解决,即对管理作改革,来澄清开发运作的基本规则的法律行动。当然开发商能达成其他种类的管理改革,来帮助促成州或地方的法律修改。

授 权

授权问题的产生,是由于适用于开发方案的土地使用规则,在开发申请同意之初和最后获得同意间,常可能会有所改变所致。在获取批准

---

[1] Feed P Bosselman,"听却环境法的新争议和解决方法","20 世纪 80 年代的房地产开发和法律"(Washington, D.C.: ULI——美国城市土地协会,1983)。

之前，开发仍在冒着风险。任何规则的改变均会追溯到开发方案上，并且会减少开发者的利益，甚至使得开发变得不切实际。

开发商只有在获得授权，确定可以完成开发之后，才能免受土地使用规则改变的影响。在许多州授权法是由法庭而不是由立法机关所制订的，因此各州差别极大，大部分的州没有明确规定，因而常有许多误区。开发商通常除非上法庭取得司法判决，否则不知道已获有授权。那时，开发商的风险自然大增。[1]（法庭使用"禁止反言行"来描述这类情况，认为在土地开发过程中，市政府不可能影响开发规则的改变。）

一项积极的政府法案　　通常开发商要在市政府已对开发方案做了积极的决定之后，才有授权，然后依据此批文开始作实地兴建。大部分的州法庭认为市政当局要在发放许可证之后，才制订肯定的政府法令。

在这些自由裁决的土地使用系统之下，开发商的授权的风险明显增加。而在这些自由裁决的土地使用系统内，授权的决定是根据执行标准而定的。在典型的自由裁决批准过程之中，开发商可以获得一系列的批准，直至获得最后的批准，因此授权并不明确。例如，计划单元整体开发，可以从地方机关获得一个初步的概念性的同意。而接下来的详细开始计划，通常必须得到从初步到最后批准。如果批准最后的详细计划是自由裁决的，授权则要在初步和最后均得到批准后才产生。[2]可是在许多州，即使有关当局批准最后的详细计划时，用尽了自由裁决的审核权力，仍不能产生授权，而要一直到发放建筑许可证。

有些州法庭已修改此项规则，在特例或地点计划已获得最后同意时，或市府当局在开发商的要求下改变区域划分条例以进行开发时，允许有授权。显然这些州提供给开发商更大的保护，但其仍属少数的几个州。即使在这些州，一个初步的开发协议仍不能形成一个充分的政府法案。

多阶段的开发　　授权法中额外的要求使开发商必须依照政府的法案来进行营建，这为多阶段的开发方案带来了问题。开发方案各阶段的计划，得一次一个地进行批准，而市政当局可将计划延到稍后的阶段再作考虑。如果在开

---

[1] 关于授与权的一般性讨论，见 Daniel Mandelker, "土地使用法"（Charlothesville, Virginia: The Michies Company, 1982）, PP.152–156。

[2] 例如，见"区划评议会对列斯辛斯基"（453A 2d.1144）（Connechcut 1982）一案。

发方案第一阶段批准之后，区域划分规则有了改变，而这些改变最后损害开发方案的财务实力时，开发商便有了麻烦。

法庭甚少注意到多阶段开发方案的特别问题。巴拉丁（*Village of Palatine*）村对拉萨里国家银行（*LaSalle National Bank*）（445 N.E.zd.1277）一案（1983年伊利诺伊州）是个例外。在此案例中，法院判决开发商在完成开发项目的第一期后，有权获得剩下的项目兴建的许可。

立法解决　　授权问题有各种解决的方法。在查尔斯·西蒙（Charles Simon）和文迪·拉森（Wendy Larsen）合著的名为《既得权利》（*Vested Rights*）一书中详介了许多的方法。该书在1982年由都市土地中心出版。书中提到的方法之一是由市府当局设计一套行政的方法，来认可和保护授权。在土地使用管制有所变更时，地主有权向地方区域划分机关做授权要求，再由该机关决定是否认可授权。

另一个方法是由州政府进行立法，此方法十分吸引人，因为归属权的立法的定义适用于全州。认可授权立法；应规定并实行规定法院所订的授权法。当然授权立法必须平衡开发商利益的冲突。开发商要求的是得到保障，市府当局则期望在必要时改变规则，而立法人员必须寻求一个公平的解决方案。

授权法中最令人困扰的两大问题是：1）必须要有政府法案；2）开发必须依照政府法令的要求。政府法案由立法订出，而授权即根据此项法案。但要解决立法依据的问题，是件困难的事，因为依据的规则常是不确定的，需要作司法的解释。

合法保护期间　　有些法律提供了另一种解决授权的方法，例如宾夕法尼亚州。这些州的法律认可了行政法令中的授权，并指出保障开发商不受土地使用规则改变而影响开发时间。在这段期间内，开发商受到绝对的保障，此时所作的土地使用规则改变，均不适用于开发方案。

理想中，自市政当局给予初步批准时起，例如，场地计划或计划单元整体开发的初步批准，法律即应提供开发保障。法律应明确规定管理的改变，例如，区域划分或细分规则的改变，在合理期间内，对开发商是不具法律追溯力的。获得授权的开发方案应受保护，不受特例标准的更改或程序的影响。

开发小组应制定可确保授权的时间，使开发商可以在此期间内安心地完成规划案，而不必冒管理变更而受影响的风险。市政府在法定期限内受合法时间的束缚，但理论上在授权同意前应通盘考虑其后果。

合理时间内若给开发商过多或过少的保护，均会引起反对。解决方法是随开发方案的种类而改变法定的时限。多阶段的开发方案需要在开发过程之初，即在概念性计划同意之后，即受到保护。但是，多阶段的开发方案分别得到同意的最后开发计划，亦需要受到保护。保护的时间亦可能随开发量的多少而改变，必要时可以延长保护时间。这类时期似乎是专断的，不过应以司法解释的方法为原则。

其他的解决方法　　在市府当局认为开发商的申请"不完全"（incomplete），而一再拒绝延长批准时，也会同样产生授权的问题。此一问题的解决方法之一是立法，这在有些州已经采用了。通过立法要求市政府对初次的申请作一个全面的判定。若申请确实不完整时，市政府应对所需资料评细规定，而在规定的资料附上时，接受第二次申请。此项立法亦限制了市政府考虑申请的时间。

要求全面计划和土地使用规则相符的立法，也对授权问题有所帮助。在这种立法之下，市政府若拒绝和全面程序相吻合的开发申请时，开发商可以要求市政府批准申请。

开发商亦可通过和市政府的协议，来保障开发过程，这些协议在开发开始之前即付诸行动。通常这些协议规定开发商可以兴建开发方案的种类，而且通常开发商牵制市政府在协议达成之日的开发规则仍然有效。开发规则要经过州立法的认可才能生效，例如在加州的协议。然而，即使协议获得认可，仍可能引起法律问题，因为地方政府不一定会同意冻结土地使用规则。这些规则是地方政府制订作为行使管理权力之用的。这一方法值得那些能克服附带的法律问题的州进行考虑。

5-7　　　　　　建立和保护既得权利的建议

以下建议是摘自 ULI 协会的《城市土地》期刊。该协会在 1982 年 5 月对既得权利的政策作了说明，此项说明全部刊载于 1982 年 9 月份期刊中。

建议的详细内容，包括条款的范例，可参阅城市土地协会的刊物，《既得权利：平衡公私的开发期望》一书。该书由查尔斯·西蒙、文迪·拉森和道格拉斯·波特等合著，于 1982 年夏天出版。

一般性建议

- 州和地方政府不应采用损害地产所有人的开发意图的规则，而应先考虑此类立法对私人地产在开发过程可能产生的影响，并应先衡量一下这些影响和大众的利益。州和地方政府应避免发生授权的纠纷，为达到此目的，应将条款合并到所有的开发计划和规则中，以建立继续开发的权利。

- 州和地方政府应允许在实际动工之前即拥有开发授权——今日大部分州均使用此授权。在现在的开发过程中,通常要求在得到建筑许可之前,投下大量金钱和时间,这些投资是在对开发的合理期望下而做的,在形成授权时应列入考虑。

特别的建议（Specific Recommendations）

为执行上述一般性的建议,城市土地协会向州和地方政府作了以下的特别建议:

- 州政府在指引地方和土地使用规则时,应认识到授权的重要性。各州立法管理其州内的规划、区划和其他的管理事务。授权法规通常提供了土地使用和开发规则的公式,和执行运用的程序和原则。因此,当地方政府采取新的规则或改变规则时,州在其法规之内应适当提供授权的说明。

  州政府可有数种方式来加强地方政府对授权的认识。在地方政府形成或改变其整体规划、区划条例、细分规划、开发经济条例和类似的规则时,授权即付诸实行。地方政府可以:1) 要求规则中包括"储备或总条款"（Savings or grandfather clauses）,并规定规则不可影响已在进行的开发,并说明开发过程中必须得到授权的要点（诸如未决定的申请、已批准的细分或建筑许可等）。

  2) 设定一个和开发范围一致的"期限",在此时期内,新的或改变的规则不能影响已规划或正在进行的开发。此种"期限"的作法,为宾夕法尼亚、新泽西、麻萨诸塞和康内狄克等州所采用。3) 允许进行中的建筑,以"不同的使用目的"或"特例"的程序加以完成。

  4) 采用特别的标准和行政程序,以决定授权,由政府机关应用在新的或修订的规则上。

  最后,5) 要求所有的社区,在考虑和采用土地使用计划时,将现行之开发方案编成目录,并编入一项计划,说明土地使用规划对他们的影响。此外,地方政府亦可:6) 允许社区与地产所有人和开发商达成开发协议,规定开发的性质,保护开发不受新的或变革规则的影响。在这方面加州已经立法了。

- 州必须认识州法律和开发规则的授权。州立法通常要求获得州或地区机关的开发许可。此项要求应包括保障授权,至少包含下列之一:储蓄或祖父条款、保护的时期、特别标准或决定授权的行政程序,或是考虑新规则对现行授权的影响的要求。

- 地方政府应借着将开发规则入条款和借着提供建立授权的方法,来保护授权,规则应明订这些权利。地方政府直接负责土地使用和开发规则,因此,他们在认定和保护授权上,扮演决定性的角色。

  不管州政府是否有特别行动的要求,社区应注意编入以下各项:1) 特别的原则和程序,以决定新的或改变的规则影响到的地产授权,以及受到继续开发协议的行政程序的影响（例如,不同的使用或特别例外可允许继续进行兴建;2) "储备"或"总"条款确保在新的或改变的规则生效日期之前规划或开始的开发不曾受影响;3) 在规定的"期限"内,新的或改变的规则应不影响已规划的或正在进行的开发,而此项开发必须已获得特别许可或已开发动工;4) 一项"联合条款",用来保护重新区划、地点规划批准或已申请建筑许可或认可的开发,不受某一特别时期所陆续采用的规则影响。

- 在进一步的策略上,地方政府应采取与开发有关的管理活动的程序和要求。其重点在认定和说明归属权所采取的步骤……。

  在准备土地使用计划、全面性的规划和其他影响开发政策的文件时,地方政府应:1) 辨别在开发之前或兴建阶段的现行方案;2) 说明对他们有影响的计划的标准和程序。这些标准和程序可能包括上面所列的条款,或任命一个仲裁会来解决纠纷。

  地方政府应3) 考虑采用与地产所有人和开发商履行开发协议的程序和要求,规定开发的性质,保护开发不受新的或改变的规则影响,以及审核和修订协议的程序。

  最后,地方政府在接受开发商的土地或公共设施,或是以费用代替,达到开发许可时,应该4) 给予充分授权以完成开发。

自由裁决的控制

在土地使用规则中常会出现自由裁决。开发商均知道许多城市习惯上会以低于市场需要来区划土地，而强迫开发商在提出新的开发方案时，申请某种重新区域划分。然而，开发批准过程中所使用的自由裁决的范围，自从采取了有计划单元整体开发条例以来，逐步扩大。这些有计划的单位开发条例是决定开发商能否兴建的依据和标准，并规定了所必须包括的设计特色。许多新地点和设计审查的过程依据执行标准和类似的标准而定，使用自由裁决获批准的机会增多。当一个社区以执行标准的审核代替区域划分时，所有的开发方案必须通过自由裁决的过程来征得同意，而自由裁决的过程则集中在是否达到执行标准。

自由裁决批准确有其优点，但也有困难之处：此过程涉及许多费时且混淆的阶段、最后获取批准的时间可能不明确、如果最终的建设行为出现在过程的后期时，那么最后批准可能来得很晚。另一个问题是司法审核的变相困扰：行动可能在法庭上被挑战的时间不确定，所以法庭能驳斥市政府拒绝申请的范围亦不明确。

自由裁决批准的司法观点

自由裁决扩大使用作开发提案的决定后，在法庭上至少产生了两个重大问题。第一个问题是如果政府的决定是司法而不是立法的问题时，法庭会比较支持政府的决定。一般的自由裁决未明确作司法或立法的划分。第二个问题是在大部分州，申请人在试过所有的行政和请愿过程之后，才允许法庭审核自由裁决，因此，申请人在最初不能面对自由裁决的挑战。这两个问题均需要州政府澄清立法，这是一项重要的却不是不同种类的管理改革。

第一种情况，法庭反驳区域划分董事会或地方管辖机关的决定权，依各机关的自由裁决权大小而定。同时，也依照各机关决定的权力的类别而定。例如，区域划分差异法明确规定了允许差异的条件。然而此项法令并未清楚规定其他种类的批准条件。例如，对于特例、有计划的单元式整体开发、区位审查和细分等类别的批准程序，法庭倾向于限制地方机关作自由裁决，可是这一趋势并未完全明朗化。

例如，《标准区域授权法》（the Standard Zoning Enabling Act）授权给地方协调会批准特殊的例外，却不能够提出一套决定过程的标准。区域划分条例所提供的标准通常是一般性的。通常一项特殊例外必须是基于"大众的利益"或为"大众谋福利"，并且和四周的使用相调和，还拥有充分的公共服务设施。一些法庭所主张的"大众的福利"是一项标准，代表了非宪法的立法权力。可所有的法院均同意其他的限制性条款，例如调和的标准。因此，特殊例外标准似乎普通化到足以显示出地方规划局享有相当的自由裁决权，可以决定是否批准特例。

然而，许多法院持相反的看法，他们认为在授权的规划区是允许特例的使用的，因此，市政府应批准规划区达到特例标准的申请者。此外，如果此项特殊例外是以区域条例之外的理由被驳斥时，例如，不管特例是否符合条例标准即遭邻居反对或是特殊例外为"不适当的"想法的反对意见，法院亦可判定规划局批准特例。

在法律决定视区域划分为司法而非立法时，土地使用自由裁决就更易受司法的监督，一项司法决定必须依循某些程序，包括一次听证会，会中必须邀请开发商参与、审问证人和证人相互审问。规划局必须说明决定的理由，并列出支持这些理由的事实。若决定被起诉时，法院即审查规划局所做的记录，以反驳规划局的决定。若法院发现驳斥不适当时，则会传下级法院作更审，再另作一次听证会。

法院并未明确规定决定在何时是属于司法的，以及有关机关主持区划听证会和做决定的责任。许多法院要求对差异和特例说明理由并陈述事实。有些法院主张区划修正是司法的行为，即修正是由管理机关所作的土地使用政策的例行申请，而不是采用新的政策。法院对执行标准时所持的看法，仍不明确。

时间和其他问题　　在开发过程中，开发商面临了难以决定法院行动时间的问题。土地使用决定自由裁决的司法审查尤其难获得，因为大部分州所采用的标准区划授予法，只允许对地方请愿会所做上诉进行授理，这一立场常会带来进退两难的处境。例如，开发商可能反对批准特例的标准，但在用尽了所有的行政手段申请特例并遭拒绝之后仍不能上诉法院。

开发商在面对这一难题时，可能选择在法院进行申诉的行动。他可以宣称区域划分条例在"实际上"并不是有效的，因为法律并不能接受做决定的标准。可是，即使是此类的行为亦可能是徒劳的，因为大部分的法院只有在出现实际的土地使用争议时，才会考虑采取申诉性的判决。

土地使用控制中所用的司法审查的渐趋复杂，显示出立法者应更注重对行政程序和司法审查问题的定义。开发商亦可和社区共同改进土地使用条例中的审核程序。地方条例中对决定所订的标准应力求清楚易读，自由裁决的审查过程也是公平的条件下的决定过程。下达自由裁决的土地使用决策的规划局，应编纂记录，作为决策的基础。同样地，申请自由裁决的批准应明确说明申请同意的理由。

市政府和开发商不是总希望举行司法听证会的，但大众和私人部分会在相互讯问证据时搜集证据的副本，并在自由裁决的决定过程中，充分利用听证会。此外，规划局的最后决定应明确说明为何应用条例的标准来批准或拒绝开发商的申请，所说明的理由应根据听证会上所采用的证据。

未来立法可能解决的方法　　在一些州，例如俄勒冈州，试图以立法说明上述程序和司法审查的问题，但是需要作更整体性的立法。新的立法必须详细规定地方土地使用机关所要求的程序、司法审查的程序以及法院审查土地使用决定的权限。这种立法可能十分复杂，选择这种立法的人应重读一下模范州行政程序法，此法可应用到地方政府机关。①

新的立法会对土地使用规则产生直接的、"全面的"挑战。而这一改变允许开发商在无实际土地使用争议时，向表面上无效的土地规则挑战。

开发商在作改革的过程中，应该时刻想到自由裁决的决定所使用的程序，会影响司法审查的使用和效用。开发商有时会为司法程序感到困扰，但是司法程序要求做决定的机关必须说明所做决定的理由，并以听证会的记录为基础来做决定，在听证会上应正式例举相关证据。

---

① 《典型州行政程序法（1981）》，《统一法注释》，第十四册（St. Paul. Minnesota: West Publishing Company, 1985）。

个案研究

开发管理的修订：马里兰州的乔治王子县
OVERHAULING DEVELOPMENT CONTROLS: PRINCE GEORGE'S COUNTY, MARYLAND

由于20世纪80年代初期经济不景气，使得地方政府在开发态度上有了基本的改变。在70年代地方政府强调开发经营和环境保护，而在80年代却有了其他趋势：地方政府将土地使用规则合理化，并提倡开发经济。这一重大改变，改进了公私双方的关系，并产生许多新的合作企业。

合作企业增多的例子，可以马里兰州的乔治王子县（有658800人口）为例。该县位于华盛顿特区的市郊，在此县有一个新的公/私团体，即特别经济开发和政策审核委员会，在1979年成立，审核公立开发问题。该委员会所作的规则和审核过程的建议，减少了开发过程的拖延，提高了该县的经济开发速度。

特别经济开发和政策审核委员会源于两个不同的委员会，这两个委员会本来是为了服务乔治王子县议会而设立的。其中一个是有5个议会成员的委员会，由议员戴夫·哈特罗夫（Dave Hartlove）于20世纪70年代末期成立，用来评估县政策和规则，以及县政策和规则对经济开发的影响。

同时（1979年3月），由议员休·米尔斯（Sue Mills）成立了一个特别小组。根据委员会最后的报告，该小组旨在"研究许可过程和审核各个许可的要求，目标在于对简化过程的方法提出建议，使之不危及县民健康和安全，且能于同一日内完成申请手续。"该小组进行研究并建议简化和加速整个土地开发过程的方法。

因为哈特罗夫委员会和米尔斯特别小组均处理相同的问题，二者在1979年11月合并成为"特别经济开发和政策审核委员会"，目的在于"简化和加速土地开发、执照和许可手续。"县议会说明了成立州委员会的一般目标如下："协助要求开发和没有要求开发",以及"简化获得许可和执照的过程,使商人和家庭视乔子王子县为做生意和居住的理想地区。"

新的委员会包括32位成员——5位县议会的成员、3位县议会的政府官员、13位工业和民间的代表,以及11位来自公立机关的代表。

为了选拔私人成员,议会首先认定必须列席的代表的团体,例如建筑者、区域划分代理人、工程师和居民。其次再寄出通知给对该问题有见识且关心的人们。最后,委员会即从回复通知的及对服务委员会表示出兴趣的人中挑选人员,结果选出了8位工程师/规划人员、3位代理人、1位开发商和1位居民。此外,议会从4大县或涉及开发过程的区域性机关选出公共部分的成员。

促进委员会成立的重大因素有两项。第一个因素是因为问题是复杂的,委员会的成员需要有相当多的专业知识。如休·米尔斯所说的,"必须要有一位有见识的人来辨识难题,然后由其他的人来帮助解决。"第二个因素是委员会需要付出相当多的时间,附属委员会每两周开一次会,通常一次2至4小时,持续达2年之久。

马里兰州之乔治王子县拥有广阔的主要开发地区。上图所示地点位置接近一大众运输站和两大公路

委员会的活动

委员会首先搜集了审核的主题，分辨出 21 个主要的主题。该委员会分为 4 大类：总规、详规、暴风/暴雨排泄处理以及水源和排水系统等。然后，成立了 4 个附属委员会来处理各个项目。

附属委员会在确定主题之后，即和市民、公务官员及私人利益团体面谈，并设计问卷调查，送到各个不同的县机关。以面谈和问卷形式得到的信息作为资料的基础。委员会主席莱斯利·史密斯（Leslie Smith）指出，通常由认识私人成员和描述问题作为解决问题的开始。该委员会通常会以成员均熟悉的例子来说明形成不被看好情况的原因。公共成员则补充说明他们公方限制的观点，然后全体成员对修正问题需要改变达成共识。

4 个附属委员会在 1980 年 10 月 1 日上交过程报告给市议会，而整个委员会在 1981 年 11 月上交总结报告给市请愿会。3 个附属委员会协助做成总结报告，而详规委员会则对细分规则作逐项逐行的审查，和规划委员会的政府官员举行会议和提出建议。在 1981 年 11 月，县议会采用了详细规划委员会对详规规则所作的整体性的修订。

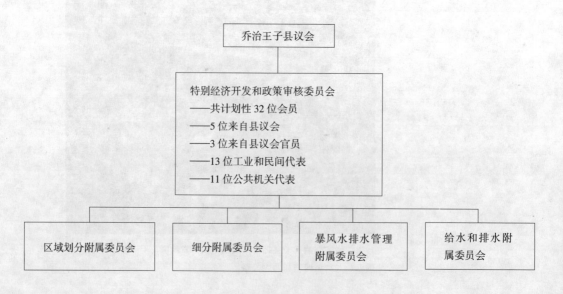

乔治王子县开发管制公共审查委员会组织

规划附属委员会在给议会作的总结报告中，提出了规划条例整体的审核，特别着重在两个问题上：整体的设计规划过程和部分地图修正过程。附属委员会征求各方对整体设计区划的意见，并将意见分类纳入各相关的项目，然后加以讨论并采取一般性概念，作为整体设计过程的执行依据。例如，其中有一概念这样说："规划听证会检察官的听证部分，应从整体设计规划的基本计划步骤中抹掉……，而改用现行规划董事会的听证会来取代。"在审查过整体的设计规划过程的规划条文之后，附属委员会在总结报告中作了 8 页详细的建议，涵盖所有必须修订的条文。许多附属委员会的成员和县政府官员会谈，将所作建议付诸立法，此立法在 1982 年春天完成。

专司暴风雨排水及防洪的附属委员会，开始审核现行的和所提议的暴风雨排水及维护计划，并对效率和需要提出建议。附属委员会寄发问卷给公私双方人员，并从问卷的回答搜集研究资料。附属委员会根据问卷的反应来改进过程和对各机关的职责提出建议。附属委员会将目标放在删除审核过程中不必要的步骤上。例如，关于水资源管理，总结报告作了如下的说明："防洪管理许可过程中应免除水资源一项，我们认为这可以由州立法，必要时现在由水资源行政部门所负的批准责任，可交由卫生部负责。"

负责给水和排水的附属委员会审查 3 个问题：适当解释州立法和县条例中的原则、地下排水和自来水申请过程所需时间，以及华盛顿郊区卫生委员会（WSSC）管理过程的步骤。附属委员会除了对这些问题作建议外，还做了以下结论："今日县政府的职责应强调广泛政策和有系统的服务规划。县的要求不应由县府官员和华盛顿郊区卫生委员会共同管理，而应在经济和工程（原文照抄）许可情况下，交付华盛顿郊区卫生委员会负责，也就是说，服务区域一经批准，华盛顿郊区卫生委员会便是负责水源和地下排水的主要当局。"

经验的积累

公私双方对特别经济开发和改革审核委员会的任务持不同的观点，不过亦有不少相同的看法。虽然休·米尔斯说"人心叵测"，大部分的委员会成员对过程和结果均表示满意。

公私双方委员会成员的一个最大不同点，是公立部分的成员是由议会所选出的，并非出于自愿的，这并不是说他们对委员会的目标表示敌意，而是他们比付出时间的私人成员较少的热忱和兴趣。

大部分公家成员认为政府在许多方面仍应作改进和合理化。露丝·塞内斯（Ruth Senes）在区域规划局工作，且是一位规划和详规附属委员会成员，她说确有必要有"一套比较易读的区划条例。"狄克·普朗豪特（Dick Plantholt）是华盛顿郊区卫生委员会（WSSC）的成员，描述乔治王子县开发过程是"一件长期且痛苦的事。"

塞内斯在描述到委员会的机动性时说，该委员会的工作过程是"人们谈话、听话、了解的协商。"山姆·温库普（Sam Wynkoop）是议会政府官员成员之一，指出公务部门（Public Sector）成员学会"感激开发商所必须经历的困难。"他还指出，委员之间的相互关系是"非比寻常的。"

可是公务部门委员会成员对委员会所制定采用的路线和所讨论问题的性质，均持保留的态度。例如，普朗豪特注意到防洪管理的主要抱怨之一，是审查时间太过冗长，他认为这个难题在几年前就已被注意到并减轻了。而他将问题的持续出现归因于人自身的健忘。

但是普朗豪特亦强调委员会未能轻易解决许多必须处理的难题。简言之，即这些难题是由来已久的。例如，他指出防洪处理的批准过程，必须考虑到保护县的河流系统，同时并确保水不淹没及街道。要达成此二目标和解决有关的技术、经济与政治的问题不是件容易的事，因此，开发过程自然会慢下来。

普朗豪特认为他和其他的公家机关的人们，能和私人机关作沟通。公家机关对结果的评估，因特别附属委员会的建议而异。温库普得到的结论是：委员会的工作和县政府的其他改变，导致"使开发的态度更为积极。"可是在华盛顿郊区卫生委员会工作的理查德·切尼（Richard Cheney）指出，自给水和地下排水的附属委员会的建议以来，"事情仍未见多大改观，许多难题依旧存在。"普南索特也注意到防洪处理问题仍缺乏重大的突破，但他总结说，"委员会对大部分参与者而言是十分有用的。"

私人团体（Privator Sector）的成员在两年的时间内，在给附属委员会的许多时间上，他们期望有一些明确的结果，大体上没有差错。罗素·西普利（Russell Shipley）是一位区划/土地使用代理人，担任区划和水源/地下排水附属委员会的工作，他说："委员会具有重大的影响力，有助于简化县内的开发过程，且保障大众应得的利益。此外，他回忆说:"委员会有助于开发商认清公立机关必须面对的难题,同时可以教育公立机关掌握关于委员会过程的成本和利益,以及所需要的资料。"

区域划分附属委员会主席和代理人格伦·哈里尔(Glenn Harrell Jr.)指出,"即使我们不同意,也会涉及其他专业。无人寻求特别的私利,凡事均应依概念性的、有计划的基础来进行。"哈里尔在提出最后的建议时说,"我们赢得了民选官员的支持。"

委员会的主席雷斯里、史密斯接受了细分附属委员会大约100%的建议、区划附属委员会60%~90%的建议、防洪处理委员会50%的建议,以及水源和地下排水附属委员会70%的建议。然而,他指出,"附属委员会报告中有许多是未能付诸实行的,且有一大堆的工作有待完成。"

共识、均衡和教育是大部分私人团体参与者所强调的一般主题,如史密斯所指出的,"私人团体通常拥有主要的地位,发起大部分的建议,而公家部分的成员均能够支持提议,尽管他们仍有所质疑。"他补充说,"私人团体更能了解到公务部门负责人员运作的方式。"

得到的教训

4个附属委员会实际上处理两个主要的问题,规划局和规划委员会集中在规则和简化规则上,以便开发过程合理化,他们最后的报告和履行的条例有密切的关系。防洪处理和给排水委员会集中在更棘手的难题上,即如何减少重大的变更和开发过程中多数机关所产生的复杂分歧。由于防洪处理和给排水委员会对条例之类的单一文件的改变提出建议,使他们的建议更难实行了。

前两个委员会的许多建议已付诸实行,但后两个委员会的建议却尚未付诸实行。休·米尔斯指出,如果委员会最后的建议未付诸实行,主要是因为"县议会官员本身的障碍。"

要对所有建议的实行情形作评估是不可能的,因为尚有未完成的工作。然而,我们似乎可从乔治王子县的结果观察到一些问题,这些问题比其他的问题更易于解决。任何考虑作类似努力的地方政府,均必须认识这点,并运用正确的判断来选择问题和评估结果。

大家对委员会成员的组成有不同的看法。休·米尔斯认为宁可有更多的开发商和建筑者,而更少的规划人员参与委员会。雷斯、史密斯认为若有更多的居民和积极人士参与,就可减少他们对委员会倾向开发社区的疑虑，而使委员会获得整体的成功。可是其他也有不少委员似乎对委员会的组成感到满意。

从乔治王子县的社区可学到的宝贵的一课，是委员会所采用的决策过程。委员会在讨论之后，采取同意的立场，并向县议会提出一个一致的、进取的建议。显然，未受大多数委员会成员支持的建议，决不会获得议会的青睐。

最后还有简单却是重要的一部分，如露丝·史密斯所说的，"也许最重要的成就在于县政府认识到公私双方能够携手合作，共创一个更圆满的结果。"虽然公私双方在县内尚未加以制度化，但由持续的活动和日渐增强的县经济开发状况看来，公私双方合作的未来远景是光明的。

本案例作者：
迪安·施万克是城市土地中心的研究员。本文首次刊载在《城市土地》上。

公私发展的管理：柯林斯堡的探讨
PUBLIC/PRLVATE GROWTH MANAGEMENT: THE FORT COLLINS APPROACH

为避免浪费或无效率的使用资源，发展中的社区应再评估公私双方的工作关系。在20世纪80年代期间，发展中的郊区和新兴都市中的地区的地方政府，需要和开发商建立合作的关系，来提供增长人口所需要的服务和设施。能重视这一需要的社区应该可以繁荣起来，并得以有良好机会提供给现在和未来的居民。而政府和开发商保持敌对关系的社区，则会面临财务责任的严厉挑战，甚至浪费公私双方不必要的费用。

在20世纪70年代期间，发展中的社区的预算，得到州政府大量的金钱资助，以平衡扩大公共服务和设施，诸如自来水和废水处理以及大众运输所需成本。最近联邦政府预算的裁减，急剧地减少了地方为进行改进的资源，因此地方政府必须要支付扩展服务和设施的费用。若无私人的赞助，地方政府实际上是无法承担此项负担的。同时，因为许多的费用是用来造福整个社区，地方政府不能将扩展公共服务和设施的责任完全推到私人的肩上。因此，地方政府和私人团体间应建立起良好的合作的关系。

为了说明地方阶层上公私双方合作的关系，科罗拉多州的柯林斯堡的经验，可用来强调必须采取的步骤，以及未来10年追求这一方法的好处。

信守约定

建立公私双方合作关系的第一步，是使得关键人物立下合作的约定。约定须由公私双方所共同订立，只由任一方单向的决定是无效的，因为合作关系的形成需要有一个以上利益的团体。

在柯林斯堡市，公私双方要订下约定，共同认识问题，并寻求解决之道。这一双方的约定并非是正式鉴定的，而是经过多年和数次会议所形成的。而主宰会议的不是情绪而是逻辑。虽然最初的约定并非由市议会或某一私人组织所正式订立，柯林斯堡市议会却产生了和私人团体共同合作的计划。这一誓约使市政府官员坚持必要的政策方向，以寻求特别的合作计划。

设定目标

在 1974 年，通过成立一个民间的咨询委员会，柯林斯堡发起了一个整体社区目标设定过程，来发展社区的目标。这一委员会由来自社区所有阶层的代表组成，包括地方开发业在内。经过几年密集讨论之后，民间委员提供了一套目标给市议会。此目标只做了小幅度的修正即被采用。从那时起，许多目标均已实现，其他目标仍在追求之中，有些则已作修订，而任何修订都是经过社区利益团体充分参与之后所做的。

在目标制订过程中，私人团体和地方开发业的第一步是建立合作关系。公共机构的负责人员和选出的官员，在与私人团体共事之下，更能了解双方必须共同探究的问题。在过去，由于利益的冲突，社区不愿私人团体尤其是地方开发业者参与目标制订的过程。相对地，私人开发商也不愿意参与一般性的目标制订，因为制订目标需付出相当长的时间，且和私人开发方案不是直接相关。然而，由于开发商付出时间，政府官员和官员更能了解开发商所面临的问题。

角色和责任的定义

传统上，社区将公私双方定义为敌对的而非合作的关系。这一难题有必要通过划分出双方共同利益来克服。柯林斯堡的经验显示出：对角色和责任的定义和再定义是一种持续不断的过程。最初市政府作了一个普通性的约定，和私人机关在所有共同利益范围上密切合作。之后，当新的计划推展开来时，市政府即主动征求适当的个人和组织的参与。如此一来，公私双方新的角色便千变万化。最近完成的《柯林斯堡开发本研究》，是公私双方角色能以合作的方式达到同意的佳例。

柯林斯堡市的快速发展，使得市政府官员和民选的官员难以预测必要的公共服务和设施扩建以及决定应由谁来支付扩建费用。传统上，许多项市政经费和税收之间少有或并无任何关联。税收存入公库，每年以特别的方式配给各部门，大半是分配作公共需要、政府官员的要求和前年预算的。市政府努力改变这一断然的程序，而开始愈来愈依赖开发费用，来抵消扩展服务和设施的有关费用。

当市政开发费用增加时，开发商和建筑商开始抱怨不合理的税征为公摊费用，并开始讨论作一个研究的可行性，来研究比较他们所付的费用和新的开发所要求的服务和设施。市政府大约在同时亦考虑进行类似的研究，以确定开发方案应付的费用。柯林斯堡市不想任双方有分歧，而导致孰是孰非的争辩，于是和科罗拉多建筑商协会的地方分会决定通力作一项联合的研究。

上述研究的主要目的，是要市政府和建筑商协会，对于新的开发有关的扩大公共服务和设施的成本以及新的开发方案应缴纳给市政府的数额达成一个共同的协议。双方认为开发成本是一个共同的问题，需要联合解决。

由于开发成本研究的圆满结局，柯林斯堡市的公私双方也建立了其他的共事关系，来探究其他共同关心的问题。例如，由市府政府官员和私人机关的代表所成立的工作小组，来评估防火和街道改善的要求，并对每年的开发成本进行研究。

重建规则

在过去几年中，柯林斯堡市修改过几条开发规则，以支持私人市场的决定。1980年3月所采用的停车条例和土地开发原则系统，后者包括一项新的计划单元整体开发条例。两者均是从合作关系演变成法规的最佳例子。

在美国大多数城市有根据使用场地大小而确定开发项目停车数量的规则。此类规则是基于一项认定，即要提供足够的停车空位，以容纳颠峰状态的停车需求（例如圣诞节）。由于此项规则的缘故，容量大的柏油停车场大部分时候呈现空旷的现象，影响到大众和土地所有人的经济和效益。柯林斯堡市鉴于传统停车规则的浪费和无效率，发展并采用了一套新的停车要求的措施。基本上，市政府删除所有提供顾客停车的要求，至于要给顾客提供多少停车位，则交由土地所有者作决定。此方法是基于一个想法，即私人市场比市政府更能够决定适当的顾客停车容量。此外，市政府决定删去顾客停车位的要求，反映了公务部门对私人团体的信任逐渐增加。这一信任是公私双方合作的基础。

柯林斯堡市的土地开发指导体系（LDGS），是有别于传统开发规则的另一重点。在对传统规划和控制作多年的分析后，市政府发现这些引导该市至少20年的开发的传统规则，对市场所支持的开发产生了不必要的障碍。密度、用地面积和用地宽度的要求从1960年代中叶以来便未作过改变，那时柯林斯堡市主要的开发种类是独栋住宅。此外，以往的规则对于单一开发中的混合住宅、商业和工业项目的使用，未能提供鼓励，反而作了许多的限制。柯林斯堡市在审查了许多其他社区的方法之后，开始检修其开发规则。在1981年3月被采用的土地开发指导体系就是这一检修的结果。

土地开发指导体系（LDGS）删除了密度、使用效率、用地面积和用地宽度等几项要求。这些传统改为由设计、使用效率、密度和地点的特别标准所取代。设计的标准是为了要确保所提议的使用功能和邻区的使用相协调。此外，该指导等体系亦包括鼓励特殊地段使用位置的选择。例如，鼓励邻区购物中心位置设在住宅区域之内，而不鼓励设在靠近邻区中心3/4英里范围外，如此一来，商业使用可分散到社区各地。该体系也鼓励办公室和工业使用设在整个社区内，不过应和邻近的使用相协调。土地开发指导系统设立了一套开发密度的最低要求，这一要求是根据有效提供公共服务和设施的最低密度提出的。任何土地上所允许的最大密度是依地产和各种活动中心的远近而定的。邻近的就业中心、购物中心、公园、交通路线和托儿中心的开发方案，可以有更高的密度。土地开发指导系统也提供效益给比所要求作出更多的公共娱乐设施的开发方案。效益包括开发商捐献公园土地、交通、其他邻区设施用地，以及提供中低收入的住宅。

土地开发指导系统试图使柯林斯堡的效益开发规则能反映出开发中的社区的私人市场情况，并使密度、使用功能和设计能有一定程度的弹性。如此一来，开发商在开发过程的初期即能分析开发方案的可行性。土地开发指导系统在可能范围内允许私人市场自己决定密度和使用功能，而免于没有成效的规划，例如，在开发地点外的环境影响和周围之间开发调和必须加以考虑的地区，则要受制于法规要求。

检验结果和进行中的关系

成立一个或更多的由公私双方组成的委员会，是维持合作关系的重要架构。目前，柯林斯堡市有研发方案的特别委员会和一般问题的委员会。

柯林斯堡市的开发成本指导委员会的主要工作，是监视每年开发研究的成本。每年作此类的研究报告，以确定柯林斯堡市的新开发支付合理的公共费用，而此项费用不会给现在的居民带来补助，或是支付将来的居民补助金。此外，每年的开发研究成本会提供市府各部门最新的5年计划。指导委员会会评估这些计划，以决定各部门所要求的服务水平是否适当。开发成本指导委员会由6个地方建筑商和开发商，5个主要的市政府官员成员所组成。如果每年的开发研究成本和开发成本比较之下，显示出市府开发费用出现不平衡时，指导委员会即向行政和市议会提出调整的建议。因此，开发成本的研究能对公共费用和税收作谨慎的检验。

如何经营柯林斯堡市的快速发展，一直是1970年代初期以来大众争论的话题。在1979年，此种争论演变成公民投票的立法，用来限制增长一年750个住宅的许可。选举过程将社区极化为发展和不发展的团体。立法权因数种理由以二比一的票数被推翻，理由之一是新的发展经营技巧正在发展之中，而这些新的技巧必须在限制发展之前先行试用。在1979年选举之后，柯林斯堡市的商业部成立了一个发展经营委员会，来和市政府进行密切合作，形成一套适宜的发展经营技术。自委员会成立以来，市政府即密切配合。由于合作的推动，得以发展出一个市土地使用政策的计划，并产生了一个协调市和县开发的开发经营计划。此外，发展经营委员会主动参与土地开发指导系统的准备工作。这些计划的发展过程历经了公私双方的争议，但最后在提供采用计划时，获得双方完全的支持。市政府进行了持续的努力，将所有主要的规划或发展经营的问题和计划，交给发展经营委员会审查。

委员会的成员有必要包括受影响的所有团体，开发成本指导委员会所讨论的主题较狭窄，其成员仅限于市政府官员和地方建筑者和开发商。在另一方面，商业部内的发展经营委员会由全市的利益团体的代表所组成，包括环境团体、妇女联盟、商人、专业人员、建筑商和开发商等。发展经营的主题较为广泛，需要更广泛的代表。

合作的收获

由柯林斯堡的经验来判断，公私双方的合作是1980年代市区发展的有效方法。此项合作在都市更新和市区复建时的合作下奠定了基础。任何合作计划的细节都要依各社区的性质而定；很显然，柯林斯堡现在使用的方法在其他社区可能不适用。在建立合作关系时，公私双方均须认识到合作的真谛。合作并不意味着让开发商为所欲为，也不意味着任意订定新的规则。合作是指一起工作以解决共同的问题。

本案例作者：
科特·史密斯是科罗拉多州柯林斯堡市的规划主任。本文首次刊载在《城市土地》上。

开发过程手册：新墨西哥州的阿尔伯克基
DEVELOPMENT PROCESS MANUAL ALBUQUERQUE, NEW MEXICO

管理的改革是一个复杂且费时的过程。许多大众赞助的立法权，通常是在选出的官员坚持下开始的。许多城市和县亦常出现私人赞助的立法制权，且常导致一项条例或开发过程的要素的改变。

在新墨西哥州的阿尔伯克基市的管理改革是通过一个真正的公私合作关系来进行的，改革并非是针对某一问题的反应而产生的，也不是由于"蓝带"（blue ribbon）特别小组或委员会活动的结果，而是经过数年的公私双方的合作而产生的。

在1978年，成立了属于私人开发商和顾问组织的阿尔伯克基市咨询议会，以鼓励开发的公共政策和规则。该议会的成就如下：

- 自1978年至1979年，该议会开始主动支持市政府的重大改善计划，公开发起对增加税率新条例的修正。
- 自1980年至1981年，在和市政府的协议下，议会准备对编订的所有的法规、规则、程序以及条款进行更改。
- 自1981年至1982年，市政府在议会的努力下，召集了专家，筹组会议，并发行《开发过程手册》。并且成立了开发审查董事会，巩固部门接洽的人员，并减轻规划评议会的工作负荷。
- 自1982年，采用了一项新的排水和地区控制条例。
- 自1982年至1983年，市政府将《开发过程手册》推荐给普通大众和执行者，并发起一系列的公私双方座谈会。
- 在1983年，市细分条例作合理化和修订。一项重大的条款需要市长的指示才能订为规则。
- 在1984年，任命一个公私双方代表的团体开始审查提案，修订现行的手册条款。将解释手册的报告录像，以作日后教育市政府官员、顾问和开发商之用。

阿尔伯克基：一书本上作管理改革的例子

改革的开始

在1978年，在阿尔伯克基区的一群开发商和顾问，为了高品质开发的共同利益而聚在一起。大约有30家公司和个人组成了阿尔伯克基的都市咨询议会。此议会是非营利的组织，其主要成员仅限于开发商、顾问和公共设施的承包商。此议会是不分党派的，没有传统的游说手段。该议会的障碍是和市政官员建立沟通。对开发感兴趣的私人团体当时被认定为永无休止的"反对者"。几乎几项市政府的提案，不论是增加税率或是修正规划，都很可能遭到拒绝。

接下来的两年，议会讨论了许多开发的问题，总是强调社区福利的目标。努力终于没有白费，议会答应帮助水资源部门，要求市议会促成税率的提高。另一个例子则是经过长久、耐心的努力才达成的，即市长要求帮助分配重大改善的资金，此项资金在当时是在存款生息之中，而不是非常必要的建设项目。议会一旦和市府建立起信用，便开始真正起作用。

第一本手册

当市长向市议会问及未来行动的意见时，即有了改进市开发规则的机会。市长预期会收到一份普通提案和采购清单，岂料却接到一叠现行开发条例、政策、程序、标准和行政规则，厚达二英尺半，另附有一份提议要求将上述这些编成一本简明的操作手册，包括开发工程和兴建实务的政策、程序和标准的指南。市长的兴趣大减，在缺乏资金和人员的情况下，他转而请求议会来完成此项工作。

经过仔细考虑之后，市议员志愿接受此项工作，虽然他们认为此项工作被接受的机会不大。他们怀疑市政府是否会采用私人制订的手册？即使采用了，市政人员是否会遵循此手册？

然而，市政府和议会签了3个月9500美元的合约，这正好是在没有竞争的工程提案和立法选择之下，行政单位所能得到的最高费用。议会按比例将费用分配给5个顾问成员。结果得到的是一份由市政部门作评定的草案，其提议如下：

- 编订和集合所有已知的开发者同意"规则"；
- 一般申请规则种类的定义；
- 程序改变的建议，含完整的、确定时间的执行要求；
- 联合行政规则的建议——尤指工程的标准——此类规则通常由一位行政人员或是一个部门来掌管；
- 将申请送交选出的或任命的官员作听证会听审；
- 说明申请路线和新的格式的流程图。

发起此项活动的单位在选举失败了，可是新的行政部门认识到安定所有的规则的重要性，而对此加以鼓励。市长和主要的行政官是为监督《开发过程手册》的完成和修订，而指派阿尔伯克基市的开发部门（这是一个比较新的开发机关部门的组合）主任担任此项工作。

开发过程手册

两册《开发过程手册》超过600页，耗时1100小时。第三册包括所有的开发管制条例和改革措施。人们可以花65美元订购手册，购买者将享有定期的资料更新优惠。

第一册是开发同意过程的道路图，首先提到"适当的决定程序"、

"规划"、"地点和景观规划"、"扇形开发计划"、"规划地图修正"、"合并"和"特例"等章节。大部分的章节包括一个"决定性权利"来指引读者,并评估审核时间表。

在同一册中有公私机关的地下结构改进说明、选择和程序,以及其他兴建的许可。此外,并列有申请表格和顾问的样本,以帮助准备缴交的开发提案。

第二册包括设计标准,对工程师和测量员而言,恰似一本食谱,然而此册却明白指出并不能代替设计的革新。此外,还包括了坡度设计、排水、防洪控制、街道设计、给水和地下排水设计、防火部门的要求和测量等执行规则和标准。为方便起见,该册中亦提供了地区图的理想格式的细节、地块划分指示与的标准文字、审查的核对名簿和草图标准等。

第三册编纂了特别条例和政策的本文,作为手册的基础。

开发审核会

第一册中所描述的开发过程分析,显示出开发商在指定的评议会适时审核开发方案和市府各部门接受地区图和地点计划的习俗时的挫折。申请者在获得地区图签署的八关(还不包括电力、电路和瓦斯设施)的过程中,常会遇到像公园管理和娱乐管理部门的批评,并影响到交通工程师的批准,而必须再重来一次。

开发审核会召集了5个主要市政部门的政府官员,每周二开一次会。由于每周举行会议,开发申请工作为期一周(地区图的签字和持续办理,)到二周(初次开发申请通常需要的时间),以及重大的详规必须作一次听证会时,需时三周。相对地,稍早的过程需要至少47天,才能达到规划委员会的议程。

虽然这一合理化的过程造成市政人员沉重的时间负荷,私人机关则对加速申请过程表示感激。

这一程序能够收到迅速、方便的利益。在1982年举行过4万个以上的案例听证会;在1983年,几乎有600个案例。1984年预期会超过900个案例。可是,这些案例中只有一半完成了地区图的登记,或作了开发和景观计划的档案,原因是许多申请必须进行"审核和评定"。因此开发商可以用最少的工夫获得一份提案的评估。熟悉市政部门要求的主要官员负责审核概略计划。审核会的人员可以提出有说服力的忠告,因为他们是资深的人员并熟知邻区人们的情绪和风俗习惯,且知道各种设计的真实情形。

评审会的决定必须是全体一致同意的，否则，案例即由申请人作上诉或拖延（通常一或两周），直到问题被解决。对评审会的决定不满时，可向规划委员会上诉。

条例的修订

选出的官员一旦采用手册作为一份正式的文件，其采用的过程就显示了两个直接的对条例修订。排水和洪水控制条例的草拟，是为了反映"联邦紧急管理法案"，因为排水设计的要素现在通常由两个负责洪水控制的机关所承接，新的条文即订出对二者均适用的标准。与缴付排水计划审核要求和手册中的开发方案审核以及批准的程序相吻合。

在有手册之前，详规条例载有许多特别规定，包括详细划分地区图所要求的大小。用新的条例将其加以合理化，把重点放在立法的企图和过程上，细节则列在手册上作参考。此一修订是非常重要的，因为规则的改变不会引起修正条例本文的冗长过程。

制订和更改规则

由于细分条例规定手册中的规则主要是为了行政功能制定，而此项行政功能不需要任何条例限定，因此，更改这些规则的程序来得比较容易。任何人若想更改手册，可交一份提案给市政府的开发部门，该部门的主管即主持一个由公私双方原来手册委员会的成员所组成的指导委员会。如果市政部门经过评估后同意作更改时，即公布更改的内容，并更新手册。

到目前为止，已做了超过80次的更改，且大部分均被同意。大部分的更改是由私人部门所提议的，包括从变更单——入口的开发方案所允许的住宅数目，到加速水表的装设。此外，还包括作为"大块土地"转化为小块地块设计的整个程序，即在地下结构制定之前的图面设计。

训练与宣导   举行早期的座谈会，用来将新的程序介绍给大众和市府官员。这些座谈会大体上是技术性的，和介绍手册同时进行。

在手册第一年的试验期，必须与市议会和受邀的大众举行额外的简报。公开讨论会就是公私双方的座谈会，是每半年一次每次为期半天的正式会议。

在第一年和第一次修订之后，市政府主持了7次的公众简报，每次针对手册的不同部分。将这些简报及其记录，作为训练政府官员之用，或供邻区团体观看，或租借给顾问和开发商作为熟悉开发系统的工具。

获取的经验

7年来的管理改革经验可归纳为如下几点：

- 地方开发商协会的效率决定于其诚挚、恒心和耐心。
- 基础奠定之后，全体人员均应努力保持好成绩，最初的工作可能复杂且难以克服，可是在历经一次的成功或挫折之后，即使是最不擅于言词的提倡者也会让步的。
- 协会往往是由同样的少数人员来负责的，若他们失去了兴趣，而没有人来承接时，协会将变得人浮于事、不客观且无效率。
- 管理改革的技巧，譬如手册制订，有受同辈责备之虞。应准备接受类似"你创下了一大堆核对名单列表的繁文褥节"或"我们觉得旧有的系统不错——干嘛要更改？"的批评。人们是健忘的。
- 信用和有效的沟通是建立在建造美满社区的哲学上，而不是不惜一切促使开发方案同意。
- 即使各地区有其特有的程序和兴建的做法，仍应借鉴参考其他城市的技术和资料。重新开创一个过程是费力且需要市政人员付出努力的。
- 考虑手册时，应认识刨根问底（例如，座谈会和通告）和更新的必要。这是市政府的一项有意义的负担。除非配备有资金和人员，否则手册将很快失去活力，而无法达到其主要目的。
- 在作开发审核时，应提醒市政府官员要依法行事。一个部门很容易引进另一步骤或他人特别设计的偏好。这可能反应在未来的协议中，必须提醒市府政府官员强化规定的过程。
- 这一切都是值得的！即使结果无法通过计算得出，参与者在初期就能比预期的学得还多。对顾问而言，过程提供了有竞争性的（或质量的）一面。对开发商而言，下一个开发方案似乎更容易。对二者而言，均对政府官员的角色产生感激之意。

本案例作者：
克里夫·斯皮罗克是新墨西哥州科拉尔斯市社区科学公司的董事长。

附　录
主要参考文献

Abrams, Stanley D. How to *Win the Zoning Game*. Charlottesville, Virginia: The Michie Company, 1978.

Bosselman, Fred P. "New Dispute-Resolution Mechanisms in Federal Environmental Law." *Real Estate Development and the Law in the 1980s*. Washington, D.C.: ULI-the Urban Land Institute, 1983.

Claire, William H., Ⅲ. "Winning Through Negotiation." *Planning*. July/August 1983, pp.18–19.

Fleming, John E. "Government/Business Relationships in a Cooperative Venture." *Urban Land*, February 1982, pp.23–25.

Hickman, Bruce W. "Learning to be a Partner." *Planning*, October 1983, pp.21–24.

Hinds, Dudley S.; Carn, Neil G.; and Ordway, O. Nicholas. *Winning at Zoning*. New York: McGraw-Hill, Inc., 1979.

International City Management Association. *Reforming Local Development Regulations: Approaches in Five Cities*. Management Information Services. Washington, D.C.: ICMA, Spring 1982.

Lash, James E. *Businessmen's Urban Improvement Organizations*. New York: Institute of Public Administration, 1973.

Logan, Carol J. *Winning the Land-Use Game*. New York: Praeger Publishers, 1982.

O'Mara, W. Paul. *Residential Development Handbook*. Washington, D.C.: ULI-the Urban Land Institute, 1978.

McClendon, Bruce W. "Reforming Zoning Regulations to Encourage Economic Development: Beaumont Texas." *Urban Land*, April 1981, pp.3 – 7.

Meshenberg, Michael J. "The Administration of Flexible Zoning Techniques." *Management* & Control of Growth: Techniques in *Application*. Washington, D.C.: ULI-the Urban Land Institute, 1978, pp. 33 – 42.

Porter, Douglas R. *Streamlining Your Land Development Process*. Washington, D.C.: National League of Cities, 1981.

Rivkin, Malcolm. "Negotiating with Neighborhoods." *Managing Development Through Public/Private Negotiations*, eds. John J. Kirlin and Rachelle L. Levitt. Washington, D.C.: ULI-the Urban Land Institute, 1985.

Sanders, Wilford, and Mosena, David. *Changing Development Standards for Affordable Housing*. PAS Report 371. Chicago: American Planning Association, 1984.

Schnidman, Frank; Abrams, Stanley D.; and Delaney, John J. *Handling the Land Use Case*. *Boston*: Little, Brown & Company, 1984.

Schnidman, Frank; Silverman, Jane; and Young, Rufus, Jr., eds. *Management & Control of Growth*: *Techniques in Application*. Washington, D.C.: ULI-the Urban Land Institute, 1978.

Smith, Curt. "Public/Private Cooperation: The Fort Collins Approach." *Urban Land*, June 1981, pp.23 – 27.

Smith, Herbert H. *The Citizen's Guide to Zoning*. Chicago: American Planning Association, 1983.

Solnit, Albert. *Project Approval*: *A Developer's Guide to Successful Local Government Review*. Belmont, California: Wadsworth Publishing Company, 1983.

ULI-the Urban Land Institute. "Proposed Actions to Reduce Housing Costs Through Regulatory Reform." *Urban Land*, *June* 1980, *pp*.12 – 17.

U.S. Conference of Mayors, National Community Development Association, ULI-the Urban Land Institute. *The Private Economic Development Process*. *Washington*, D.C.: *U. S. Government* Printing Office, 1979.

U. S. Department of Housing and Urban Development. *Affordable Housing & You*. Washington, D.C.: HUD, 1984.

——. *Citizen's Guide*. Washington, D.C.: HUD, 1984.

——. *Technical Guide for Builders and Realtors*. Washington, D.C.:

HUD, 1984.

Vranicar, John; Sanders, Welford; and Mosena, David. *Streamlining Land Use Regulation*. Washington, D.C.: U.S. Government Printing Office, 1980.

Weaver, Clifford L., and Babcock, Richard F. *City Zoning: The Once and Future Frontier*. Chicago: American Planning Association, 1979.

Wells, Roger. "Getting PUD Approvals in the '80s." *Urban Land*, February 1983, pp.2–7.